Technik im Fokus

Die Buchreihe Technik im Fokus bringt kompakte, gut verständliche Einführungen in ein aktuelles Technik-Thema.

Jedes Buch konzentriert sich auf die wesentlichen Grundlagen, die Anwendungen der Technologien anhand ausgewählter Beispiele und die absehbaren Trends.

Es bietet klare Übersichten, Daten und Fakten sowie gezielte Literaturhinweise für die weitergehende Lektüre.

Tobias Loose

Regelungstechnik

kompakt mit technischer Allgemeinbildung und Beispielen aus dem Leben

Springer

Tobias Loose
Karlsruhe, Deutschland

ISSN 2194-0770 ISSN 2194-0789 (electronic)
Technik im Fokus
ISBN 978-3-662-72629-7 ISBN 978-3-662-72630-3 (eBook)
https://doi.org/10.1007/978-3-662-72630-3

Die Deutsche Nationalbibliothek verzeichnet diese Publikation in der Deutschen Nationalbibliografie; detaillierte bibliografische Daten sind im Internet über https://portal.dnb.de abrufbar.

Planung/Lektorat: Luana Lo Piccolo
Springer ist ein Imprint der eingetragenen Gesellschaft Springer-Verlag GmbH, DE und ist ein Teil von Springer Nature.
Die Anschrift der Gesellschaft ist: Heidelberger Platz 3, 14197 Berlin, Germany

Wenn Sie dieses Produkt entsorgen, geben Sie das Papier bitte zum Recycling.

Vorwort

Sehr geehrte Leserinnen, sehr geehrte Leser,

dieses Buch bietet einen kompakten Überblick über die Regelungstechnik als Teil der Automatisierungstechnik. Es stellt wichtige Methoden und Erkenntnisse vor, um Regelungen für typische Standardaufgaben zu entwerfen. Auf weiterführende Literatur mit vielen weiteren Aspekten der Regelungstechnik wird hingewiesen, z. B. [41]. Zielgruppen dieses Buches sind:

- Personen, die kompakte technische Literatur schätzen und sich über Regelungstechnik informieren möchten.
- Ingenieure und Techniker, bei denen Regelungstechnik nicht mehr gegenwärtig ist, sie aber wieder einen Einstieg und eine „Auffrischung" suchen, um einen Regler für bestimmte Anlagen auszulegen.
- Fachfremde, nicht-technisch ausgebildete Personen, die sich einen Überblick über die sehr spannende Disziplin

der Regelungstechnik verschaffen möchten. Damit können z. B. Betriebswirte in (regelungs-) technischen Besprechungen mit Ingenieuren besser mitdiskutieren.
- Junge Menschen bzw. Schüler, die sich für technische Ausbildungen oder Ingenieur-Studiengänge interessieren, finden hier einen ersten Einstieg in ein technisches Fachgebiet.
- Studierende, die Regelungstechnik als Vorlesung belegen, aber „vor lauter Berechnungen die Regelungstechnik nicht mehr sehen“. Mitunter kann es beim Studium vorkommen, dass viele wertvolle und komplexe Rechnungen zwar gekonnt werden, aber der Blick für die Anwendung und die praktische Regelungstechnik verloren geht. In diesem Buch steht die Anwendung der Methoden aus der Regelungstechnik im Vordergrund. Es dient als *zusätzliche Ergänzung* eines Studiums und ersetzt in keiner Weise eine vollständige Vorlesung zur Regelungstechnik!

Für mich als Autor ist es sicherlich eine Herausforderung, allen Zielgruppen gerecht zu werden – im Sinne einer „Quadratur des Regelkreises“, siehe [41]. Auf der einen Seite will ich die erfahrenen Ingenieure und auf der anderen Seite die interessierte Jugend ansprechen. Ich hoffe, dass es mir zumindest in Teilen gelungen ist. Der gewisse akademisch-wissenschaftliche Tiefgang soll dabei auch nicht ganz verloren gehen. Damit möchte ich – zumindest in Maßen – zeigen, warum die mathematische Beschreibung der Realität wichtig ist und warum manche Ingenieur-Studierende über die Komplexität der (richtigen) Regelungstechnik „stöhnen“. Zudem erwähne ich manchmal ergänzende Fachbegriffe, ohne sie im Detail zu erklären. Für Interessierte soll das eine Einladung sein, sich bei Bedarf im Internet oder mit Hilfe von KI weiter zu informieren, z. B. was eine Pulsweitenmodulation (PWM) ist. Das Buch sollte so zu lesen sein, dass auch Abschnitte übersprungen werden können. Der Kern des Buches ist Abschn. 3.2.4. Da allerdings in der Regelungstechnik vieles oder „alles“ zusammenhängt, sind die Erkenntnisse aus den anderen Abschnitten durchaus notwendig.

Meine Herangehensweise ist, die Auswahl an vielen wichtigen Methoden strikt zu begrenzen. Dennoch soll damit ein grundlegender Reglerentwurf für gewisse „Standard-Anlagen“ gezeigt werden. Auf die genaue *Herleitung* von mathematischen Formeln wird weitestgehend verzichtet und auf andere Bücher verwiesen, z. B. [21, 41, 45]. Es werden hingegen praktische Beispiele aufgeführt, die durch die Formeln abgebildet werden. Beispiel: Beim Fahrradfahren ist zu spüren, dass bei höherer Geschwindigkeit v der Fahrtwind und somit die Gegenkraft $F_{Fahrtwind}$ zunimmt. Vereinfacht lässt sich das mit der Formel $F_{Fahrtwind} = d \cdot v$ und einer Konstanten d beschreiben (Kernaussage: Je größer v desto größer $F_{Fahrtwind}$). Dabei wird auch demonstriert, wieso Ingenieure etwas berechnen müssen und warum Mathematik wichtig ist: Das Beispiel mit dem Fahrtwind und der Formel findet Anwendung beim Entwurf einer Geschwindigkeitsregelung („Tempomat“) für ein Auto. Der Regler muss diesen Effekt nämlich *kompensieren*.

Vielleicht inspiriere ich weitere, potenzielle Autoren, die ihre eigenen Fachgebiete kurz und präzise in einem kompakten Buch beschreiben, um einen Beitrag für die Allgemeinbildung zu leisten. Sehr gerne lese ich nämlich auch andere Fachbücher. Den Text, die Bilder und den Inhalt habe ich selbst entworfen und erstellt. Allerdings habe ich KI genutzt, um den Text Korrektur lesen zu lassen. Teilweise habe ich mir auch Inspiration durch KI geholt, z. B. für Formulierungsvorschläge oder Zusammenfassungen.

Allerdings sind die generierten Texte intensiv zu prüfen und ich habe sie nur als Inspiration genutzt. Beispiel einer KI-generierten Zusammenfassung: „Ein einschleifiger Regelkreis besteht aus Regelstrecke, Sensor und Regler, wobei die Führungsgröße (Sollwert) durch die Regeldifferenz (Differenz zwischen Soll- und Istwert) beeinflusst wird." Dieser exemplarische KI-Satz ist inhaltlich falsch! Die Führungsgröße wird von außen vorgegeben und *nicht* durch die Regeldifferenz beeinflusst! Dennoch bietet die KI eine wertvolle Inspirationsquelle.

Nun wünsche ich Ihnen viel Freude und spannende Erkenntnisse beim Eintauchen in die Welt der Regelungstechnik!

März 2025 Tobias Loose

Competing Interests Der/die Autor*in hat keine für den Inhalt dieses Manuskripts relevanten Interessenkonflikte.

Inhaltsverzeichnis

Formelzeichen[1]

ˆ z. B. $\hat{y}$	Ein Zirkumflex („Dach auf dem Buchstaben") kennzeichnet Amplitude, Scheitelwert, Maximalwert, Sprunghöhe, z. B. $\hat{y} \cdot \sin(\omega \cdot t)$
$\alpha = \dot{\omega} = \ddot{\varphi}$	Winkelbeschleunigung
$a = \dot{v} = \ddot{x}$	(translatorische) Beschleunigung
A	Fläche
B	magnetische Flussdichte
c	mechanische Federsteifigkeit, kontextbezogen
c	Maschinenkonstante bei einem Elektromotor, kontextbezogen

[1] Wichtige Formelzeichen sind nachfolgend aufgeführt. Doppelte Verwendung von Zeichen und Symbolen lässt sich nicht vermeiden, zumal sie auch in verschiedenen Disziplinen historisch etabliert sind, z. B. allgemein die Energie E und in der Elektrotechnik das elektrische Feld E. Die Unterschiede müssen kontextbezogen erkannt werden. Mitunter kommen auch Formelzeichen einmalig in speziellen Zusammenhängen vor, die hier nicht aufgeführt sind, um die Übersicht kompakt zu halten.

c_w	Widerstandsbeiwert einer Fluid-Strömung
d	Beiwert eines mechanischen Öl-Dämpfers
D	Dämpfungsgrad
e	Regeldifferenz
E	Energie, kontextbezogen
E	Elektrisches Feld, kontextbezogen
η	Wirkungsgrad
$f = \frac{1}{T} = \frac{1}{2\pi} \cdot \omega$	Frequenz
$f_0 = \frac{1}{2\pi} \cdot \omega_0$	Eigenfrequenz des ungedämpften Systems
$f_d = \frac{1}{2\pi} \cdot \omega_d$	Eigenfrequenz des gedämpften Systems
F	Kraft
$g \approx 9{,}81 \frac{m}{s^2} \approx 10 \frac{m}{s^2}$	Fallbeschleunigung (auch Ortsfaktor, Erdbeschleunigung genannt)
G, $G(s)$	Übertragungsfunktion
H	H-Feld (magnetische Feldstärke)
i	elektrische Stromstärke, Strom, im Kontext Elektrotechnik
i	Übersetzungsverhältnis Getriebe, kontextbezogen
$j = \dot{a} = \ddot{v} = \dddot{x}$	Ruck, Änderung der Beschleunigung, kontextbezogen
J	Massenträgheitsmoment (2. Grades) in $M = J \cdot \alpha = J \cdot \ddot{\varphi}$
K	Verstärkungsfaktor
ℓ	Länge
L	Induktivität
$\mathscr{L}$	Laplace-Operator
μ	Permeabilität (magnetische Leitfähigkeit), kontextbezogen
μ	Reibungskoeffizient, allgemein, kontextbezogen, z. B. beim Gummireifen auf Asphalt
μ_G	Gleitreibungskoeffizient

μ_H	Haftreibungskoeffizient
m	Masse
M	Drehmoment bzw. Moment
$M = J \cdot \alpha$	*resultierendes* Drehmoment, um das Massenträgheitsmoment J mit der Winkelbeschleunigung α zu beschleunigen
$n = \frac{1}{2\pi} \cdot \omega$	Drehzahl, kontextbezogen
$\omega = \dot{\varphi}$	Winkelgeschwindigkeit, kontextbezogen
ω	Kreisfrequenz, kontextbezogen (die letztlich der Winkelgeschwindigkeit entspricht)
$\omega_0 = 2 \cdot \pi \cdot f_0$	Eigen**kreis**frequenz des ungedämpften Systems
ω_d	Eigen**kreis**frequenz des gedämpften Systems
φ	Winkel, Winkel-Position, kontextbezogen
Φ	magnetischer Fluss
$p = \frac{F}{A}$	Druck
$p = m \cdot v$	Impuls
$P = \frac{dW}{dt}$	Leistung
Q	Durchfluss im Kontext Fluidtechnik
Q	Ladung im Kontext Elektrotechnik
Q	Wärme im Kontext Thermodynamik
$\rho = \frac{m}{V}$	Dichte
r	Messwert, kontextbezogen
r	Hebelarm, Radius, Abstand, kontextbezogen
R	Widerstand
$\sigma = \sigma(t)$	Sprungfunktion, kontextbezogen
s	komplexe Frequenz bei der Laplace-Transformation
ϑ	Temperatur
Θ	magnetische Durchflutung

t	Zeit
$T, T_1, T_2, \ldots$	Zeitkonstante im Kontext Übertragungsfunktion
τ	Zeitkonstante im Kontext eines Filters
T	Periodendauer im Kontext von Schwingungen
u	elektrische Spannung
$v = \dot{x}$	(translatorische) Geschwindigkeit
V	Volumen
V_m	magnetische Spannung
w	Sollwert, Führungsgröße
W	Arbeit
x	Regelgröße, kontextbezogen
x, y, z	Position, Koordinatenrichtung, kontextbezogen
y	Stellgröße
z	Störgröße
$X, Y, \ldots$	Laplace-Transformierte von x,y, ...

1

Einführung

1.1 Die Idee der Regelungstechnik

Regelungen kommen in der Natur sehr häufig vor. Allein deswegen ist es interessant, darüber nachzudenken und sie zu beschreiben. Mit der Regelung wird das Erreichen einer Zielsetzung konsequent verfolgt - konsequent auch im Sinne von *schonungslos.* Beispielsweise haben Lebewesen ihr eigenes Überleben als Ziel. Daraus erfolgen bestimmte Handlungen oder Prozesse, um das Ziel zu erreichen. Pflanzen richten sich nach der Sonne aus oder beginnen im Frühjahr den Wachstumsprozess. Tiere jagen, um ihren Hunger zu stillen oder ihm vorzubeugen. Auch die Jagd selbst erfolgt methodisch, sodass sie erfolgreich wird: Eine Katze bewegt sich derart, dass sie ihre Beute zu fassen bekommt. Das ist eine Positionsregelung: Die Katze will mit ihren Pfoten genau zum Beutetier gelangen. Das Beutetier hat aber auch eine Zielstellung: Überleben. Somit flüchtet das Beutetier, was auch eine gewisse Positionsregelung ist - nämlich Abstand zum Jäger, siehe Abb. 1.1. Auch die Anzahl an Tieren in der

T. Loose, *Regelungstechnik*, Technik im Fokus,
https://doi.org/10.1007/978-3-662-72630-3_1

Abb. 1.1 Zwei geregelte Systeme, die sich füreinander interessieren

Natur kann als Regelung aufgefasst werden: Wenn es zu viele Beutetiere in einer Region gibt, dann fördert das den Nachwuchs an Raubtieren. Das Ergebnis ist ein Gleichgewicht bzw. ein „eingeschwungener Zustand“.

Auch bei Menschen gibt es viele geregelte Zustände: Die Herzfrequenz wird entsprechend der körperlichen Leistung passend geregelt. Die Körpertemperatur ist auch ein geregelter Prozess, z. B. durch Muskelzittern beim Frieren, Verdunstungskälte beim Schwitzen oder das An- und Ausziehen einer Jacke. Das Sehen ist nicht zufällig gesteuert, sondern es ist zielgerichtet geregelt, indem ein Ringmuskel die Linse verformt und somit die Brennweite für das scharfe Sehen fokussiert ändert. Auch das gute soziale Miteinander kann als „geregelter“ Prozess eingestuft werden. Wenn sich jemand nicht an bestimmte Gepflogenheiten einer Gruppe anpasst, so können gewisse Rückmeldungen zu Verhaltensänderungen beitragen.

Alle genannten Beispiele aus der Natur und dem Leben sind sehr komplexe Regelungen und sollen hier nur als Einstieg und zum Nachdenken dienen, siehe dazu auch Tab. 1.1. In der Technik werden Regelungen „künstlich“ angewandt und entworfen, um bestimmte Ziele zu erreichen, z. B. das Erreichen eines bestimmten Stockwerks beim Aufzug. Im Prinzip ist die Regelungstechnik eine Kopie aus Natur-Prozessen und dafür wurden viele mathematisch-technische Methoden entwickelt. In dem vorliegenden Werk

Tab. 1.1 Zusammenfassung und weitere Beispiele

Bereich	Beispiel	Ziel, gutes Ergebnis	Prozess
Natur		Maximale Sonnenlichtaufnahme, optimale Photosynthese, guter Pflanzenstoffwechsel	Phototropismus (Wachstum in Richtung Licht)
Natur	Tiere, die jagen	Hunger stillen	Methodische Jagd, Nahrungssuche
Natur	Beutetiere, die vor Raubtieren fliehen	Überleben, Distanz zum Jäger	Flucht
Natur	Anzahl von Beutetieren und Raubtieren	Gleichgewicht, Aufrechterhaltung der Populationen	Geburtenrate, Todesrate
Mensch	Herzfrequenz	Ermöglichung körperlicher Aktivitäten	Passende Herzfrequenz, autonome Regulation (Nervensystem)
Mensch	Körpertemperatur	Stabile, optimale Körpertemperatur	Muskelkontraktion, Schwitzen, Kleidung
Mensch	Scharfes Sehen	Klare Sicht, scharfe Bilder auf der Netzhaut	Verformung der Linse durch Ringmuskel
Mensch	Soziales Verhalten	Gruppenakzeptanz, soziales Miteinander und Harmonie	Soziale Rückmeldungen (Lob, Kritik)
Mensch	Berufsweg	Erfolg für eigene persönliche Zufriedenheit, Genugtuung	Wahl passender Ausbildung und Tätigkeiten
Mensch	Urlaub	Spaß, Konsum, Erholung, Erlebnisse	Wahl Urlaubsort, Planung Budget
Mensch	Sport	Körperliche Fitness, persönliche Zufriedenheit	Regelmäßige Bewegung
Mensch	Geld	Vermögensaufbau, Auskommen	Umgang mit eigenem Geld
Technik	Aufzug	Erreichen eines gewünschten Stockwerks	Regelung der Aufzugsgeschwindigkeit und –position
Technik	Werkzeugmaschine	Produktion einer Getriebewelle ohne Ausschuss	Präzise Bearbeitung einerWelle
Technik	Krananlage	Zeitoptimales Löschen eines Schiffes (=Entladen)	Aktive Schwingungsdämpfung der Last am Seil
Technik	Autofahrt	Kontrollierte Geschwindigkeit, Beschleunigung oder Verzögerung	Anwendung von Kraft (Gas, Bremse)

werden eher „einfache" technische Regelungen gezeigt. Allerdings können und sollen gewisse Zusammenhänge auch für andere Lebensbereiche übertragen werden, wie z. B. die Erkenntnis, dass „alles Zeit braucht". Eine bestimmte berufliche Station kann nicht „einfach über Nacht" oder per „Knopfdruck" entstehen, siehe dazu auch [10, 30, 49, 50]. Das muss über Jahre oder gar Jahrzehnte vorbereitet werden. In der Technik kann sich z. B. die Geschwindigkeit eines Autos nicht sprungartig ändern. Es benötigt Zeit für die Beschleunigungs- bzw. Verzögerungsphase, um die Geschwindigkeit zu ändern. Übrigens, die Beschleunigungsphase kann nur mit einer (großen) Antriebskraft erfolgen. Das ist vergleichbar mit einem „mühevollen" Weg einer beruflichen Karriere oder eines Vermögensaufbaus, es bedarf gewisser Kräfte. Es lässt sich aber auch positiv formulieren: Der „mühevolle" Weg kann ein interessanter, reizvoller Weg sein (wobei das von der eigenen Einstellung abhängig ist, z. B. verspüren Sportler den Reiz an der Kraftentfaltung).

Hintergrundinformation: Um einen Regler gut auslegen zu können, ist es wichtig, das zu regelnde System inhaltlich zu verstehen. Wer sich mit der Regelungstechnik beschäftigt, muss auch den automatisierungstechnischen Prozess und die technischen Funktionsweisen des Systems verstehen. Das ist an der Regelungstechnik auch das Interessante, weil dadurch die Technik kennengelernt und verstanden wird. Fragen, die zusammen mit der Regelungstechnik beantwortet werden, sind beispielsweise, was die Grenzen des Machbaren sind, wie eine Maschine auszulegen ist, damit sie das vollbringt, was sie soll, oder in welcher Größenordnung die Stellgrößen sein müssen, damit die Maschine präzise arbeitet. Das alles zu beantworten, benötigt eine gewisse technische Expertise. Eine Katze sprintet nicht unüberlegt los, sondern bewertet im Voraus, ob der Sprint mit ihren aktuellen Ressourcen zielführend ist.

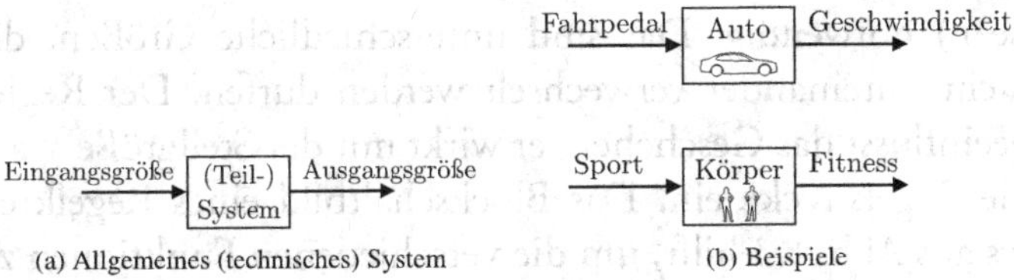

Abb. 1.2 Blockschaltbilder

In der Regelungstechnik haben sich Blockschaltbilder etabliert. Das sind abstrahierte Modelle, um Systeme oder Teilsysteme mit ihren Ein- und Ausgangsgrößen zu beschreiben, siehe Abb. 1.2a. Damit werden Ursache und Wirkung anschaulich modelliert, also *kausale* Zusammenhänge verdeutlicht. Eine Eingangsgröße regt das System an und es reagiert mit der Ausgangsgröße. Ein technisches Beispiel ist ein Auto, das als Eingangsgröße die Fahrpedalstellung hat („Gaspedal" bei Autos mit Verbrennungsmotoren). Die Ausgangsgröße ist beispielsweise die Geschwindigkeit, siehe Abb. 1.2b. Es gibt selbstverständlich noch viele weitere Ein- und Ausgangsgrößen, aber das Blockschaltbild soll nur die für die Aufgabe relevanten Größen zeigen. Auch nicht-technische Beispiele können als Blockschaltbilder aufgefasst werden, um Prozesse zu verdeutlichen, z. B. regelmäßiger Sport führt zu entsprechender körperlicher Fitness. Diese Blockschaltbilder helfen, um Prozesse besser zu verstehen und zu verdeutlichen. Damit sollen die relevanten Einflussgrößen als Eingang und das Ergebnis als Ausgang dargestellt werden.

Für „einfache" technische Regelungen hat sich der einschleifige Regelkreis als Blockschaltbild etabliert, siehe Abb. 1.3. Dieses Blockschaltbild verdeutlicht die verschiedenen Funktionen, z. B. die Berechnung der Regeldifferenz e, sie ist die SOLL-IST-Abweichung, also der Fehler. Um einen Fehler zu erkennen, ist einerseits der Ziel-Zustand (Führungsgröße bzw. Sollwert w) und andererseits der aktuelle Ist-Zustand (gemessen durch einen Sensor als Messgröße r) notwendig. Das sind unterschiedliche Größen, die nicht miteinander verwechselt werden dürfen. Der Regler beeinflusst das Geschehen, er wirkt mit der Stellgröße y auf die Regelstrecke ein. Das Blockschaltbild eines Regelkreises aus Abb. 1.3 hilft, um die verschiedenen Funktionen zu verstehen, wie nachfolgend im Einzelnen beschrieben wird.

In dem einschleifigen Regelkreis sind drei Blöcke als unterschiedliche Teilsysteme aufgeführt:

- Die **Regelstrecke**,
  ist das eigentliche System, das geregelt werden soll. Die Regelstrecke wird auch kurz als „Strecke" bezeichnet (Vor-

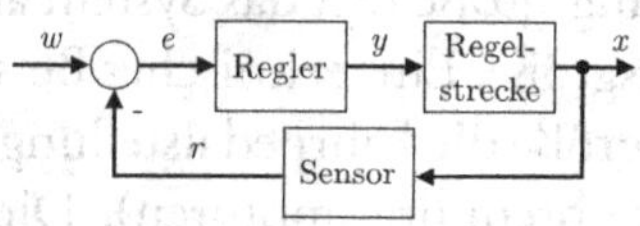

Abb. 1.3 Einschleifiger Regelkreis

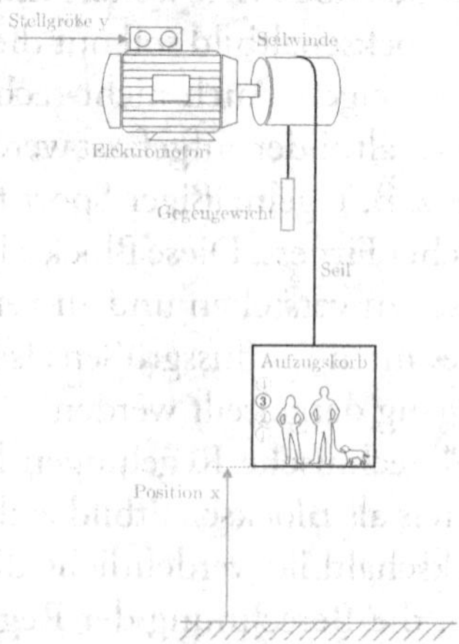

Abb. 1.4 Regelstrecke am Beispiel eines Aufzugs; schematische Darstellung eines Aufzugs mit Elektromotor, Seilwinde, Gegengewicht und Aufzugskorb

sicht: „Strecke“ bedeutet hier nicht eine Entfernung). Beispiel: Ein Aufzug soll mit seinem Aufzugskorb ein bestimmtes Stockwerk erreichen. Die Regelstrecke besteht dabei u. a. aus Elektromotor, Seilwinde, Aufzugskorb im Schacht, also die „eigentliche“ Anlage mit ihrem Antrieb, siehe Abb. 1.4. Als Eingangsgröße y (=Stellgröße y) erhält der Motor eine elektrische Spannung und die Ausgangsgröße x (=Regelgröße x) ist die Position des Aufzugskorbes im Schacht.

- Der **Sensor**,
  misst die Regelgröße x, siehe Abb. 1.5. Dabei ist die Regelgröße x die wahre Größe. Die gemessene Größe r

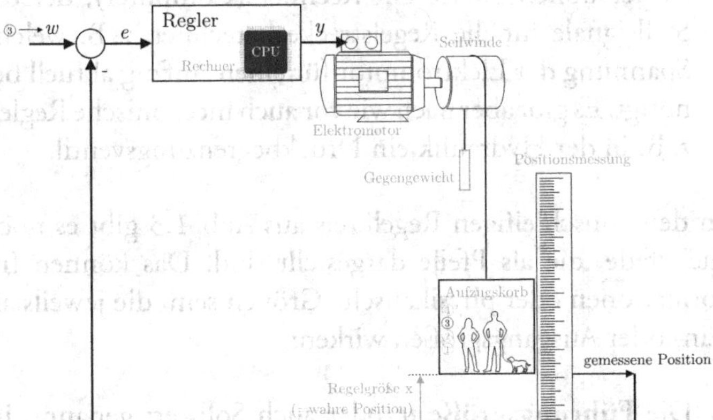

Abb. 1.5 Schematische Darstellung eines geregelten Aufzugs; beispielsweise *soll* der Aufzug durch Drücken der Taste ③ auch in das 3. Obergeschoss fahren, also eine genaue Position x erreichen; die Positionsmessung ist hier schematisch durch einen Meterstab dargestellt, der die Höhe des Aufzugskorbes misst; die Taste ③ wird im Aufzugskorb gedrückt und ist damit die Zielvorgabe bzw. der Sollwert w des Regelkreises (Sollwert wird auch als Führungsgröße bezeichnet)

durch einen Sensor hat in der Praxis immer Ungenauigkeiten, Messfehler, begrenzte Auflösungen und eine bestimmte Reaktionszeit. Beispielsweise kann auch das menschliche Auge als Sensor die Umgebung nicht unendlich schnell erfassen, es hat eine Reaktionszeit. In der Praxis allerdings sind bzw. sollten die Sensoren für die jeweilige Regelung hinreichend genau sein, sodass der Sensor vereinfacht als „ideal" angenommen werden kann. Damit gilt dann $x = r$, d. h. die Regelgröße x wird hinreichend genau erfasst.
- Der **Regler**,
  ist in dem Regelkreis das Teilsystem, das die Regelstrecke beeinflusst, siehe Abb. 1.5. In der Industriepraxis ist der Regler üblicherweise ein Rechner (Computer), der die Stellsignale für die Regelstrecke berechnet, z. B. welche Spannung der Elektromotor für einen Aufzug aktuell benötigt. Es gibt aber nach wie vor auch mechanische Regler, z. B. in der Hydraulik ein Druckbegrenzungsventil.

In dem einschleifigen Regelkreis aus Abb. 1.3 gibt es noch die Pfade, die als Pfeile dargestellt sind. Das können Informationen oder physikalische Größen sein, die jeweils als Ein- oder Ausgangsgrößen wirken:

- Die **Führungsgröße** w oder auch Sollwert genannt, ist die Größe, die als Zielgröße durch die Regelung erreicht werden soll. Beispielsweise wird der Sollwert beim Autofahren und einer Geschwindigkeitsregelung (Tempomat) durch den Fahrer vorgegeben. Beim Aufzug wird der Sollwert durch das Drücken einer Zahl als „Stockwerkswunsch" vorgegeben.
- Die **Regeldifferenz** e ist die mathematische Differenz zwischen Sollwert und Istwert, also $e = w - r$. Der Sollwert bzw. die Führungsgröße w wird von außen vorgegeben, z. B. von einer übergeordneten Maschinensteue-

rung oder durch Menschen. Der Istwert ist die gemessene Regelgröße, also der aktuelle, gemessene Zustand der Regelstrecke. Die Regeldifferenz ist also der aktuelle Fehler, die Abweichung vom Soll (als „Eselsbrücke“: Fehler auf Englisch ist „error“ e).

- Die **Stellgröße** y ist die Anregung der Regelstrecke. Am Beispiel des Aufzugs gibt der Regler eine bestimmte Spannung für den Elektromotor aus, die Spannung ist die Stellgröße y. Bei einem Tempomaten ist die Stellgröße y beispielsweise die automatisierte Betätigung des Gaspedals.
- Die **Regelgröße** x ist die wahre Größe, die die Regelstrecke liefert, z. B. die aktuelle Position des Aufzugs oder die tatsächliche, momentane Geschwindigkeit eines Autos.
- Die **Messgröße** r ist die *gemessene* Regelgröße. In der Technik bzw. in der Realität kann eine „wahre Größe“ nur mit Messungenauigkeiten und mit einem gewissen Zeitaufwand gemessen werden. Ein gut funktionierender Regelkreis hat einen „guten“ Sensor, der für die Aufgabe hinreichend genau und schnell ist, sodass vereinfacht $r = x$ gelten kann. Es ist aber wichtig im Hinterkopf zu behalten, dass ein realer Sensor eben nicht 100 %-ig exakt ist.

Die hier bereits vorgestellten Methoden und der Formalismus der Regelungstechnik helfen, um Regelungsprozesse zu verstehen und auch anzuwenden. Der Zweck der Regelungstechnik ist es, ein vorgegebenes Ziel mit der Führungsgröße w (Sollwert) zu erreichen. Damit verbunden sind Fragen, die zu klären sind: Welches Ziel soll erreicht werden? Ein genauer physikalischer Wert mit Toleranzangabe muss die Antwort sein, z. B. „die Raumtemperatur soll $24\,°\mathrm{C} \pm 0{,}5\,°\mathrm{C}$ sein. Wie schnell soll es erreicht werden? Eine realistische Zeitangabe ist als Antwort zu geben, z. B. ein kalter Raum muss nach 2 h warm sein (bei funktionierender Heizung).

Als nächstes wird bei einem Regelkreis die Regeldifferenz *e* (Fehler) berechnet. Das ist die SOLL-IST-Abweichung. Auch dieser Aspekt ist interessant: Das Erkennen einer Abweichung ist *notwendig – aber nicht hinreichend.* Die Abweichung kann einerseits als absolute Abweichung erfasst werden. Beispiel: In einem Unternehmen wird festgestellt, dass 30 % weniger Umsatz als noch vor 5 Jahren erreicht werden. Dieses drastische Beispiel zeigt implizit auch auf, dass andererseits auch die *Tendenz,* also die zeitliche Änderung der Regeldifferenz, wichtig ist zu erkennen und zu beurteilen. In diesem Beispiel hätte vor 5 Jahren das Erkennen der Tendenz eines Umsatzrückgangs bereits zu Maßnahmen führen müssen, siehe Sprichwort „wehret den Anfängen". Das Beispiel ist auch übertragbar, z. B. auf die eigene sportliche Fitness oder das eigene Körpergewicht.

Mit der Feststellung einer Abweichung bzw. Regeldifferenz müssen nun Maßnahmen zur Korrektur des Fehlers bzw. der Regeldifferenz eingeleitet werden. Das ist die Aufgabe des Reglers. Der Regler bewirkt aufgrund der Regeldifferenz e eine Einwirkung als Stellgröße y auf die Regelstrecke. Hier gibt es mehrere Regler-Strategien, die in Abschn. 3.1 beschrieben sind, z. B. PID-Regler. Der Regler wirkt also mit der Stellgröße y auf die Regelstrecke ein, sodass ihre Ausgangsgröße x beeinflusst wird (sogenannte Regelgröße x). Wenn alles richtig eingestellt ist, wird die Regelgröße x die Führungsgröße w erreichen, sodass der Fehler bzw. die Regeldifferenz Null wird. Im genannten Beispiel aus einem Unternehmen sind Maßnahmen zur Steigerung des Umsatzes zu treffen (Marketing, Vertrieb, Entwicklung neuer Produkte, ...siehe auch [19, 64]).

Bis hierhin sollte verdeutlicht werden, dass die Regeldifferenz e (=Erkennen einer Abweichung bzw. eines Fehlers) und der Regler (=Einleiten von Maßnahmen und Einwirkung auf das System mit Stellgröße y) zwei unterschiedliche

Themen in einem Regelkreis sind. Der Sensor ist eine weitere Funktion, er *misst* lediglich einen aktuellen Zustand.

1.2 Die Zielformulierung und praktische Überlegungen zur Zielerreichung

Ein Regelkreis braucht eine klare Zielvorgabe, die sogenannte Führungsgröße bzw. Sollwert w. Ohne Führungsgröße w kann der Regelkreis nicht arbeiten. Er „weiß" dann nicht, was zu tun ist. Am Beispiel des Aufzugs ist das deutlich: Ohne das Drücken auf eine Stockwerk-Taste wird der Aufzug nicht losfahren. In der Technik und beim Entwurf von Regelkreisen muss ein Ziel mit vielen weiteren Formalitäten vorgegeben sein:

- Genauer Zahlenwert der zu erreichenden Größe,
- maximale Toleranz bzw. Abweichung vom Sollwert,
- zeitliche Vorgaben, bis wann der Sollwert erreicht sein soll,
- Vorgabe, ob Schwingungen oder Überschwingen über den Sollwert hinaus zulässig sind,
- optional auch Vorgaben zu Energieverbrauch oder behutsames Einwirken auf die Anlage.

In Abb. 1.6 ist das Ergebnis einer beispielhaften Regelung gezeigt. Darin wird zum Zeitpunkt $t = 1$ Sekunde die Führungsgröße w von 0 auf 3 vorgegeben (auf der „x-Achse" ist die Zeit t aufgetragen). Am Beispiel des Aufzugs ist die Führungsgröße w das Drücken der Stockwerk-Taste. Zu Beginn steht der Aufzug im Erdgeschoss bzw. Stockwerk-Nummer 0. Mit dem Sprung der Führungsgröße w von 0 auf 3 bekommt der Aufzug das Signal, hochzufahren. Das tatsächliche Hochfahren des Aufzugskorbes ist mit der Regelgröße x dargestellt. Der Aufzug erreicht nach einer gewissen Zeit das vorgegebene Stockwerk Nummer 3. Solch eine Regelung kann nun auf weitere Anlagen übertragen werden, z. B. eine geregelte Heizung, bei der eine Temperatur vorgegeben (w) und erreicht (x) wird, ein geregelter Roboterarm, der eine bestimmte Position erreicht, oder eine Geschwindigkeitsregelung eines Autos, siehe auch [53, 56, 67].

Ein Regelkreis ist das Zusammenspiel einer oftmals komplexen Technik. Eine gute Auslegung des gesamten Regelkreises kann mitunter eine Herausforderung sein, es gibt viele „Stellschrauben", die das Ergebnis beeinflussen. In Abb. 1.7 sind weitere Ergebnisse von Regelungen gezeigt. Es fällt auf, dass die Regelgröße x schwingt. Abb. 1.7a zeigt ein leichtes Überschwingen, bei dem das System kurz über das Ziel hinausschießt. Ob das akzeptabel ist, hängt von der Anwendung ab. Im Vergleich zu Abb. 1.6 ist bei genauerer Betrachtung die Regelung hier mit dem Überschwingen etwas schneller, was ein Vorteil bedeuten kann. Das Überschwingen kann je nach Anwendung akzeptabel sein. Am Beispiel

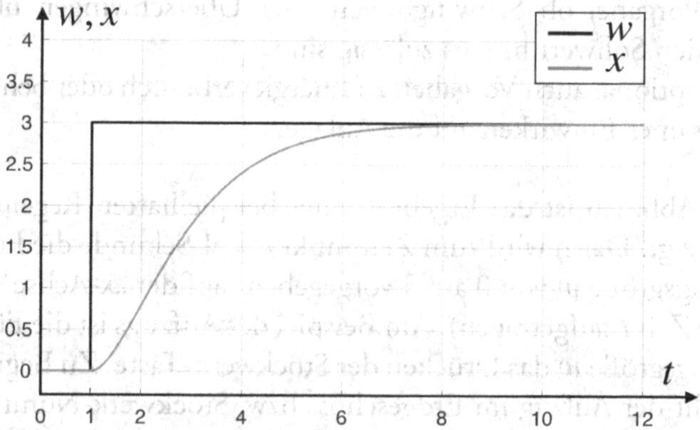

Abb. 1.6 Ergebnis einer Regelung ohne zu schwingen, Führungsgröße w wird erreicht

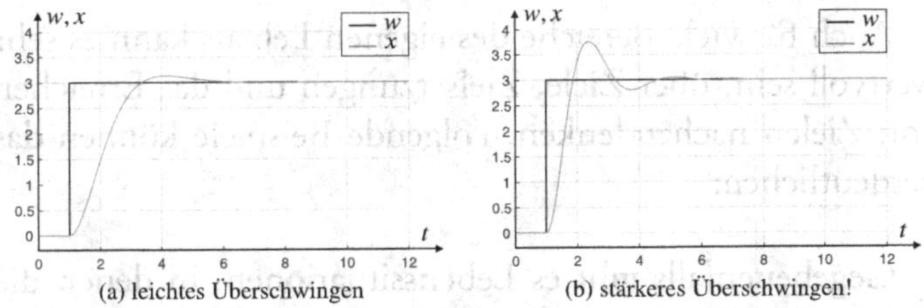

Abb. 1.7 Ergebnisse von unterschiedlich eingestellten Reglern, die Führungsgröße w wird in beiden Fällen erreicht

des Aufzuges kann ein „leichtes" Überschwingen als nicht störend empfunden werden und das schnellere Ankommen ist gut. Bei einer spanenden Werkzeugmaschine, bei der Material abgetragen wird, ist ein Überschwingen schlecht bzw. nicht akzeptabel. Wenn bei einem Werkstück zu viel weggefräst wurde, dann ist Ausschuss produziert worden (auch wenn der Fräser wieder zurückfährt – das Material ist abgetragen und bleibt weg). In Abb. 1.7b ist ein noch stärkeres Schwingen als Ergebnis einer Regelung gezeigt. Das kann beispielsweise eine geregelte Krananlage sein, bei der die Last am Seil aktiv gedämpft wird. Das heißt, ohne Regelung würde die Last sehr viel mehr und länger schwingen. Das hier gezeigte Ergebnis wäre dann sehr gut, wenn die Last nur dreimal hin- und her schwingt. Diese hier geführte Diskussion soll zeigen, wie unterschiedlich die Ergebnisse einer Regelung ausfallen können. Die Einschätzung, ob das Ergebnis einer Regelung „gut" ist oder nicht, hängt von der jeweiligen Anwendung ab. Jedenfalls bedarf es einer spezifischen Zieldefinition, was genau zu erreichen ist. Die oben genannten Formalitäten müssen dazu geklärt werden (welcher Zahlenwert mit welcher Toleranz muss letztlich erreicht werden? In welcher Zeit muss die Führungsgröße erreicht sein? Wie weit darf die Regelgröße schwingen? usw.).

Auch für viele Bereiche des eigenen Lebens kann es sehr wertvoll sein, über Ziele, Zielsetzungen und das Erreichen von Zielen nachzudenken. Folgende Beispiele können das verdeutlichen:

- Gegebenenfalls gibt es Lebenssituationen, in denen die Frage beantwortet werden sollte: Was mache ich hier überhaupt? Eine gewisse Zielsetzung sollte eine Antwort sein.
- Wie erreiche ich eine geistige und körperliche Fitness und halte sie für das Alter auf einem bestimmten Niveau?
- Welchen Vermögensaufbau kann ich realisieren? Wie erreiche ich das?
- Welche berufliche Station kann ich erreichen? Was sind die Zwischenschritte bis dorthin?
- Beim Lernen komplexer Inhalte: Wozu dienen die Inhalte? Was sind die Anwendungsbeispiele?

Regelungen und die Regelungstechnik sind keine Zaubereien im Sinne „Wünsch-Dir-was und es geht in Erfüllung“. Das Ziel muss prinzipiell erreichbar sein. Bei der Konzeption neuer Maschinen wird auch eingeschätzt, was technisch überhaupt erreichbar ist. Eine Regelung kann die Grenzen des technisch Machbaren zwar ausreizen, aber nicht beliebige Wunschvorstellungen erzielen. Beispiele:

- Wenn ein Auto durch die installierte Motorleistung maximal 180 km/h schnell fahren kann, dann kann der Einbau einer Geschwindigkeitsregelung (Tempomat) dieses Maximum nicht steigern. Auch wenn der Tempomat auf 220 km/h eingestellt wird, kann der Regler nicht mehr aus dem Auto herausholen, als der Motor.
- Eine Regelung kann die Eigenschaften einer Anlage wesentlich verbessern. Beispielsweise kann das Fahrverhalten eines Autos mit Fahrdynamikregelungen wesentlich verbessert werden. Auch aus weniger gut projektierten oder

konstruierten Maschinen lässt sich mit Hilfe der Regelungstechnik noch einiges „herausholen".

Dieses Prinzip lässt sich auch auf eigene Vorhaben übertragen: Ist ein bestimmtes Ziel realistisch? Beispielsweise sind für eine bestimmte berufliche Position spezifische Voraussetzungen zu erfüllen, wie fachliche Kompetenz oder persönliche Charaktereigenschaften. Je nach individueller Veranlagung lassen sich diese Voraussetzungen mehr oder weniger gut entwickeln. Ein weiteres Beispiel ist der Sport: Auch hier können je nach Talent unterschiedliche Leistungsniveaus erreicht werden. Auch für den eigenen Vermögensaufbau sollten Ziele gesetzt werden, die realistisch sind.

Im Projektmanagement werden Ziele SMART formuliert, im Prinzip ist das aus der Regelungstechnik abgeleitet:

- Spezifisch: Das Ziel muss präzise und eindeutig definiert sein, konkrete Zahlenwerte helfen dabei. Beispiel Regelungstechnik: Vorschub einer Achse um 6,3 mm $\pm 0,1$ mm.
- Messbar: Der Grad der Zielerreichung muss messbar, idealerweise quantifizierbar sein.
- Attraktiv: Das Ziel sollte so gewählt werden, dass damit ein Ansporn verbunden ist und eine Motivation gegeben ist, um das Ziel zu erreichen.
- Realistisch: Mit den vorhandenen Ressourcen muss die Zielerreichung prinzipiell möglich sein.
- Terminiert: Eine zeitliche Vorgabe muss in der Zielvorgabe enthalten sein.

In der Welt der Technik sind viele funktionierende Maschinen zu beobachten. Daraus könnte der Eindruck entstehen, dass es einfach sei, eine Maschine zu entwickeln und in Betrieb zu nehmen: Einfach nur einen Knopf drücken und dann funktioniert alles, z. B. die einfache Bedienung eines

Aufzugs in einem Gebäude oder die vielen funktionierenden Maschinen in einer Fertigungshalle. Dieser Eindruck ist aber ein trügerischer, weil es sich hierbei um Maschinen handelt, die einen langen Entwicklungsprozess hinter sich haben und am Markt erfolgreich sind. Der Markt ist ein Wettbewerb, bei dem sich sehr gut funktionierende Maschinen wirtschaftlich durchsetzen. Daher sind nur „erfolgreiche" Maschinen zu beobachten. Der Weg zu einer „erfolgreichen" Maschine ist oftmals sehr anspruchsvoll und sehr herausfordernd. Beispielsweise ist die Geschichte des Aufzugs sehr lang und mit vielen Rückschlägen verbunden, bis funktionierende, sichere Aufzüge zum Stand der Technik wurden, siehe auch [27]. Ein kleiner Einblick in die Regelungstechnik zeigt die Herausforderungen auf: Ein Aufzug fährt nach oben und unten und damit entgegen und mit der Gravitation, d. h. beim Hochfahren muss die Gewichtskraft überwunden werden und beim Herunterfahren wirkt sie in Fahrtrichtung. Der Motor wird also je nach Fahrtrichtung unterschiedlich belastet und das muss durch eine Regelung ausgeglichen werden. Folgendes Gedankenexperiment verdeutlicht die Schwierigkeit: Angenommen, bei einem Auto ist die Lenkung in die eine Richtung sehr schwergängig und benötigt viel Kraft. In die andere Lenkrichtung kann das Lenkrad sehr leicht bewegt werden. Allein die Vorstellung, solch ein Auto fahren zu müssen, zeigt, wie herausfordernd solch eine Regelung ist. Genau das muss aber bei einem Aufzug technisch ausgeglichen werden. Zudem muss der Aufzug je nach Beladung und Belastung immer gleich gut funktionieren. Derartige technische Schwierigkeiten müssen bei der Entwicklung von Aufzügen gelöst werden.

In Abb. 1.8 sind Beispiele von schlecht funktionierenden Regelkreisen gezeigt. In Abb. 1.8a zeigt das Ergebnis einen leichten Überschwinger, was je nach Anwendung tolerierbar ist. Allerdings wird die Führungsgröße w nicht erreicht. Für eine gut funktionierende Regelung muss das gelöst werden. Es gibt viele Lösungen, die in Kap. 3 gezeigt werden, z. B. eine bessere Einstellung des Reglers mit einem integrierenden Anteil, was später noch erklärt wird. Es gibt aber auch pragmatische Lösungen, eine sogenannte Sollwertanpassung: Die Führungsgröße w ist auf 3 eingestellt, die Regelgröße x erreicht aber nur 2,5. Der Anlage könnte eine „pseudo-" Führungsgröße mit dem Wert 3,5 vorgegeben werden, so dass die Anlage auf die 3 fährt. Abb. 1.8b zeigt eine instabile Regelung, die außer Kontrolle gerät. Hier hilft nur ein Not-Aus, und der Regelkreis muss neu ausgelegt werden. Das kann sogar auch bedeuten, dass die Konstruktion und Teile der Maschine überarbeitet werden müssen, siehe dazu weiterführende Literatur, u. a. [41]. Die Einstellung der Reglerparameter muss verbessert werden. Dieses Beispiel zeigt, wie gefährlich eine Maschine und Regelungen sein können! Abb. 1.8c kann ein „typischer" Fehler sein, z. B. ein „unscheinbarer" Vorzeichenfehler oder ein falsch herum angeschlossener Antrieb. Auch in diesem Fall hilft nur noch der Not-Aus-Schalter, um die Anlage zu stoppen. Bei einer komplexen Anlage mit vielen Einstellmöglichkeiten kann eine falsche Richtung unerwartet auftreten. Eine weitere Vorsichtsmaßnahme bei der Inbetriebnahme ist es, nur mit sehr kleinen Geschwindigkeiten die Anlage anfangs zu testen. Abb. 1.8d zeigt eine sehr langsam funktionierende Regelung und kann viele Ursachen haben und mit vielen Möglichkeiten gelöst werden, z. B. falsch ausgelegter Motor, falsch eingestellter Regler.

Dieses Kapitel hat gezeigt, wie Regelungen in Natur, Technik und Alltag funktionieren und warum klare Zielvorgaben entscheidend sind. Um eine funktionierende Regelung zu entwerfen, müssen technische Grundlagen bekannt sein, z. B. woher eine Antriebskraft kommt, was Massenträgheiten und Reibungen sind. Mit der Technik muss nämlich in einem Regelkreis *passend* umgegangen werden. Daher sind in Kap. 2 ausgewählte technische Aspekte gezeigt, insbeson-

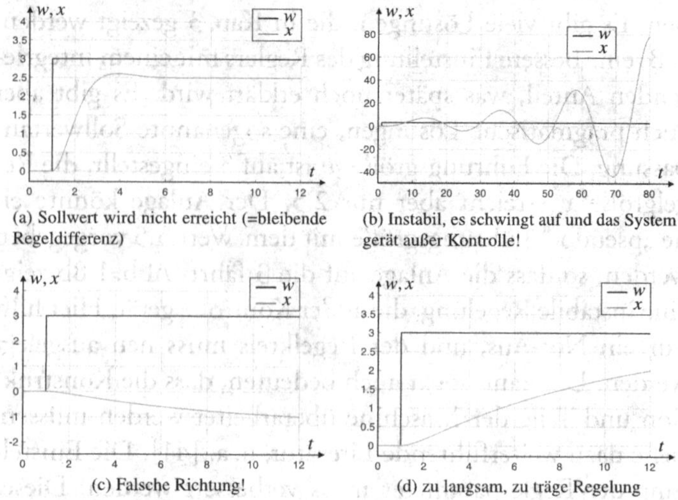

(a) Sollwert wird nicht erreicht (=bleibende Regeldifferenz)

(b) Instabil, es schwingt auf und das System gerät außer Kontrolle!

(c) Falsche Richtung!

(d) zu langsam, zu träge Regelung

Abb. 1.8 Ergebnisse von schlecht eingestellten und entworfenen Regelungen

dere Aktorik und Sensorik. In Kap. 3 werden Möglichkeiten zur Einstellung eines Reglers kompakt gezeigt. Es geht letztlich darum, drei Zahlenwerte für einen Regler zu finden, das sind drei Reglerparameter. Ein flüchtiger Blick zeigt auch hier: So schwer kann das doch nicht sein, drei Zahlenwerte zu finden, oder? Wie so oft in der Technik verbergen sich die ein oder anderen Herausforderungen: Bereits für einen Zahlenwert gibt es unendlich viele Möglichkeiten! Bei drei Zahlenwerten und deren Kombination sind es „unendlich hoch drei" Möglichkeiten. Das wiederum zeigt die Schwierigkeit der Regelungstechnik.

2

Teilsysteme von Industrieanlagen

2.1 Industrieantriebe

Überblick

Es haben sich *drei* unterschiedliche Antriebsprinzipien für industrielle Maschinen und Anlagen etabliert, siehe Abb. 2.1:

- Elektromechanische Antriebe (ein Elektromotor treibt eine Anwendung an, in der Regel über ein Getriebe),
- Pneumatik (Antrieb mithilfe von Druckluft) und
- Hydraulik („artverwandt“ mit der Pneumatik, aber mit Flüssigkeiten und höheren Drücken betrieben, meistens mit Hydrauliköl).

Der Oberbegriff für Pneumatik und Hydraulik ist Fluidtechnik.

In der Technik gibt es noch viele weitere Antriebe bzw. Aktoren, wie z. B. Verbrennungsmaschinen (Hubkolbenmotoren für Autos, Turbinen-Strahltriebwerke für Flugzeuge, ...), Mikroaktoren (Piezokristalle, Formgedächtnisaktoren, ...),

T. Loose, *Regelungstechnik*, Technik im Fokus,
https://doi.org/10.1007/978-3-662-72630-3_2

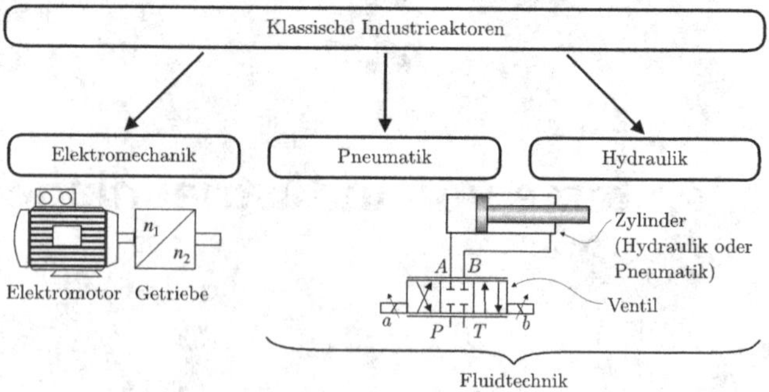

Abb. 2.1 Überblick klassischer Industrieantriebe, nach [41]

und viele weitere. Für industrielle Maschinen haben sich allerdings die drei klassischen Industrieaktoren etabliert. Die Gründe sind u. a. die Bereitstellung einer Kraft aus dem Stillstand heraus, Stellwege – je nach Typ der Maschine – von wenigen Millimetern bis einigen Metern, Präzision (z. B. wenige Mikrometer für eine Werkzeugmaschine), gute Regelbarkeit und das je nach Anwendung bei Geschwindigkeiten von wenigen Metern pro Sekunde. In der Industriepraxis werden Geschwindigkeiten in Metern pro Sekunde (m/s) angegeben und nicht in km/h. Beispiele für maximale Geschwindigkeiten sind Regalbediengeräte mit 5 m/s, Roboter oder Werkzeugmaschinen mit 1 m/s (als beispielhafte Zahlenwerte ohne sie zu verallgemeinern).

Randnotiz, Tipp aus der Praxis: Geschwindigkeiten in km/h sind durch Fahrrad- oder Autofahren etwas vertrauter. Um sich die Industriepraxis mit Geschwindigkeiten in m/s besser vorzustellen, können die Geschwindigkeiten mit dem Faktor 3,6 umgerechnet werden (kurze Herleitung: 1 m/s= $\frac{60 \cdot 60}{1000}$ km/h= $\frac{3600}{1000}$ km/h= $3,6$ km/h, ein Kilometer entspricht 1000 Metern und eine Stunde hat 3600 Sekunden). Beispiel

Regalbediengerät mit 5 m/s= $5 \cdot 3,6$ km/h= 18 km/h und damit lässt es sich mit Geschwindigkeiten beim Fahrradfahren gut vergleichen, um eine bessere Vorstellung zu haben. Die Geschwindigkeit eines Roboters mit 1 m/s lässt sich auch gut mit einer Handbewegung nachvollziehen (oder umgerechnet 3,6 km/h, das entspricht einer Schrittgeschwindigkeit). Eine maximale Geschwindigkeit bei einer Armbewegung liegt zwischen 2 und 5 m/s. Die bildhafte Vorstellung oder Analogien von industriepraktischen Größen können helfen, um Maschinen besser zu verstehen, wie hier am Beispiel der Geschwindigkeit gezeigt wurde.

Antriebe werden auch als **Aktoren** bezeichnet, siehe [6, 31]. Aktoren stellen einem technischen Prozess *zielgerichtet Leistung* zur Verfügung, siehe Abb. 2.2. Eingangsgrößen der Aktoren sind Signale, um einen bestimmten Prozess präzise im Sinne „zielgerichtet“ zu beeinflussen. In der Regelungstechnik ist das die Stellgröße y von einem Regler. Wenn ein Aktor Leistung für einen Prozess zur Verfügung stellt, also etwas antreibt, so muss er zudem mit Energie versorgt werden. Die Leistung als Ausgangsgröße kann nicht aus dem „Nichts“ kommen. Beim Autofahren wird das deutlich: Der Motor stellt zum Fahren zielgerichtet Leistung zur Verfügung (zielgerichtet, je nach Fahrerwunsch als Signal über das Fahrpedal übermittelt). Die Energie steckt im Tank oder in der Batterie und daraus wird der Motor versorgt. Genau genommen entnimmt der Motor zu einem bestimmten Zeitpunkt Leistung aus dem Energievorrat (der Unterschied zwischen Energie und Leistung wird später noch erläutert). Die Versorgungsenergie bzw. *zugeführte* Leistung ist bei einem Elektromotor Spannung u und Strom i.

Beispiel anhand einer Presse: Eine Presse ist eine Werkzeugmaschine und sie kann durch Tiefziehen aus einem Blech eine Motorhaube für ein Auto herstellen. Der Aktor der Presse muss eine Kraft aufbringen, um das Blech zu

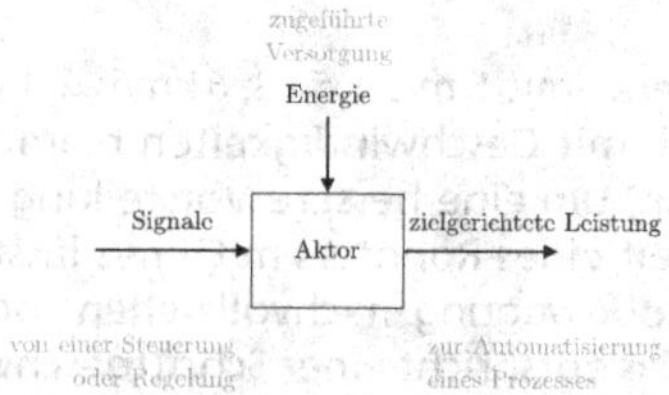

Abb. 2.2 Prinzip eines Aktors, der einem automatisierungstechnischen Prozess die zielgerichtete Leistung zur Verfügung stellt; für die „Zielrichtung" dienen Signale als Eingangsgröße; ein Aktor muss auch mit Energie versorgt werden

formen. Gleichzeitig muss er die Werkzeuge der Presse bewegen, sodass die genaue Form erzielt wird. Kraft und Geschwindigkeit bedeuten Leistung und sie muss zielgerichtet sein, damit die Motorhaube sehr genau mit wenigen Mikrometern Toleranz hergestellt wird. Dazu liefert die Regelungstechnik Signale an den Aktor. In der Fertigungstechnik wird der Aktor mit elektrischer Energie versorgt.

Abb. 2.2 verdeutlicht, was ein Aktor in der Automatisierungstechnik grundlegend bedeutet (Signal ist Eingangsgröße, zielgerichtete Leistung ist Ausgangsgröße, Versorgung des Aktors als weitere Eingangsgröße mit Energie bzw. zugeführter Leistung). Um das zu realisieren, bestehen Aktoren aus vielen Teilsystemen wie

- Energiesteller (z. B. Frequenzumrichter, Hydraulik-Aggregat, Ventile),
- Energiewandler (z. B. E-Motor, Hydraulikzylinder) und
- Getriebe (z. B. Spindel, Gelenkarm, wobei Getriebe insbes. bei fluidtechnischen Systemen nicht immer erforderlich sind).

Ausgangsgröße eines Aktors ist eine zielgerichtete Bewegung und -kraft bzw. -moment, also Leistung, siehe Abb. 2.3. Nebenbemerkung: In der Elektrotechnik wird der Begriff des

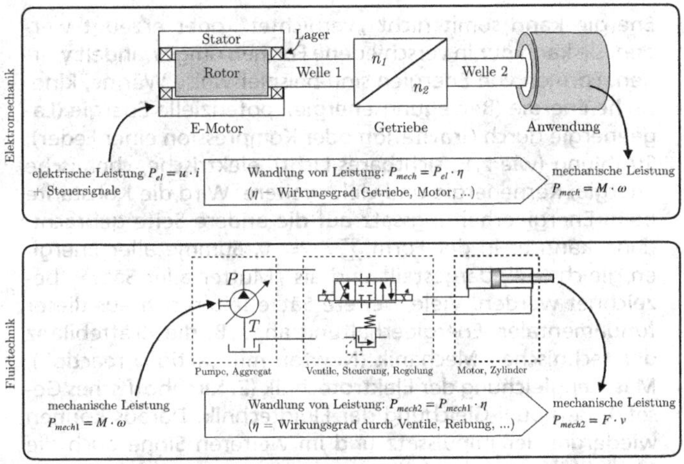

Abb. 2.3 Prinzipien der Aktoren, die zielgerichtet Leistung bereitstellen

Aktors etwas weiter gefasst: Ein Aktor wandelt elektrische in nicht-elektrische Energien um, z. B. optoelektronischer Aktor, Lampe, siehe [70].

Hintergrundinformation, wichtige Grundbegriffe aus der Physik und Technik: Um technische Systeme wie Aktoren zu verstehen, werden nachfolgend sehr kompakt ausgewählte Begriffe erklärt, siehe Details u. a. in [6, 24, 25, 37, 47]. Die **Leistung**

$$P = \frac{dE}{dt} \tag{2.1}$$

ist die Änderung von Energie dE pro Zeitintervall dt. Die physikalische Einheit der Leistung ist $[P]$=W=Watt. **Energie** E ist das Potenzial, Arbeit W zu verrichten (Vorsicht Buchstaben: Die Einheit mit dem Buchstaben W=Watt darf nicht mit der Arbeit W=work verwechselt werden). Energie ist also gespeicherte Arbeit. Sehr wichtig und fundamental ist der **Energieerhaltungssatz:** In einem abgeschlossenen System ist die Summe aller Energien konstant, siehe auch [22, 28, 51, 65].

Energie kann somit nicht „vernichtet" oder erzeugt werden, sie kann nur in verschiedene Formen umgewandelt werden. Formen von Energien sind beispielsweise Wärme, kinetische Energie (Bewegungsenergie), potenzielle Energie (Lageenergie durch Gravitation oder Kompression einer Feder), Strahlung (wie z. B. sichtbares Licht), elektrische, chemische Energie, Kernenergie und viele weitere. Wird die Konstante beim Energieerhaltungssatz auf die andere Seite gebracht, dann kann er in der Form $\sum E_i = 0$, Summe aller Energien gleich Null, dargestellt und als „Mutter aller Sätze" bezeichnet werden. Viele weitere Sätze leiten sich aus dieser fundamentalen Energieerhaltung ab, z. B. die Kräftebilanz der technischen Mechanik (Newton mit „actio = reactio"), Maschengleichung der Elektrotechnik (2. Kirchhoff'sches Gesetz), Bernoulli-Gleichung der Fluidtechnik. Daraus können wiederum der Impulssatz und im weiteren Sinne auch die Massenbilanzen abgeleitet werden.

Energie kann in Arbeit überführt werden und umgekehrt, somit ist $E = W$. Daher ist auch Leistung $P = dW/dt$ Arbeit pro Zeit. In der Physik ist die **Arbeit**

$$W = F \cdot x \tag{2.2}$$

als Kraft F entlang eines bestimmten Weges x definiert („Kraft mal Weg"). Die physikalische Einheit sowohl von Energie als auch von der Arbeit ist $[E] = [W]$=J=Joule. In der Praxis wird die Energie oftmals auch als kWh angegeben (Kilowattstunde). Ein Beispiel ist auf einer Stromrechnung zu sehen, die Energie wird in kWh abgerechnet. Mit Blick auf Gl. (2.1) wird deutlich, dass Leistung mal Zeitspanne gleich Energie ist, also $P \cdot dt = dE$. Mit der Einheit kWh wird die Leistung in Watt bzw. Kilowatt mit der Zeitspanne einer Stunde h multipliziert (es lässt sich mit 1 kWh=1000 Wh=1000 · 3600 Ws=3.600.000 J umrechnen). Tipp aus der Praxis: Der Brennwert von 1 ℓ Treibstoff (Benzin, Diesel, Heizöl) ist von der Größenordnung ungefähr 10 kWh. Mit diesem Wert lässt sich eine elektrische Energieumsetzung vergleichen. Beispiel 1: Wenn ein Elektroauto für 100 km eine elektrische Energie von 25 kWh benötigt, dann entspricht das ungefähr einem Treibstoff-Äquivalent von 2,5 ℓ. Beispiel 2: Wenn durch eine Solarthermie-Anlage im Jahr 2000 kWh „geerntet" werden, dann entspricht das rechnerisch einer Heizöl-Einsparung von ca. 200 ℓ (sofern die „Ernte" tatsächlich gänzlich zum Heizen oder Warmwasser genutzt wird).

Der **Wirkungsgrad**

$$\eta = \frac{P_{Nutz}}{P_{zu}} = \frac{E_{Nutz}}{E_{zu}} \tag{2.3}$$

ist das Verhältnis aus tatsächlich genutzter P_{Nutz} und zugeführter Leistung P_{zu} bzw. Energie. Der Wirkungsgrad ist ein Maß für die Effizienz, d. h. wie viel Energie für den eigentlichen Nutzen umgesetzt wird. Eine Folge aus dem Energieerhaltungssatz und aus den Hauptsätzen der Thermodynamik ist, dass der Wirkungsgrad für *sämtliche Prozesse kleiner als Eins* ist. Der Wirkungsgrad nimmt also Zahlen zwischen Null und *kleiner* Eins an, also $\eta = [0, \ldots 1[$. Der Wirkungsgrad kann Null sein, wenn für einen Prozess sämtliche Energie „verpufft". Beispiel: Bei einem Auto läuft der Verbrennungsmotor, das Auto steht allerdings und keine Verbraucher wie Heizung oder Klimaanlage werden benötigt. In dieser Situation verbrennt der Motor Treibstoff, ohne einen Nutzen zu haben. Der Wirkungsgrad ist in dieser Situation $\eta = 0$. Die genutzte Leistung P_{Nutz} kann oftmals gut bestimmt werden, weil sie gemessen oder ausgerechnet werden kann. Die zugeführte Leistung hingegen muss sinnvoll, kontextspezifisch definiert werden. Beim Autofahren mit Verbrennungsmotor wird das deutlich, mit der Frage: Wie viel Energie steckt in einem Liter Treibstoff? Hier wird der Heizwert als maximal mögliche Energie herangezogen. Damit ist ein praxistauglicher, sinnvoller Bezugswert definiert. Allerdings ist der Nutzen hier mechanische Arbeit und keine Wärme. Gedankenexperiment: Die Ruheenergie nach Einstein ist $E = m \cdot c^2$, und damit ist der wahre Energieinhalt von Treibstoff bestimmt. Das führt zu extrem kleinen Zahlenwerten für die Wirkungsgrade, was in der Praxis unbrauchbar wäre. Die Definition der zugeführten Leistung zeigt sich am Beispiel der Brennwerttechnik von Heizungen: Der Heizwert wurde so definiert, dass nur der Verbrennungsprozess betrachtet, aber nicht der Energieinhalt der Abgase und der Kondensationswärme berücksichtigt wurde. Das führt dazu, dass bei Heizungen mit Brennwerttechnik ein Wirkungsgrad größer als eins ausgewiesen wird, weil sie die Abgase aus den Abgasen nutzt. Ein Wirkungsgrad größer Eins widerspricht allerdings dem Energieerhaltungssatz und den Grundsätzen der Thermodynamik! Dieses Beispiel verdeutlicht, dass der Wirkungsgrad eine *definierte* Bezugsgröße als zugeführten Leistung hat. Dennoch ist der Wirkungsgrad ein sinnvoller Zahlenwert, um verschiedene Technologien miteinander zu vergleichen, die Referenz bzw. der Bezugsrahmen muss allerdings beachtet werden („Äpfel mit Äpfeln vergleichen").

Eine **Kraft** ist nach den Newton'schen Axiomen mit

$$F = m \cdot a \tag{2.4}$$

definiert. Mit Gl. (2.2) kann eine Kraft auch als Größe interpretiert werden, um Arbeit zu verrichten bzw. um die Energie eines Systems zu ändern. Für rotierende Systeme wird die Kraft mit einem Hebelarm r in ein Drehmoment

$$\vec{M} = \vec{r} \times \vec{F} \tag{2.5}$$

überführt (hier allgemein als Vektoren dargestellt). Für den Fall, dass die Kraft und der Hebelarm senkrecht zueinander stehen, vereinfacht sich die Formel und es können die Beträge $M = F \cdot r$ multipliziert werden. Die Einheit des Drehmomentes ist $[M]$=Nm=Newtonmeter. Das Drehmoment darf mit der Arbeit W nicht verwechselt werden: Bei der Arbeit wirkt die Kraft *entlang* des Weges und beim Drehmoment stehen sie *senkrecht* aufeinander.

Als nächstes werden kinematische Beziehungen vorgestellt. Kinematik ist die Lehre von Bewegungen, unabhängig von Kräften. Es handelt sich also um geometrische und zeitliche Zusammenhänge. Die **Geschwindigkeit**

$$v = \frac{dx}{dt} = \dot{x} \tag{2.6}$$

ist die zeitliche Ableitung bzw. Änderung der Position $\dot{x}$. Zeitliche Ableitungen kommen in der Technik sehr häufig vor, sie werden mit Punkten über den Buchstaben gekennzeichnet. Die zeitliche Ableitung bzw. Änderung der Geschwindigkeit

$$a = \frac{dv}{dt} = \dot{v} = \ddot{x} \tag{2.7}$$

wird **Beschleunigung** a genannt. Sie ergibt sich aus der zweiten zeitlichen Ableitung der Position $\ddot{x}$. Die Beschleunigung ist also eine Größe, wie zügig die Geschwindigkeit auf- oder abgebaut wird und sollte vom Auto- bzw. Fahrradfahren „spürbar" bekannt sein (z. B. das Gefühl bei sportlichen Autos in den Sitz gepresst zu werden). Negative Beschleunigungen werden auch Verzögerung oder Bremsen genannt. Interessant ist auch die Erkenntnis, dass sich die Geschwindigkeit nicht sprungartig ändern kann. Es bedarf Zeit, um die Geschwindigkeit zu ändern. Das ist mit Newton $F = m \cdot a = m \cdot \dot{v} = m \cdot \frac{dv}{dt}$ gut nachvollziehbar, wenn die Gleichung nach der Differenz von Geschwindigkeiten $dv = \frac{1}{m} \cdot F \cdot dt$ umgestellt wird. Es ist eine Zeitspanne dt und eine Kraft F erforderlich, um die Geschwindigkeit dv zu ändern.

In der Technik gibt zudem noch die Ableitung der Beschleunigung und sie wird **Ruck**

$$j = \frac{da}{dt} = \dot{a} = \dddot{x} \qquad (2.8)$$

genannt. In der Antriebstechnik ist der Ruck eine wichtige Größe. Beispielsweise wird der Ruck bei Aufzügen begrenzt, damit die Fahrgäste eine sanft steigende Beschleunigung verspüren und beim Losfahren nicht „in die Knie sacken". Beim Autofahren ist dies auch zu beobachten, wenn ruckartig, also plötzlich beschleunigt oder verzögert wird, dann nickt mitunter der Kopf nach hinten oder vorn. Bei Eisenbahnen wird der Radius von Kurven auch nur allmählich verändert, sodass nicht ruckartig eine Fliehkraft auf den Zug und die Insassen wirkt. Wenn nämlich eine Kurve mit einem bestimmten, konstanten Radius an eine gerade Strecke gebaut werden würde (so wie es bei Modelleisenbahnen der Fall ist), dann würden die Insassen ruckartig nach links bzw. rechts geschleudert werden. In folgender Abbildung ist das visualisiert, wenn eine Kurve mit einem bestimmten, konstanten Radius gebaut wird, dann wirkt beim Fahren plötzlich, sprungartig eine Fliehkraft F_F. In Realität wird die Kurve allmählich „enger", d. h. der Radius wird nach und nach kleiner ($r_1 > r_2$). Damit baut sich die Fliehkraft nach und nach auf. Auch im Straßenbau werden die Kurven derart gebaut, dass sich der Radius nur allmählich ändert. Veränderliche Radien können auch zur Ästhetik bei Formen beitragen, was einige Hersteller berücksichtigen, z. B. für Computer (auch mit „squircle" bezeichnet, ein Kunstwort aus square und circle).

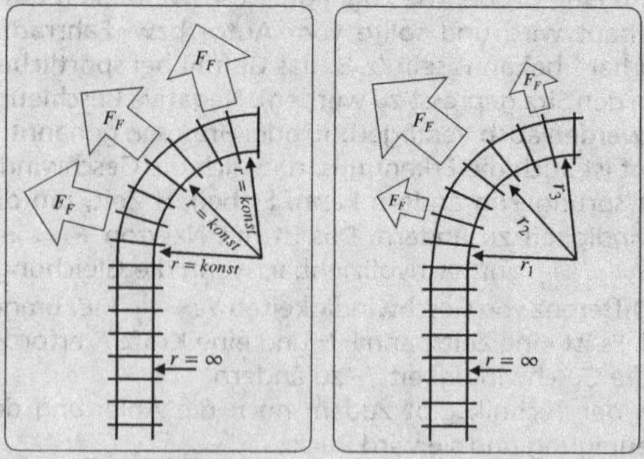

Typ „Modellbau" reale Bahn

Die vorgestellten kinematischen Größen wie Geschwindigkeit, Beschleunigung, Ruck beziehen sich auf translatorische (=geradlinige) Bewegungen. Es gibt aber auch die Rotation und hierzu gibt es analoge Größen: Die **Winkelgeschwindigkeit**

$$\omega = \frac{d\varphi}{dt} = \dot{\varphi} = \frac{v}{r} \tag{2.9}$$

ist die zeitliche Änderung des Winkels $\dot{\varphi}$. Die Einheit des Winkels ist $[\varphi]$=rad=Radiant. Rotation kann in Translation und umgekehrt übersetzt werden, z. B. mit einem Rad oder mit einer Kurbelwelle. Die Winkelgeschwindigkeit ω und die Geschwindigkeit $v = \omega \cdot r$ hängen mit dem Radius r einer Drehbewegung zusammen. Das lässt sich beim Fahrradfahren beobachten: Das drehende Rad übersetzt die Rotation in eine translatorische Geschwindigkeit des Fahrrads. In folgender Abbildung ist der Zusammenhang verdeutlicht, bei dem ein Rad mit dem Radius r und der Winkelgeschwindigkeit $\dot{\varphi} = \omega$ rotiert (in mathematisch positiver Richtung, das ist entgegen des „Uhrzeigersinns"):

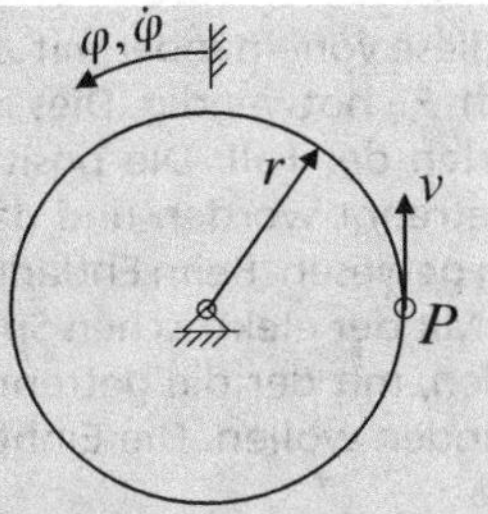

Ein Punkt P am äußeren Rand des Rades mit dem Radius r bewegt sich mit einer momentanen translatorischen Geschwindigkeit v (sogenannte Tangentialgeschwindigkeit). Es gilt der Zusammenhang $v = \omega \cdot r$, Herleitung siehe u. a. in [6, 9].

Des Weiteren gibt es noch die **Drehzahl** n, die mit der Winkelgeschwindigkeit

$$\omega = 2 \cdot \pi \cdot n \tag{2.10}$$

umgerechnet wird. Beispiel: Ein Motor eines Autos dreht mit n =1200 U/min, das sind n =20 U/Sek. Die Winkelgeschwindigkeit beträgt $\omega = 2 \cdot \pi \cdot 20$ U/Sek $\approx 125{,}66$ Rad/Sek.

Die **Winkelbeschleunigung**

$$\alpha = \frac{d\omega}{dt} = \dot{\omega} = \ddot{\varphi} \tag{2.11}$$

ist die zeitliche Ableitung der Winkelgeschwindigkeit. Die weitere zeitliche Ableitung ergibt den **Winkelruck**

$$\iota = \frac{d\alpha}{dt} = \dot{\alpha} = \dddot{\varphi} \tag{2.12}$$

mit dem griechischen Buchstaben iota ι.

Als nächstes werden noch weitere technische Disziplinen betrachtet. In der **Elektrotechnik** ist die **elektrische Spannung**

$$u = \Delta\varphi = \frac{\Delta W_{el}}{Q} = \frac{F_{el} \cdot \Delta x}{Q} \tag{2.13}$$

eine Potenzialdifferenz $\Delta\varphi$ und sie ist als Arbeit W_{el} pro Ladung definiert. In der Elektrotechnik gibt es die Coulomb'sche Kraft, mit der sich positive und negative Ladungen anziehen. Wenn diese voneinander mit Δx getrennt werden, dann ist eine Kraft F_{el} notwendig. Dies ist beispielsweise bei geladenen Batterien der Fall: Die positiven und negativen Ladungen sind getrennt worden und dazu ist Energie bzw. Arbeit notwendig gewesen. Beim Entladen kann diese Arbeit genutzt werden. Mit der elektrischen Spannung u ist also eine Kraft verbunden, mit der die getrennten Ladungen wieder zueinander finden wollen. Die Einheit der Spannung ist $[u]$ =V=Volt

Der **elektrische Strom**

$$i = \frac{dQ}{dt} = \dot{Q} \tag{2.14}$$

ist der Fluss von Ladungen dQ pro Zeitintervall dt. Der elektrische Strom $i = \dot{Q}$ ist ein weiteres Beispiel einer zeitlichen Ableitung in der Technik und hat die Einheit $[i]$ = A=Ampere. Sehr interessant sind Analogien zwischen der Mechanik und der Elektrotechnik, siehe auch [41]: Der Fluss von Ladungen kann analog zu einer bewegten Masse mit ihrer Massenträgheit betrachtet werden. Bewegte Ladungen erzeugen ein Magnetfeld und umgekehrt. Damit existiert eine Selbstinduktion und sie wird mit

$$u = L \cdot \dot{i} = L \cdot \frac{di}{dt} \tag{2.15}$$

beschrieben (L=Induktivität). Diese Gleichung kann in Analogie zu Newton $F = m \cdot \dot{v}$ interpretiert werden. Damit ist auch ersichtlich, dass auch der elektrische Strom sich *nicht* sprungartig ändern kann. Es bedarf Zeit, um einen Strom aufzubauen. Das sind für die Automatisierungstechnik wichtige Erkenntnisse, z. B. bei der Signalübertragung (Signale per Strom zu übertragen sind langsamer ggü. Spannung oder Lichtwellenleiter), oder das Bürstenfeuer bestimmter Elektromotoren.

Der elektrischen Strom hängt unmittelbar mit Magnetismus zusammen. Eine bewegte Ladung, also Strom i, erzeugt ein magnetisches H-Feld. In Analogie zur elektrischen Spannung gibt es die magnetische Spannung bzw. die magnetische Durchflutung

$$\Theta = \sum i = H \cdot \ell \tag{2.16}$$

für einen geschlossenen Weg ℓ, z. B. die Länge einer Ringspule (eine Spule ist ein aufgewickeltes Kabel). Die magnetische Durchflutung ist die Summe aller Ströme $\sum i$, und somit hat sie die Einheit $[\Theta]$ =A=Ampere. Eine weitere Größe ist der magnetische Fluss Φ mit der Einheit $[\Phi]$ =Wb=Weber und seine zeitliche Ableitung

$$\frac{d\Phi}{dt} = \dot{\Phi} = u \tag{2.17}$$

induziert eine elektrische Spannung u. Alltagsbeispiele, bei denen Magnetfelder genutzt werden, sind Transformatoren und Schaltnetzteile, das induktive Laden einer elektrischen Zahnbürste oder ein Induktionsherd.

Für die **Fluidtechnik** mit der Hydraulik und der Pneumatik sind der **Druck**

$$p = \frac{F}{A} \tag{2.18}$$

und der **Volumenstrom**

$$Q = v \cdot A \tag{2.19}$$

wichtige Größen. Der Druck mit der Einheit $[p]$ =bar=$10^5 \ \frac{\mathrm{N}}{\mathrm{m}^2}$ ist Kraft pro Fläche A. Der Volumenstrom hat die Einheit $[Q] = \ell$/min und ist die Strömungsgeschwindigkeit v eines Fluides in einem Querschnitt A.

Die verschiedenen Buchstabennamen der Größen haben sich historisch etabliert, z. B. P=power, performance, E=energy, t=time, W=work, F=force, m=mass, v=velocity, a=acceleration, j=jerk, u=urgere (lat. drängen), i=intensity, p=pressure, A=area.

Interpretation der Grundbegriffe für Industrieantriebe

Die **Leistung** P ist eine sehr wichtige Größe bei der Dimensionierung von Antrieben! Sämtliche Teilsysteme der Aktorik werden daran ausgelegt. Auch beim Kauf eines Autos ist die Leistung eines Motors ein wichtiges Kaufkriterium. Die Leistung

$$P = \frac{dE}{dt} = \frac{dW}{dt} = \frac{F \cdot dx}{\underbrace{dt}_{=v}} = F \cdot v \qquad (2.20)$$

kann mit der Arbeit W in „Kraft mal Geschwindigkeit“ umgerechnet werden. Damit stellt sich die prinzipielle Frage: Ist viel Leistung oder viel Kraft notwendig, um einen maximalen Sprint mit dem Auto zu erreichen? Nach Newton mit $F = m \cdot a$ ist eine Kraft F zweifelsfrei notwendig, um eine hohe Beschleunigung a zu erreichen. Aus Sicht des Antriebes sieht es allerdings etwas anders aus: Der Antrieb muss *zudem* mit einer Geschwindigkeit v mitfahren! Damit lässt sich der Leistungsbegriff $P = F \cdot v$ am Beispiel des Autofahrens interpretieren, siehe Abb. 2.4.

Der Antrieb benötigt eine Antriebskraft F_A um Gegenkräfte wie die Massenträgheit $F_m = m \cdot a$, Luftwiderstand durch den Fahrtwind $F_{FW} = \frac{1}{2} \cdot \rho_L \cdot A \cdot c_w \cdot v^2$, oder weitere Reibungskräfte F_W durch Walkarbeit aufzubringen, z. B. mit $F_R = d \cdot v$ (Walken ist bei einem Reifen das „Ausbeulen“ unter einer Last, beim Fahren und Rotieren der Reifen müssen sie ständig verformt werden). In der tech-

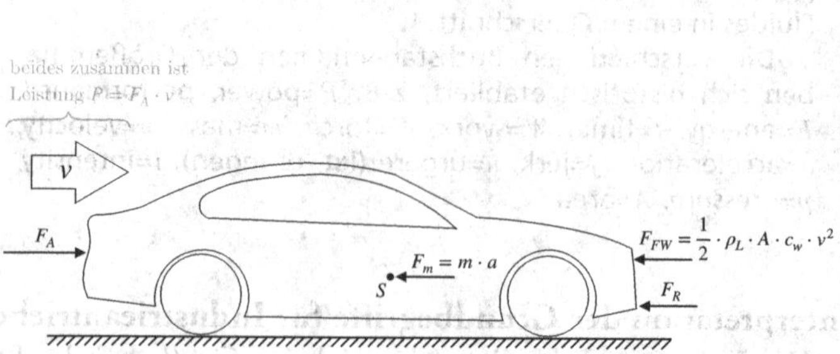

Abb. 2.4 Kräfte beim Autofahren und Leistung $P = F_A \cdot v$, die der Motor als Antrieb liefern muss

nischen Mechanik wird dazu eine Kräftebilanz aufgestellt, das ist die Interpretation von Newton mit „actio=reactio“: Die Summe aller Kräfte ist Null bzw. „actio-reactio=0“, hier also $\sum F_i = +F_A - F_m - F_{FW} - F_R = 0$ (in Richtung von v zeigende Kräfte werden positiv und entgegengesetzt gerichtete Kräfte negativ betrachtet), siehe Grundlagen in [6, 8, 24, 25]. Umgeformt bedeutet das, dass die Antriebskraft $F_A = F_m + F_{FW} + F_R$ alle entgegenwirkende Kräfte mit F_m, F_{FW}, F_R aufbringen muss. Wenn also eine hohe Beschleunigung a erzielt werden soll, so muss die Antriebskraft F_A auch entsprechend groß sein. ABER: Dadurch, dass die Geschwindigkeit v mit einer Beschleunigung zunimmt, muss der Motor als Antrieb mitfahren und damit ist Leistung $P = F_A \cdot v$ durch den Motor erforderlich! Ein Motor muss *beides* als Kombination liefern: Kraft *und* Geschwindigkeit! Auch beim Fahrradfahren lässt sich diese Frage stellen: Braucht es schnelle oder kräftige Beine, um sportlich Fahrrad zu fahren? Die Antwort ist auch hier: Beides ist notwendig! Natürlich lassen sich die hier gestellten Fragen weiter detaillieren, z. B. ob es im Radsport eher um einen kurzzeitigen Sprint auf der Bahn oder eine Etappe über viele Kilometer handelt. Auch beim Auto spielt die Kraft- bzw. Drehmoment-Entwicklung des Motors über die Drehzahl eine Rolle. Ein Elektromotor kann aus dem Stillstand ein Drehmoment aufbauen. Das ist bei einem Verbrennungsmotor nicht der Fall, er braucht nicht nur eine minimale Leerlaufdrehzahl, sondern auch eine bestimmte Drehzahl, um sein maximales Drehmoment abzurufen. Bei einem Sprint aus dem Stand heraus sind diese Unterschiede deutlich spürbar und ein Elektromotor kann prinzipbedingt bei niedrigen Geschwindigkeiten besser beschleunigen.

Einschub und Hintergrundinformation, Aufstellen einer Differentialgleichung: In der Regelungstechnik geht es auch darum, das System zu verstehen. Mit diesem Verständnis kann ein Regler ausgelegt werden. Ansonsten ist es ein „Tappen im Dunkeln" in einer komplexen Technik und sehr schwer bis unmöglich, eine gute Reglereinstellung zu finden. Mathematische Modelle, die die Realität beschreiben, helfen dabei, einen guten Regler zu finden. Ein solches Modell wird im Folgenden für die Fahrt mit einem Auto aufgestellt.

In Abb. 2.4 sind Kräfte eingezeichnet, die beim Autofahren eine Rolle spielen. Auch diese Abbildung ist bereits ein Modell, um die Realität zu beschreiben, hier nämlich mit den wesentlichen, wirkenden Kräften. Es gibt zwar noch weitere Kräfte, z. B. Kräfte an den Rädern durch das Rollen und durch Walkarbeit, aber sie sollen vernachlässigt werden. Im Ingenieurwesen geht es auch darum, wenn möglich, vereinfachte Modelle zu entwerfen, die aber immer noch gut genug die Realität beschreiben. Die Realität ist sehr komplex und sicherlich können die Modelle weiter verfeinert werden, aber es soll auch handhabbar und pragmatisch sein. Es geht letztlich um die gute Auslegung eines Reglers und wenn das mit vereinfachten Modellen gelingt, dann ist die Arbeit als Ingenieur erfüllt (ein weiter detaillierteres, komplexeres Modell aufzustellen wäre dann unnötig und kostet Zeit). Auf der anderen Seite muss gegebenenfalls das Modell weiter verbessert und detailliert werden, wenn der Entwurf eines Reglers und Anwendung in der Praxis keine zufriedenstellende Ergebnisse liefert.

Daher wird im Folgenden ein *vereinfachtes* mathematisches Modell eines fahrenden Autos anhand Abb. 2.4 aufgestellt. Mit dem vereinfachten Modell wird in Abschn. 3.2 der Entwurf eines Reglers gezeigt. Eine Vereinfachung besteht darin, die oben dargestellte Reibungskraft mit $F_R = 0$ zu vernachlässigen. Die Begründung ist, dass die anderen Kräfte dominieren, d. h. die Antriebskraft F_a, die Massenträgheitskraft $F_m = m \cdot a$ und die Kraft durch den Fahrtwind $F_{FW} = \frac{1}{2} \cdot \rho_L \cdot A \cdot c_w \cdot v^2$ sind deutlich größer als alle anderen Kräfte. Die Massenträgheitskraft $F_m = m \cdot a = m \cdot \dot{v}$ wird in Bezug auf die Geschwindigkeit v dargestellt. Die Beschleunigung ist die zeitliche Änderung der Geschwindigkeit $\dot{v}$. Die Kraft durch den Fahrtwind F_{FW} wird durch Linearisierung auch noch weiter vereinfacht. Vereinfachung bedeutet auch immer, dass Modellfehler „künstlich eingebaut" werden. Bei der Beurteilung von Rechnungen ist das auch immer im Hinterkopf zu behalten, dass es damit Abweichungen zum realen Verhalten geben wird! Die Linearisierung wandelt die quadratische in eine lineare Gleichung um. In der Nähe um einen Arbeitspunkt ist die Abweichung zur Realität klein. Da ein Regler ohnehin eine kleine Abweichung zur Führungsgröße w erreichen soll, kann mit dieser Vereinfachung bzw. „Verfälschung" dennoch ein gutes, praxistaugliches Ergebnis erzielt werden. Der Fahrtwind wird somit auf die Gl. $F_{FW} \approx F_d = d \cdot v$ reduziert. Der Faktor $d = \frac{1}{2} \cdot \rho_L \cdot A \cdot c_w$ erscheint kompakt und enthält die realen Größen, wie z. B. Fläche des Autos A. Das Quadrat in v^2 wurde linearisiert („einfach gestrichen"). Die Gl. $F_d = d \cdot v$ enthält aber immer noch die gewisse Aussage, dass der Fahrtwind bei zunehmender Geschwindigkeit größer wird.

Als nächstes wird eine Kräftebilanz

$$\begin{aligned} \sum F_i &= 0 \\ \rightarrow +F_A - F_m - F_{FW} &= 0 \\ \rightarrow F_m + F_d &= F_A \\ \rightarrow m \cdot \dot{v} + d \cdot v &= F_A \end{aligned} \tag{2.21}$$

aufgestellt. Darin sind die „nach rechts" zeigenden Kräfte positiv und die „nach links" zeigenden Kräfte negativ bewertet. Nach Umstellung und Einsetzen der physikalischen Beziehungen wird eine Differentialgleichung 1. Ordnung erhalten. Das Auto kann auch abstrahiert als Blockschaltbild dargestellt werden:

Die Eingangsgröße ist die Antriebskraft des Motors F_A und die Ausgangsgröße ist die Geschwindigkeit v. Die Differentialgleichung beschreibt den Zusammenhang zwischen Ein- und Ausgangsgröße. Die Differentialgleichung (2.21) lässt sich auch mit anderen Buchstaben darstellen, wie sie für die Regelungstechnik – allgemeingültig für verschiedene Systeme – üblich sind. Dazu wird die Eingangsgröße y genannt (= Stellgröße) und die Ausgangsgröße x bezeichnet (Regelgröße):

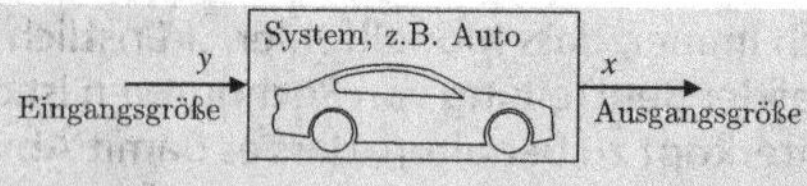

Die Differentialgleichung

$$m \cdot \dot{x} + d \cdot x = y \tag{2.22}$$

beschreibt immer noch das gleiche, nur mit anderen Buchstaben. Eine weitere Normierung betrifft die Faktoren und die Differentialgleichung

$$m \cdot \dot{x} + d \cdot x = y$$

$$\Leftrightarrow \frac{m}{d} \cdot \dot{x} + x = \frac{1}{d} \cdot y$$

$$\rightarrow T \cdot \dot{x} + x = K \cdot y \tag{2.23}$$

kann mit für die Regelungstechnik typischen Faktoren Zeitkonstante T und Verstärkungsfaktor K dargestellt werden. Es wird nach wie vor der gleiche Zusammenhang beschrieben, es ist hier $T = \frac{m}{d}$ und $K = \frac{1}{d}$. Diese normierte Differentialgleichung $T \cdot \dot{x} + x = K \cdot y$ modelliert vereinfacht viele technische Systeme. Sie kann das Autofahren beschreiben, wenn sprungförmig Gas gegeben wird, dann antwortet das Auto entsprechend mit einem Geschwindigkeits-Aufbau über der Zeit t:

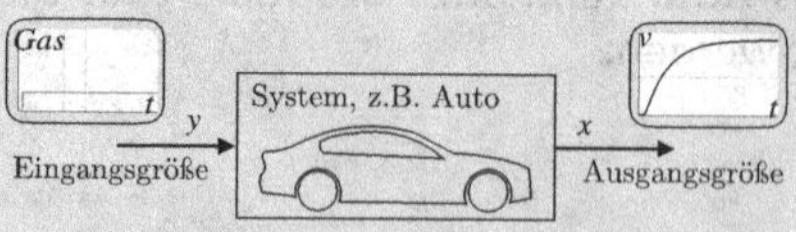

Das Auto-Beispiel kann nun durch eine Heizung ersetzt werden und die Differentialgleichung beschreibt auch diesen Zusammenhang: Wenn plötzlich, sprungartig das Heizungsventil aufgedreht wird, dann steigt nach und nach die Temperatur im Raum. In Kap. 3 werden diese Zusammenhänge wieder aufgegriffen. Allerdings werden die Differentialgleichungen mit Hilfe der Laplace-Transformation umgeformt.

Vereinfacht ausgedrückt: Die Differentialgleichungen

$$T \cdot \dot{x} + x = K \cdot y$$

$$\circ\!\!-\!\!\bullet \quad T \cdot s \cdot X + X = K \cdot Y \qquad (2.24)$$

„sehen nur anders aus“ (s ist von der zeitlichen Ableitung sowie große Buchstaben für Ein- und Ausgangsgröße Y bzw. X). Allerdings sind die Faktoren wie Zeitkonstante T und Verstärkungsfaktor K genau die gleichen, wie hier hergeleitet wurde. Die Faktoren sollten also später wiedererkannt werden. Das war also ein kleiner Einschub im Hinblick auf das Verständnis der Regelungstechnik in Kap. 3.

Die Leistung $P = \frac{dE}{dt} = \frac{dW}{dt}$ mit Energie bzw. Arbeit pro Zeit kann nun auf die verschiedenen technischen Disziplinen übertragen werden. Für translatorische (geradlinige) Bewegungen wurde die Definition der Arbeit $W = F \cdot x$ mit „Kraft mal Weg“ eingesetzt, um die Leistung

$$P_{mech,tr} = F \cdot v \qquad (2.25)$$

mit „Kraft mal Geschwindigkeit“ für Translation auszudrücken. Für Rotation wurde eine Kraft F in ein Drehmoment $M = F \cdot r$ mit dem Hebelarm r überführt. Die „Geschwindigkeit“ einer Rotation ist die Winkelgeschwindigkeit $\omega = \frac{v}{r}$. Somit ist

$$P_{mech,rot} = M \cdot \omega \qquad (2.26)$$

die Leistung für Rotation. Die elektrische Leistung

$$P_{el} = u \cdot i \qquad (2.27)$$

ist „Spannung mal Strom“. Das kann mit einem Elektromotor anschaulich dargestellt werden, siehe Abb. 2.5. Ein Elek-

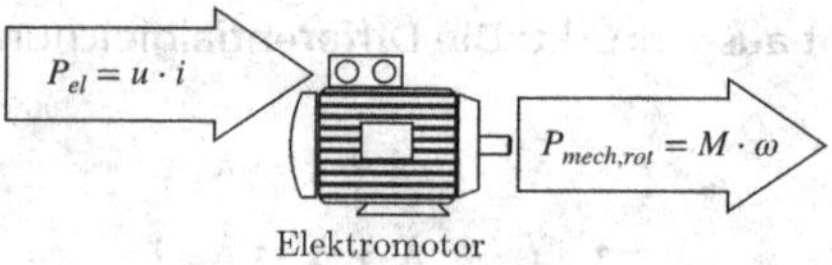

Abb. 2.5 Leistungen bei einem Elektromotor, der elektrische in mechanische Leistung wandelt

tromotor wird an eine elektrische Spannung u angeschlossen und im Betrieb fließt ein Strom i. Der Motor liefert ein bestimmtes Drehmoment M und dreht sich mit der Winkelgeschwindigkeit ω. Bei bestimmten Motoren kann dabei noch Folgendes beobachtet werden, z. B. Motoren einer Modelleisenbahn oder eines Modellautos: Je größer die angelegte Spannung ist, desto höher die Drehzahl bzw. die Winkelgeschwindigkeit. Das Drehmoment hängt wiederum mit dem Strom zusammen, den der Motor aus dem Netz „zieht". Dieser Zusammenhang gilt für Motoren mit einem konstanten Magnetfeld, z. B. durch Permanentmagnete. Solche Motoren werden häufig im Modellbau verwendet. Die elektrische Leistung kann auch mit Gl. (2.13) und (2.14) hergeleitet werden.

In der Elektrotechnik gibt es auch den Magnetismus und hierin ist die Leistung

$$P_{mag} = \dot{\Phi} \cdot \Theta \tag{2.28}$$

die „zeitliche Änderung des magnetischen Flusses multipliziert mit der magnetischen Durchflutung", siehe Details in [47, 51, 57, 65]. Das wird beispielsweise bei Transformatoren genutzt. Eine elektrische Zahnbürste und ihre Ladestation sind ein Beispiel für einen „auseinander gebauten" Transformator. In der Ladestation ist ein Teil eines Transformators und der andere Teil ist im Handgerät. Wenn nun die

Batterie kontaktlos geladen wird, also über Induktion, dann wird Leistung über das Magnetfeld übertragen.

Kleine Randnotiz: In der magnetischen Leistung P_{mag} ist die *zeitliche Änderung* des magnetischen Flusses $\dot{\Phi} = \frac{d\Phi}{dt}$ explizit angegeben (der Punkt über dem $\dot{\Phi}$ gibt die Änderung pro Zeiteinheit an!). Diese Notation bei der Berechnung der Leistung weicht von anderen Disziplinen ab, da die zeitliche Ableitung in den physikalischen Größen bereits enthalten ist: Zum Beispiel ist der elektrische Strom $i = \frac{dQ}{dt}$ die Änderung der Ladung pro Zeiteinheit (Fluss von Ladungen), und die Geschwindigkeit $v = \frac{dx}{dt}$ die zeitliche Änderung der Position (im erweiterten Sinne von „Fluss bzw. Bewegung von Materie"). Diese Unterschiede in der Notation sind historisch bedingt. Der Begriff „magnetischer Fluss" für Φ kann irreführend sein, da er keine vektorielle Größe, sondern ein Skalar ist, der das magnetische Feld durch eine Fläche quantifiziert. Vektorielle Größen haben eine Richtung und ein „Fluss" suggeriert eine Richtung, z. B. hat ein Wasser-Fluss eine bestimmte Richtung.

In der Fluidtechnik (=Hydraulik und Pneumatik) gibt es auch Leistung

$$P_{Fl} = p \cdot Q \tag{2.29}$$

mit „Druck mal Volumenstrom", siehe Details in [20, 23, 66].

Zusammenfassung: Die Leistung P ist als Energie oder Arbeit pro Zeit definiert. Sie ist entscheidend für die Dimensionierung von Antrieben und deren Teilsysteme. Die Leistung wird in verschiedenen Disziplinen unterschiedlich berechnet: mechanisch translatorisch mit Kraft mal Geschwindigkeit, mechanisch rotatorisch mit Drehmoment mal Winkelgeschwindigkeit, elektrisch als Spannung mal Strom, magnetisch als zeitliche Änderung des magnetischen Flusses mal Durchflutung, und in der Fluidtechnik als Druck mal Volumenstrom, siehe Tab. 2.1. Kleine Randnotiz: In der Elektrotechnik sind für Quellen der Spannungspfeil u und der

Tab. 2.1 Übersicht Leistungen in den technischen Disziplinen; ein Fahrrad, das mit einer Kraft F angeschoben wird; ein Elektromotor, der eine Welle antreibt; eine Batterie, die elektrischen Strom i liefert; ein Transformator, in dem die Änderung des magnetischen Flusses $\dot{\Phi}$ genutzt wird; eine Pumpe, mit der ein Druck p und Volumenstrom Q erzeugt wird; nicht gezeigt sind viele weitere Leistungen, z. B. Wärmeflüsse, Strahlung, chemische Prozesse, usw

	Mechanik		Elektrotechnik		Fluidtechnik
	Translation	Rotation	Elektrisch	magnetisch	
Skizze				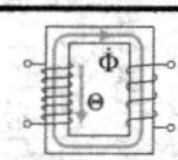	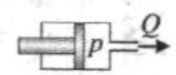
Leistung	$P_{mech,tr} = F \cdot v$	$P_{mech,rot} = M \cdot \omega$	$P_{el} = u \cdot i$	$P_{mag} = \dot{\Phi} \cdot \Theta$	$P_{Fl} = p \cdot Q$

Strompfeil i entgegengesetzt; analog gilt dies für die Pfeile der magnetischen Durchflutung Θ und der Änderung des magnetischen Flusses $\dot{\Phi}$. Der Grund ist die Definition der technischen Stromrichtung sowie die Definition der Pfeilrichtung für Quellen.

Als nächstes wird ein **Getriebe** in einem Antriebsstrang untersucht, siehe auch [14, 58, 59, 71]. Ein Getriebe überträgt Leistung, im Idealfall ohne Leistungsverlust, also mit einem theoretischen Wirkungsgrad $\eta = 1$. Ein Getriebe kann also *keine Leistung verstärken* (sonst würde ja aus einem Kleinwagen mit geringer Motorleistung allein durch ein Getriebe ein sehr „sportliches" Auto werden – das funktioniert nicht). Im Idealfall ist somit die Eingangsleistung P_1 gleich der Ausgangsleistung P_2 eines Getriebes. Das bedeutet für translatorische Bewegungen

$$\begin{aligned} P_1 &= P_2 \\ \rightarrow F_1 \cdot v_1 &= F_2 \cdot v_2 \\ \Leftrightarrow \frac{v_1}{v_2} &= \frac{F_2}{F_1} \end{aligned} \tag{2.30}$$

eine Kraftverstärkung $F_2 > F_1$ bei Reduzierung der Geschwindigkeit $v_2 < v_1$ und umgekehrt. Eine *falsche* Aussage ist, dass eine hohe Kraft F_2 durch eine hohe Geschwindigkeit v_1 erzeugt werden würde. Diese Aussage ist falsch, weil eine Kraft nicht durch eine Geschwindigkeit erzeugt werden kann, das passt allein schon wegen der physikalischen Einheiten nicht zusammen. Richtig ist: Das *Verhältnis* zwischen Kraft und Geschwindigkeit bzw. Drehmoment und Winkelgeschwindigkeit kann verändert werden. Am Beispiel eines hydraulischen Wagenhebers kann eine Übersetzung verdeutlicht werden, siehe Abb. 2.6. Auf der linken Seite ist ein Hydraulikzylinder mit einer kleinen Fläche A_1. Dieser Zylinder kann mit einer kleinen Kraft F_1 bedient werden und

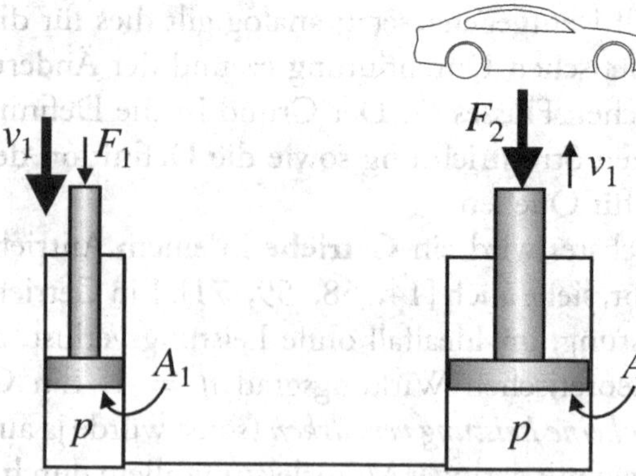

Abb. 2.6 Übersetzung am Beispiel eines hydraulischen Wagenhebers mit einer translatorischen Bewegung, eine kleine Kraft F_1 und eine große Geschwindigkeit v_1 werden zu einer großen Kraft F_2 und kleiner Geschwindigkeit v_2 übersetzt

sie wird durch die größere Fläche A_2 des anderen Zylinders zu einer großen Kraft F_2 verstärkt, z. B. um ein Auto anzuheben. Kurze Herleitung: Es gilt die sogenannte Hydrostatik, d. h. in dem System „Wagenheber" gilt überall der gleiche Druck p. Der Druck wurde bereits mit $p = \frac{F}{A}$ vorgestellt, also ist $p = \frac{F_1}{A_1} = \frac{F_2}{A_2}$ bzw. $\frac{A_2}{A_1} = \frac{F_2}{F_1}$ und somit wird die Kraft $F_2 > F_1$ wegen der Flächen $A_2 > A_1$ verstärkt. Diese Verstärkung muss allerdings „bezahlt" werden, in der Technik gibt es nichts „umsonst": Die Geschwindigkeit ist auf der linken Seite größer als auf der rechten Seite, also $v_1 > v_2$. Kurze Herleitung: Der Volumenstrom $Q = A \cdot v$ muss auf der linken Seite genauso groß sein wie auf der rechten Seite (das Hydrauliköl kann ja nicht verschwinden oder entstehen). Somit gilt $Q = A_1 \cdot v_1 = A_2 \cdot v_2$ bzw. $\frac{v_1}{v_2} = \frac{A_2}{A_1}$ und somit ist wegen der unterschiedlichen Flächen $A_2 > A_1$ die Geschwindigkeit $v_2 < v_1$ rechts kleiner. Die Leistung $F_1 \cdot v_1 = F_2 \cdot v_2$ bleibt also gleich (bei idealer Übersetzung, bei einer realen Übersetzung ist die Leistung am Ausgang kleiner, weil ein Wagenheber auch Reibung hat, z. B. zwischen Kolben und Gehäuse).

Nebenbemerkung und weitere Begründungen, dass Geschwindigkeit und Kraft zwei unterschiedliche Größen sind: Ein weiteres Gedankenexperiment ist, wenn ein Ball mit einer Geschwindigkeit v gegen eine Wand geworfen wird, dann wirkt beim Aufprall eine Kraft gegen die Wand. Auch hierbei ist die Aussage falsch, dass eine Geschwindigkeit eine Kraft erzeugen würde. Richtigstellung: Der Ball hat eine Masse m und zusammen mit der Geschwindigkeit v hat er einen Impuls $p = m \cdot v$. Eine Kraft F hängt mit der Zeit und dem Impuls zusammen: Das zeitliche Integral einer Kraft ist der Impuls $\int F \cdot dt = p = m \cdot v$. Das heißt, je nach Kontaktzeit des Balles mit der Wand ergibt sich die Höhe eines Kraftstoßes. Ein weicher Ball hat durch seine Deformation eine längere Kontaktzeit mit der Wand und somit ist der Kraftstoß kleiner im Vergleich zu einem harten Ball mit geringer Deformation. Der Zusammenhang lässt sich auch mit kinetischer Energie betrachten: Eine bewegte Masse hat eine kinetische Energie $E_{kin} = \frac{1}{2} \cdot m \cdot v^2$. In den genannten Ausführungen ist also die *bewegte* Masse m eine weitere, wichtige Größe und nicht nur die Geschwindigkeit alleine. Erst *das Zusammenspiel aller Größen* ergibt eine Kraft. Für sich betrachtet sind also Geschwindigkeit und Kraft zwei unterschiedliche Größen und eine Geschwindigkeit (alleine) kann *keine* Kraft erzeugen.

Ein typisches Beispiel für Übersetzungen ist ein **Zahnradgetriebe,** siehe Abb. 2.7. Auch hierbei kann die Eingangs- und Ausgangs-Leistung für Rotation mit

$$\begin{aligned} P_1 &= P_2 \\ \rightarrow M_1 \cdot \omega_1 &= M_2 \cdot \omega_2 \\ \Leftrightarrow \frac{\omega_1}{\omega_2} &= \frac{M_2}{M_1} \end{aligned} \tag{2.31}$$

betrachtet werden. Weiter oben wurden bereits die analogen Größen für Translation (geradlinige Bewegungen) und

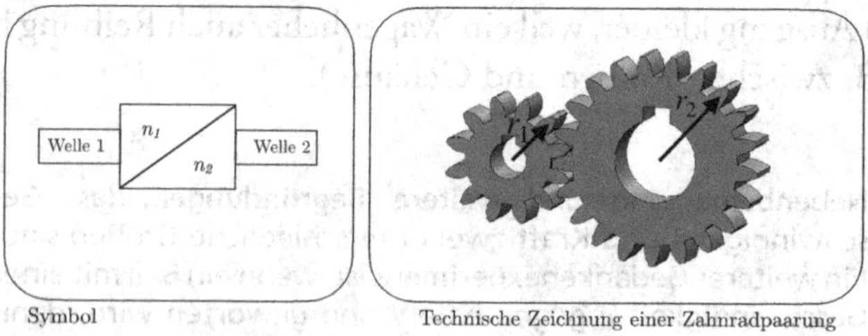

Abb. 2.7 Beispiel Zahnradgetriebe

Rotation (drehende Bewegungen) vorgestellt: Eine Kraft F und Geschwindigkeit v wird zum Drehmoment $M = F \cdot r$ und Winkelgeschwindigkeit $\omega = \frac{v}{r}$, jeweils mit einem Hebelarm r. Die Leistung für Rotation kann also mit $P = F \cdot v = F \cdot r \cdot v \cdot \frac{1}{r} = M \cdot \omega$ umgewandelt werden.

Bei industriellen Anlagen, die mit einem Elektromotor angetrieben werden, sind Getriebe sehr häufig verbaut. Der Grund ist der Elektromotor, der prinzipbedingt hohe Drehzahlen erreicht und dafür ein relativ geringes Drehmoment bietet. Dieses Verhältnis wird durch ein Getriebe übersetzt, hin zu größeren Drehmomenten bei kleineren Drehzahlen. Bei elektromechanischen Industrieantrieben sind allerdings eine feste Übersetzung verbaut. Zum Vergleich: Beim Fahrrad oder bei Autos mit Verbrennungsmotoren sind Getriebe mit unterschiedlichen Übersetzungen (=Gänge) üblich.

Bei Elektroautos werden Getriebe oftmals „eingespart", um den **Wirkungsgrad** zu verbessern und somit die Reichweite zu erhöhen. Ein Getriebe hat nämlich einen Wirkungsgrad aufgrund von Reibung an den Zahnflanken, Reibung durch Dichtungen usw. Ein „Paradebeispiel" für einen sehr guten Getriebe-Wirkungsgrad ist die Kette eines hochwertigen Rennrades. Wenn sie gut geschmiert, sauber und niedrig belastet ist, keinen Schräglauf hat, dann hat sie einen Wirkungsgrad von $\eta = 0{,}98 \ldots 0{,}99$. Ein „Standard-Getriebe" in einer Industrieanlage hat demgegenüber einen schlechteren Wirkungsgrad, weil die Anforderungen andere sind, u. a. Langlebigkeit, geringer Wartungsaufwand, Übertragung hoher Kräfte, Reduzierung von Gefahren und Verletzungen. Deswegen sind die Getriebe in einem Gehäuse verbaut, damit kein Schmutz eindringt und kein Schmierstoff austritt. Dazu sind aber Dichtungen notwendig, die Reibung verursachen. Für große Kräfte sind große Zahnflanken notwendig, was ebenso die Reibung vergrößert. Zudem ist eine kompakte Bauweise erforderlich, sodass die Übersetzung nicht nur auf eine Zahnradpaarung, sondern auf mehrere aufgeteilt wird, was wiederum den Wirkungsgrad etwas verschlechtert. Sicherlich gibt es auch sehr hochwertige, teure Industrie-Getriebe mit sehr hohen Wirkungsgraden, vergleichbar mit einer Rennrad-Kette (Abb. 2.8).

Auch ein Motor hat einen Wirkungsgrad. Elektromotoren können sehr hohe Wirkungsgrade erreichen mit Maximalwerten von bis zu $\eta = 0{,}98$ (98 %, gemäß mancher Herstellerangaben). In Abb. 2.3 oben ist schematisch ein Elektromotor dargestellt. Im Prinzip besteht er aus einer Welle mit zwei Lagern, auf der der Rotor montiert ist. Mechanische Verluste durch Reibung sind daher minimal (Luftverwirbelungen, Lagerreibung). Elektrische Verluste sind durch inneren Widerstand und Magnetisierung ebenso gering. Zum Vergleich: Ein Verbrennungsmotor hat u. a. durch Kompressionsarbeit höhere Verluste. Die genannten Werte sind allerdings Spitzenwerte, die nur für eine bestimmte Belastung

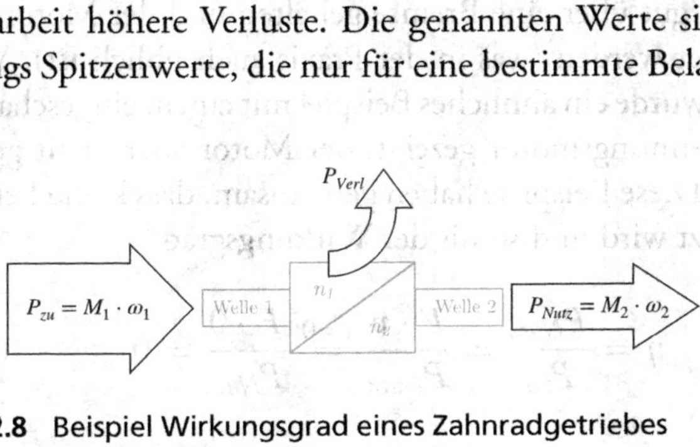

Abb. 2.8 Beispiel Wirkungsgrad eines Zahnradgetriebes

gelten. Jeder Motor hat je nach Belastung unterschiedliche Wirkungsgrade.

Hintergrundinformation: Der Wirkungsgrad ist ein Maß für den energetischen Nutzen. Der Anteil, der zu den 100 % fehlt, ist Verlust. Der Verlust verursacht Wärme und sie muss abgeführt werden und durch einen Kühler in die Umwelt verteilt werden. Erkenntnis aus der Praxis: An der Größe eines Kühlers ist der (schlechte) Wirkungsgrad zu erkennen. Maschinen mit großen Kühlern haben einen schlechten Wirkungsgrad, z. B. Verbrennungsmotoren, ventilgesteuerte, hochdynamische Hydraulik. Bei der Auslegung eines Kühlers darf nicht der Spitzenwirkungsgrad, sondern es muss der Wirkungsgrad über den gesamten Arbeitsprozess berücksichtigt werden. Der Nutzungsgrad ist die energetische Nutzung über einen längeren Zeitraum und das muss betrachtet werden. Beim Anfahren oder im Teillastbetrieb haben sämtliche Antriebe einen schlechteren Wirkungsgrad und der Verlust muss „weggekühlt" werden. Auch ein Elektromotor muss gekühlt werden, z. B. mit einer hochwertigen Wasserkühlung.

Beispiel: Bei einem stehenden Aufzug wird die Last rein über den Elektromotor gehalten. Der Elektromotor befindet sich im Stillstand, muss aber ein Drehmoment aufbringen und dafür „zieht" er elektrische Leistung aus dem Netz. Der Wirkungsgrad ist Null. Die Last könnte in dieser Situation genauso gut über eine Bremse gehalten und der Motor abgeschaltet werden (was in der Praxis auch üblich ist). Weiter oben wurde ein ähnliches Beispiel mit einem eingeschalteten Verbrennungsmotor gezeigt, der Motor aber nicht genutzt wird. Diese Beispiele haben gemeinsam, dass keine Leistung genutzt wird und somit der Wirkungsgrad

$$\eta = \frac{P_{Nutz}}{P_{zu}} = \frac{F \cdot v}{P_{Nutz}} \overset{v=0}{=} \frac{F \cdot 0}{P_{Nutz}} = 0 \tag{2.32}$$

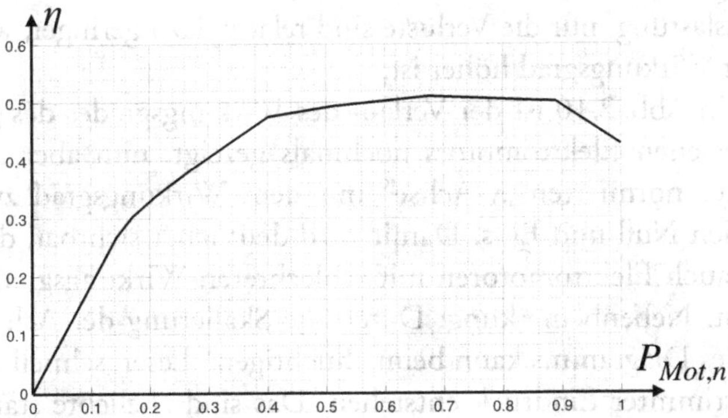

Abb. 2.9 Gemessener Wirkungsgrad η über der Leistung eines Motors, hier normiert von 0 bis 100 % bzw. $P_{Mot,n} = 0 \ldots 1$

in dieser Situation Null ist, weil die Geschwindigkeit im Stand null ist. Reale Messwerte des Wirkungsgrades η eines Elektromotors über verschiedene Belastungen sind in Abb. 2.9 gezeigt. Im niedrigen Teillast-Betrieb haben Motoren generell einen schlechten Wirkungsgrad. Alltagsbeispiel eines Autos mit Verbrennungsmotor: Im Stadtverkehr haben Autos einen hohen Verbrauch durch das ständige Anfahren und Abbremsen, die Motoren arbeiten im Teillast-Betrieb. Bei der Fahrt auf einer freien Autobahn wird der höhere Wirkungsgrad insbesondere bei Diesel-Motoren deutlich: Der Verbrauch steigt nicht mit der abgerufenen Leistung. Die Gegenkraft F_{FW} des Fahrtwindes steigt quadratisch mit der Geschwindigkeit ($F_{LW} \sim v^2$), siehe auch Abb. 2.4. Die Leistung $P = F \cdot v$ steigt also mit der dritten Potenz der Geschwindigkeit ($P \sim v^3$). Allerdings steigt der Treibstoffverbrauch des Autos nicht mit der dritten Potenz, weil der Wirkungsgrad höher ist (die Überwindung des Fahrtwiderstandes gehört zum „Nutzen“, weil die Geschwindigkeit durch die Entscheidung des Fahrers gewollt ist). Der absolute Verbrauch eines Motors steigt natürlich mit höherer

Auslastung, nur die Verluste sind relativ dazu geringer, weil der Wirkungsgrad höher ist.

In Abb. 2.10 ist der Verlauf des Wirkungsgrades des gemessenen Elektromotors nochmals gezeigt, nun aber mit einer normierten „y-Achse" mit dem Wirkungsgrad zwischen Null und Eins. Damit wird deutlicher sichtbar, dass es auch Elektromotoren mit schlechteren Wirkungsgraden gibt. Nebenbemerkung: Durch die Skalierung der Achsen eines Diagramms kann beim „flüchtigen" Lesen schnell ein bestimmter Eindruck entstehen. Das sind „beliebte statistische Tricks", die mitunter in vielen Bereichen angewandt werden. Möglicherweise entstand auch hier der Eindruck, dass Elektromotoren prinzipiell gute Wirkungsgrade haben und in der oberen Abb. 2.9 ist der Wirkungsgrad auch „gut bis oben gefüllt". Wenn nun aber die Skalierung für den Wirkungsgrad bis Eins in Abb. 2.10 dargestellt wird, so wird deutlich, dass dieser Elektromotor einen maximalen Wirkungsgrad bei 51 % hat. Dieser Elektromotor hat also einen fast so schlechten Wirkungsgrad wie ein Verbrennungsmo-

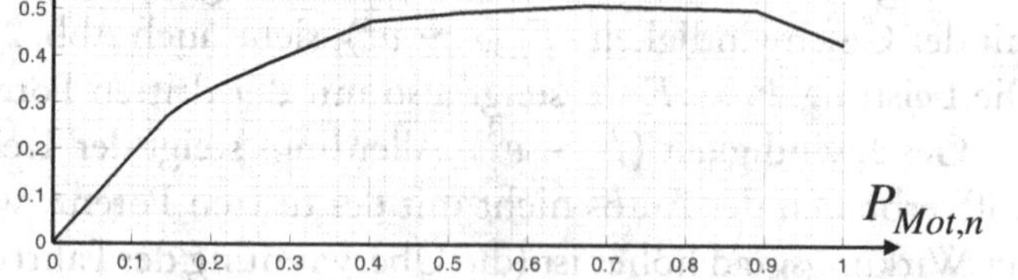

Abb. 2.10 Gemessener Wirkungsgrad η über der Leistung eines Motors, hier normiert von 0 bis 100 % bzw. $P_{Mot,n} = 0 \ldots 1$, die Skalierung des Wirkungsgrades ist hier von $\eta = 0 \ldots 1$; maximaler Wirkungsgrad von $\eta_{max} = 0{,}51$, also 51 % bei 67 % Auslastung

tor.

Funktionsweise Elektromotoren

Ein Elektromotor nutzt den Elektromagnetismus und wandelt elektrische in mechanische Leistung um. In Abb. 2.11 ist ein einfacher Stromkreis gezeigt: Bei einer Spannungsquelle sind positive und negative Ladungen getrennt, hier am Beispiel einer Batterie gezeigt. Ungleiche Ladungen ziehen sich an. In der Elektrotechnik gibt es zwei Kräfte, eine davon ist die Coulomb-Kraft

$$F_C = Q \cdot E \tag{2.33}$$

mit der Kraftwirkung einer Ladung Q im elektrischen Feld E einer anderen Ladung. Kurz: Plus (+) und Minus (−) ziehen sich an. Durch die Ladungstrennung ist Energie gespeichert, es braucht eine Kraft und einen Weg, also Arbeit W_{el}, um die Ladungen zu trennen. Dadurch wird eine Spannung u aufgebaut.

Wird nun ein elektrisch leitfähiges Material angeschlossen und die getrennten Ladungen fließen wieder zueinander. Es fließt ein Strom i (elektrischer Strom ist der zeitliche Fluss von Ladungen $i = \frac{dQ}{dt}$). Es baut sich ein elektrisches Strömungsfeld auf. Durch den Strom kann hier beispielsweise eine Lampe leuchten. Es gibt die technische Stromrichtung, hierbei bewegen sich die positiven Ladungen vom Plus- zum Minus-Pol. Nebenbemerkung: In metallischen Leitern sind nur Elektronen (negativ) frei beweglich. Daher fließt in Metallen physikalisch der Strom aus negativen Ladungsträgern (Elektronen) vom Minus- zum Plus-Pol.

Eine bewegte Ladung, also elektrischer Strom, erzeugt *immer* ein Magnetfeld. Ein Magnetfeld ist wiederum ein in sich geschlossener Kreislauf und ist rechts in Abb. 2.11 als Wirbelfeld angedeutet. Im Magnetfeld gibt es eine weitere Kraft der Elektrotechnik: Die Lorentz-Kraft F_L. Die An-

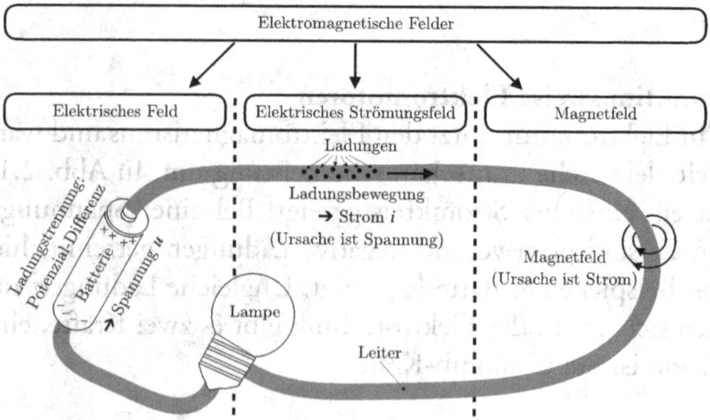

Abb. 2.11 Prinzip eines Stromkreises mit den drei elektromagnetische Feldern; durch die Ladungstrennung einer Batterie wird ein elektrisches Feld erzeugt, wenn darin ein elektrisch leitfähiges Material angeschlossen wird, dann fließt Strom (elektrisches Strömungsfeld); Strom wiederum erzeugt ein Magnetfeld, siehe [41]

ziehung zweier Permanentmagnete mit dem magnetischen Nord- und Südpol ist die Konsequenz aus der Lorentz-Kraft. Vereinfacht dargestellt ist diese zweite Kraft der Elektrotechnik die Anziehung zwischen dem magnetischen Nord- und Südpol.

Die Lorentz-Kraft F_L ist die grundlegende Kraft vieler bzw. aller Elektromotoren (sogenannte Reluktanzmotoren basieren auf der Veränderung des magnetischen Widerstandes und nutzen die Lorentz-Kraft indirekt). In Abb. 2.12 ist das Prinzip der Lorentz-Kraft F_L und damit das Grundprinzip vieler Elektromotoren dargestellt. Zunächst wird ein stromdurchflossener Leiter betrachtet, siehe links in der Abbildung. Der Strom i „fließt in die Buchseite hinein“, es ist also die Draufsicht auf ein rundes Kabel gezeigt (das Kreuz × symbolisiert „in die Ebene hinein“, anschaulich wie ein wegfliegender Pfeil mit Federn am Ende und es sind nur die gekreuzten Federn von hinten zu sehen). Durch den

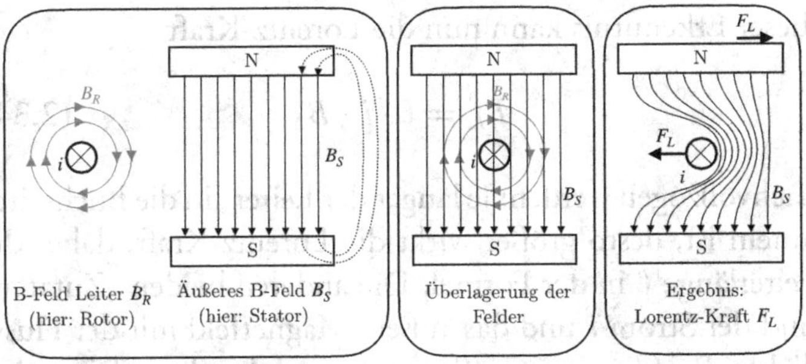

Abb. 2.12 Prinzip der Lorentz-Kraft F_L durch die Überlagerung von Magnetfeldern bzw. B-Feldern, siehe [41]; ein beweglicher Rotor ist hier als Leiter mit B_R dargestellt und das äußere B_S-Feld durch den fest stehenden Stator

Strom i wird ein Magnetfeld mit der Flussdichte B_R erzeugt, hier im Uhrzeigersinn umkreisend (der Index R steht für Rotor eines Elektromotors). Nun wird ein weiteres, äußeres Magnetfeld mit der Flussdichte B_S benötigt (der Index S steht für Stator eines Elektromotors). Das äußere Magnetfeld kann durch Permanentmagnete oder durch Spulenwicklungen (auch Elektromagnete genannt) erzeugt werden. Auch das äußere Magnetfeld ist in sich geschlossen und durch die gestrichelten Pfeile angedeutet.

Diese beiden Magnetfelder mit B_R und B_S werden bei einem Elektromotor nun überlagert, siehe mittleres Bild in Abb. 2.12. Durch die Überlagerung ist zu erkennen, dass sich links vom Leiter mit dem Strom i die Magnetfelder aufheben bzw. schwächen und rechts vom Leiter werden sie verstärkt, siehe rechts im Bild. Das hat zur Folge, dass der Leiter mit der Lorentz-Kraft F_L nach links gedrückt wird. Anschaulich lässt es sich so vorstellen, dass das Magnetfeld „sich Platz verschaffen möchte". Es muss also wie durch eine Engstelle an dem Leiter vorbei fließen. Die „Lösung", um mehr Platz zum Fließen zu haben, ist es, den Leiter wegzudrücken. Mit dieser Erkenntnis kann nun die Lorentz-Kraft

$$F_L = \ell \cdot i \cdot B_S \tag{2.34}$$

nachvollzogen werden: Je länger der Leiter „in die Buchseite“ hinein ist, desto größer wirkt die Lorentz-Kraft, daher die Leiterlänge ℓ in der Formel. Die anderen beiden „Zutaten“ sind der Strom i und das äußere Magnetfeld mit der Flussdichte B_S (die drei Größen stehen senkrecht aufeinander, was hier in der Formel vorausgesetzt wurde). Die Flussdichte in einer bestimmten Fläche A ist der gesamte magnetische Fluss $\Phi = B \cdot A$.

Die bisher gewonnenen Erkenntnisse können nun für einen Elektromotor zusammengefasst werden: Ein Elektromotor basiert auf einem Zusammenhang zwischen Spannung

$$u = c \cdot \Phi \cdot \omega \tag{2.35}$$

$$\leftrightarrow \omega = \frac{1}{c \cdot \Phi} \cdot u \tag{2.36}$$

und der Winkelgeschwindigkeit ω über das Magnetfeld mit Φ. Dabei ist c eine Maschinenkonstante, die u. a. Wicklungszahl oder Durchmesser beinhaltet. Im Prinzip kann die Motorkonstante c mit der Größe des Motors „übersetzt“ werden (je größer c desto größer der Motor). Der Zusammenhang ist bei einer Modelleisenbahn gut zu beobachten: Je größer die Spannung u, desto größer die Geschwindigkeit des Zuges bzw. der Winkelgeschwindigkeit ω des Elektromotors. Allerdings spielt auch das Magnetfeld eine Rolle, hier mit dem magnetischen Fluss Φ dargestellt. Die Gl. (2.35) entspricht im Prinzip der Gl. (2.17): $u = c \cdot \Phi \cdot \omega = c \cdot \Phi \cdot \frac{d\varphi}{dt}$ und somit ist auch hier $u \sim \frac{d\Phi}{dt}$ vorhanden. Um eine Spannung u zu induzieren, gibt es technisch zwei unterschiedliche Möglichkeiten:

- Entweder ein leitfähiges Material wird im magnetischen Fluss Φ mit einer Geschwindigkeit bewegt, Beispiel Generator oder Elektromotor, Gl. (2.35)
- oder der magnetische Fluss $\dot{\Phi} = \frac{d\Phi}{dt}$ wird ständig geändert, Beispiel Transformator, Gl. (2.17).

Zudem gibt es noch den Zusammenhang zwischen dem Drehmoment

$$M = c \cdot \Phi \cdot i \tag{2.37}$$

und dem Strom i sowie der Maschinenkonstante c und dem magnetischen Fluss Φ. Dieser Zusammenhang ist im Prinzip die Lorentz-Kraft, nur auf das Drehmoment eines Motors bezogen.

Diese beiden Zusammenhänge können mit der Leistung

$$\begin{aligned} P_{mech,rot} &= M \cdot \omega & (2.38) \\ &= c \cdot \Phi \cdot i \cdot \frac{1}{c \cdot \Phi} \cdot u \\ &= i \cdot u = P_{el} & (2.39) \end{aligned}$$

ebenso betrachtet werden (idealisiert, bei 100 % Wirkungsgrad). Hierbei wird auch deutlich, dass die mechanische Leistung $P_{mech,rot}$ in elektrische Leistung P_{el} überführt werden kann und umgekehrt. Es wird auch deutlich, dass ein Elektromotor auch im generatorischen Betrieb arbeiten kann. Ein Elektromotor kann mechanisch angetrieben werden und er generiert elektrische Leistung. Das wird als Rekuperation bezeichnet. Beim Verzögern mit einem Elektromotor kann ein anderer Verbraucher betrieben werden, eine Batterie geladen oder die Energie zurück ins Netz gespeist werden. Das wird nicht nur bei E-Autos ausgenutzt, sondern (teilweise) auch bei Industrieanlagen. Die Realisierung einer

Rekuperation bedeutet technischen Aufwand, sodass es sich nicht bei allen Industrieanlagen lohnt.

Mit Gl. (2.36) und (2.37) ist ein interessanter Zusammenhang zu erkennen: Ein kleiner Elektromotor mit einer kleinen Maschinenkonstanten c kann eine hohe Winkelgeschwindigkeit $\omega \sim \frac{1}{c}$ erzeugen, dafür hat er ein kleines Drehmoment $M \sim c$. Daher ist es geschickt „über die Drehzahl zu kommen", um eine Motorleistung bereitzustellen. Das Verhältnis wird dann mit einem Getriebe angepasst. Daher treiben in der Praxis die Elektromotoren meistens über ein Getriebe die Anwendung an, um weitestgehend einen kleinen Motor einsetzen zu können.

Es gibt zahlreiche **Bauarten von Elektromotoren,** die jeweils spezifische Vor- und Nachteile bieten, siehe Details in [6, 26, 46, 60, 68]. Eine Übersicht erleichtert den Einstieg in die Vielzahl der Elektromotoren. Häufig wird zwischen Gleich- und Wechselstrommotoren unterschieden, eine Kategorisierung, die historisch geprägt ist. Es ist allerdings die Frage, ob diese Unterscheidung noch sinnvoll ist. Sie verliert an Bedeutung, da viele Motoren mithilfe von (Leistungs-)Elektronik mit einer modulierten Spannung betrieben werden, z. B. durch Pulsweitenmodulation (PWM), wie sie in Frequenzumrichtern verwendet wird. In speziellen Anwendungen, z. B. bei kleinen Motoren mit niedrigen Drehzahlen, können analoge Schaltungen mit Operationsverstärkern Vorteile bieten, da sie einen sanfteren Anfahrverlauf ermöglichen als PWM-basierte Steuerungen, deren Auflösung von der Taktrate des Rechners abhängt. Pulsweitenmodulation (PWM) ist eine Technik, bei der eine Spannung in schnellen Impulsen geschaltet wird, um die Drehzahl und Leistung von Motoren präzise zu steuern. Somit werden im Betrieb die meisten Elektromotoren mit wechselnden Größen versorgt, wodurch sie Wechselstromcharakteristik aufweisen. Früher wurden Elektromotoren oft direkt an ein Stromnetz (Gleich- oder Wechselstrom) angeschlossen, was durch moderne elektronische Regelungen weitgehend verdrängt wurde. Ein weiterer Punkt ist, dass Frequenzumrichter eine Gleichspannung benötigen, z. B. durch einen vorgeschalteten Gleichrichter. Zudem gibt es die Tendenz, mehr und mehr Gleichstromnetze in der Fertigung einzusetzen, um die vielen Gleichrichter zu sparen oder Gleichstrom aus Solaranlagen besser zu nutzen.

Ein Versuch und ein Vorschlag einer (unvollständigen) Übersicht ist in Abb. 2.13 gezeigt. In Anlehnung an Abb. 2.12 mit dem Grundprinzip der Lorentz-Kraft gibt es Elektromotoren mit konduktiven Leiterschleifen, siehe Abb. 2.13 links. Dazu ist ein äußeres Magnetfeld mit dem magnetischen Nordpol (N) und dem Südpol (S) notwendig. Das kann durch einen Permanentmagnet oder eine Spule fremderregt sein (sogenannte Polschuhe leiten das Magnetfeld zur Leiterschleife). Der Rotor besteht aus Leiterschleifen und sie müssen mit einem Strom i durchflossen werden. In der Abbildung ist nur eine Leiterschleife dargestellt, in Realität sind es aber viele, gewickelte Leiterschleifen, um die Lorentz-Kraft zu verstärken (in Gl. 2.34 wird durch das Wickeln im Prinzip die Leitungslänge ℓ im Magnetfeld ver-

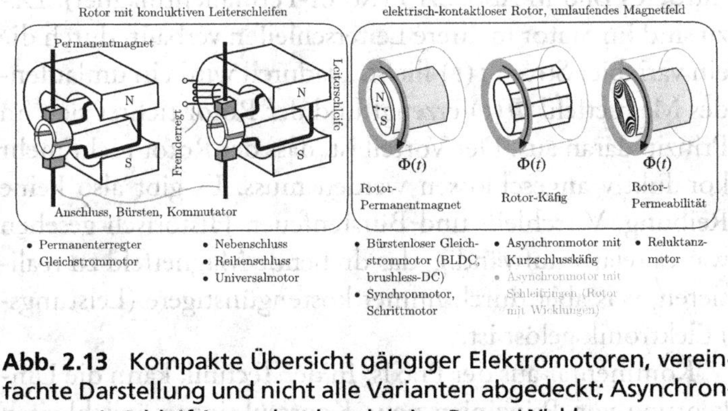

Abb. 2.13 Kompakte Übersicht gängiger Elektromotoren, vereinfachte Darstellung und nicht alle Varianten abgedeckt; Asynchronmotor mit Schleifringen hat konduktive Rotor-Wicklungen

größert). Die Leiterschleifen sind dabei konduktiv angeschlossen. „Konduktiv“ bedeutet kabelgebunden, d. h. die Leiterschleife des Rotors ist mechanisch durch einen Kabelanschluss mit Strom versorgt (demgegenüber gibt es noch die induktive Übertragung elektrischer Leistung). Dieser mechanische Kontakt wird über einen Kommutator (Stromwender) und Kohle-Bürsten als Anschluss realisiert. Beim Drehen des Rotors kommt es daher zu Reibung und somit zu Verschleiß. Durch das Schalten des Stroms kann es zu sogenanntem Bürstenfeuer kommen, da die Induktivität eine abrupte Unterbrechung des Stromflusses verhindert (siehe oben, in Analogie zur Massenträgheit hat auch der elektrische Strom die Eigenschaft, den Fluss aufrecht zu erhalten, ein elektrischer Strom „will weiter fließen“).

Ausgehend von einem permanenterregten Gleichstrommotor in Abb. 2.13 ganz links kann nun folgende Frage gestellt werden: Das äußere Magnetfeld des Stators wird durch einen Permanentmagneten erzeugt und der Rotor ist ein stromdurchflossener Leiter, können die beiden nicht getauscht werden? Kann also der Rotor als Permanentmagnet ausgeführt werden und der Stator die stromdurchflossene Leitung sein? Die Antwort ist: Ja, das funktioniert, siehe mittleres Bild in Abb. 2.13 (Rotor-Permanentmagnet). Dazu sind im Stator mehrere Leiterschleifen verbaut, durch die ein variabler Strom $i(t)$ fließt. Dadurch wird ein umlaufendes Magnetfeld $\Phi(t)$ erzeugt und der Rotor richtet sich im Prinzip daran aus. Der Vorteil ist, dass der Rotor nicht mehr konduktiv angeschlossen werden muss. Es gibt also keine Reibung, Verschleiß und Bürstenfeuer. Historisch gesehen war es relativ aufwändig, das drehende Magnetfeld zu realisieren, was aber durch immer kostengünstigere (Leistungs-) Elektronik gelöst ist.

Kommentar aus der Praxis: In der Technik kann die Umkehrung von Prinzipien neue Konstruktionsmöglichkeiten eröffnen und konstruktive Probleme lösen, wie hier am Beispiel des Permanentmagneten im Rotor versus Stator (kein Bürstenfeuer, kein Verschleiß von Kohle-Bürsten). Ein weiteres „klassisches" Beispiel einer Umkehrung des Prinzips ist der Vorderrad- versus Hinterradantrieb eines Autos (und die Kombination mit dem Allrad-Antrieb). Diese verschiedenen Lösungen haben alle ihre Vor- und Nachteile und im Betrieb ihre eigene Charakteristik. Auf der Suche nach neuen Konstruktionsmöglichkeiten und ggf. Suche nach Lösungen konstruktiver Probleme kann diese „Umkehrung von Prinzipien" helfen, siehe auch weiterführende Literatur [5, 17, 48].

Eine weitere Bauart eines Elektromotors ist der Asynchronmotor mit Kurzschlusskäfig. Der Stator hat auch ein rotierendes Magnetfeld und der Rotor ist ein stromdurchflossener Leiter, hat aber keinen konduktiven Anschluss. Nun stellt sich die Frage: Wie „kommt der Strom in den Rotor"? Die Antwort ist: Durch induktive Übertragung elektrischer Leistung. Es kann eine Spannung u durch ein Magnetfeld in einem elektrischen Leiter induziert werden. Das kann entweder durch die zeitliche Änderung des magnetischen Flusses, siehe Gl. (2.17) mit $u = \frac{d\Phi}{dt} = \dot{\Phi}$, oder durch eine Relativgeschwindigkeit, siehe Gl. (2.35) mit $u = c \cdot \Phi \cdot \omega$. Genau das wird beim Asynchronmotor ausgenutzt, indem das äußere Magnetfeld schneller rotiert als der Rotor. Damit überstreicht das Magnetfeld den Rotor und eine Spannung wird induziert. Der Rotor hat einen Kurzschlusskäfig und somit kann ein Strom darin fließen.

Die vereinfachte Übersicht in Abb. 2.13 soll eine Grundlage für das Verständnis gängiger Elektromotoren bieten. Sie deckt aber nicht alle Ausnahmen und Nischenanwendungen ab (das ist der „Preis" einer vereinfachten, kompakten Übersicht). Eine weitere Motor-Bauart ist z. B. der Asynchronmotor mit Schleifringen. Dabei es handelt sich um einen

Rotor mit konduktiven Leiterschleifen und einem umlaufenden Magnetfeld.

Eine weitere, interessante Motor-Bauart ist der Reluktanzmotor. Er basiert auf dem magnetischen Widerstand von Materialien. Der Rotor hat Bereiche mit unterschiedlicher *magnetischer* Leitfähigkeit. Wasser, elektrischer Strom und der magnetische Fluss suchen sich alle den Weg des geringsten Widerstandes. Am Beispiel eines Wasser-Flusses kann das verdeutlicht werden: Wenn ein Schleusentor nur etwas geöffnet ist und ein Fluss fließt hindurch, dann ist der Fluss bestrebt, das Schleusentor weiter aufzudrücken. Es wirkt also eine Kraft auf das Schleusentor, um den Widerstand für den Fluss zu verkleinern. In Analogie wird genau das bei einem Reluktanzmotor ausgenutzt. Der Rotor ist drehbar gelagert und strebt in die Ausrichtung, um den magnetischen Widerstand zu minimieren.

Die Einbindung eines Elektromotors in einen Regelkreis ist in Abb. 2.14 schematisch gezeigt. Ein Regler beeinflusst über einen Frequenzumrichter den Elektromotor. Der Elektromotor treibt eine Masse m an. Zudem wirken ggf. noch Prozesskräfte $F(t)$. Die Masse bewegt sich translatorisch (=geradlinig) und die Position wird gemessen und im Regelkreis zurückgeführt. Die exakte Positionierung der Masse m wird also in einem Positionsregelkreis geregelt. Ein Kugelgewindetrieb ist eine Art von Getriebe und übersetzt Rotation in Translation. Das lässt sich wie eine Schraube mit Mutter vorstellen: Wenn eine Schraube gedreht wird und die Mutter nicht mit rotiert, dann verschiebt sich die Mutter translatorisch auf der Schraube. Zwischen Elektromotor und Kugelgewindetrieb ist hier noch ein Getriebe gezeigt. Ein Gleichrichter wandelt Dreiphasenwechselstrom (ugs. „Drehstrom") in Gleichstrom. Aus dem Zwischenkreis mit dem Zwischenkreiskondensator wird der Frequenzumrichter mit Gleichstrom versorgt.

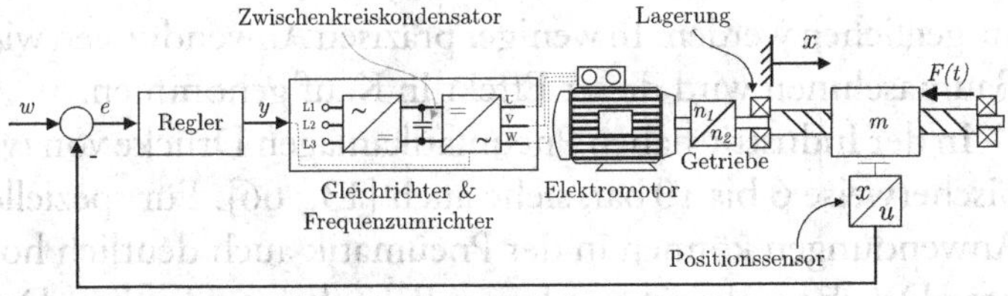

Abb. 2.14 Prinzipskizze eines geregelten elektromechanischen Aktors; der Regler berechnet Stellsignale y und gibt sie an einen Frequenzumrichter weiter; der Frequenzumrichter bezieht seine Energie aus einem Zwischenkreis, der durch einen Gleichrichter bereitgestellt wird; der Elektromotor treibt über ein Getriebe einen Kugelgewindetrieb an, darauf ist ein Schlitten inkl. Kugelgewindemutter, um eine Masse m mit ggf. weiteren Prozesskräften $F(t)$ zu bewegen

Funktionsweise Fluidtechnik

Fluidtechnik ist der Oberbegriff von Hydraulik und Pneumatik. In der Hydraulik wird meistens Hydrauliköl als Druckmedium verwendet. Öl dient gleichzeitig als Schmierung für bewegliche Bauteile, z. B. Ventilkolben. Für spezielle Anwendungen werden auch andere Medien verwendet, z. B. Medien auf Wasserbasis für sehr hohe Drücke oder für explosionsgeschützte Bereiche. In der Pneumatik wird Luft als Druckmedium verwendet. Fluide sind allesamt kompressibel. In der Pneumatik ist das gut nachvollziehbar, z. B. ist mit einer Fahrradluftpumpe und Muskelkraft die Kompressibilität von Luft bereits spürbar. Flüssigkeiten wie Öl oder Wasser sind aber auch kompressibel! Für Hydrauliköl gilt als Faustwert: Pro 100 bar Drucksteigerung wird das Ölvolumen um ca. 1 % gestaucht bzw. komprimiert. In der Industriepraxis gelten Drücke bis ca. 315 bar als Standarddrücke. Bei 300 bar Drucksteigerung entspricht dies einer Volumenreduktion um 3 %, was für präzise Fertigungsprozesse mit z. B. 6 µm Genauigkeit eine regelungstechnische Herausforderung darstellt. Das entspricht einer Stauchung von 3 cm bei 1 m Hub und das muss durch eine Regelung ausgeglichen werden. In weniger präzisen Anwendungen wie Baumaschinen wird dieser Effekt in Kauf genommen.

In der Industrie haben Pneumatikanlagen Drücke von typischerweise 6 bis 10 bar, siehe auch [13, 66]. Für spezielle Anwendungen können in der Pneumatik auch deutlich höhere Drücke realisiert werden, z. B. mehrere zehn bar. Das ist jedoch aufgrund von Kompressionsverlusten und Sicherheitsanforderungen selten. Hohe Drücke in der Hydraulik sind im Prinzip durch die Materialien begrenzt, sie dürfen nicht bersten. Spezielle Anwendungen arbeiten mit mehreren tausend bar, z. B. Innenhochdruckumformung. Die hohe Kompressibilität von Luft führt zu Kompressionsverlusten, weshalb höhere Pneumatikdrücke oft unwirtschaftlich sind. Das ist mit einer Fahrradpumpe nachvollziehbar: Wenn eine Fahrradpumpe zugehalten und die Luft darin zusammengedrückt wird, dann wird die Pumpe warm. Diese Wärme ist Verlustwärme, sie kann technisch nicht mehr verwendet werden. Zudem kommen spezielle Sicherheitsvorkehrungen bei sehr hohen Pneumatikdrücken (komprimierte Luft expandiert zu einem sehr hohen Volumen, falls z. B. ein Bauteil berstet). Die Hydraulik benötigt zwingend eine Rückleitung für das Hydrauliköl. In der Pneumatik kann nach einem Arbeitsprozess die nicht mehr benötigte Druckluft in die Atmosphäre entlassen werden. Moderne und sehr gute Hydraulikanlagen sind nahezu leckagefrei. Das ist vergleichbar mit einer hydraulischen Bremse beim Auto. Bei modernen Autos tropft üblicherweise auch kein Öl mehr auf die Straßen.

Am Beispiel der **Hydraulik** werden nun ausgewählte Grundlagen der Fluidtechnik gezeigt. Ein Antriebskonzept ist das Verdrängerprinzip, siehe Abb. 2.15. Bei einem hydraulischen Wagenheber gibt es einen Zylinder mit einer kleinen Fläche, der als Pumpe eingesetzt wird. Durch Drücken mit einer Kraft F_1 wird das Öl *verdrängt* und dadurch wird der Kolben eines zweiten Zylinders mit der Flä-

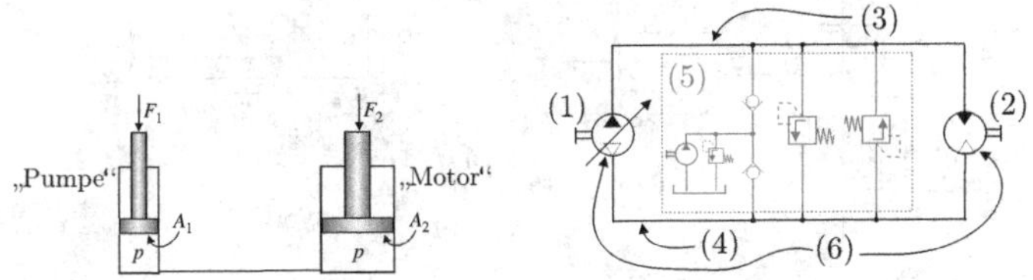

(a) Beispiel Wagenheber (b) Beispiel hydrostatischer Fahrantrieb

Abb. 2.15 Verdrängerprinzip, siehe [41]

che A_2 bewegt. Der kleinere Zylinder als Pumpe schiebt das Öl vor sich her. Genau dieses Prinzip wird auch beim hydrostatischen Fahrantrieb ausgenutzt. Eine Pumpe (1) schiebt das Öl in die Zulaufleitung (3) vor sich her und betreibt den Hydromotor (2). Das Öl fließt mit niedrigem Druck in Leitung (4) zurück zur Pumpe. Es ist ein geschlossener Kreislauf. Im Prinzip ist das wie eine umlaufende Kette beim Fahrrad mit einem einzigen Unterschied: Eine Kette überträgt *Zug*kräfte im oberen Teil. Unten läuft die Kette „zuglos“ zurück. Das Öl – bzw. Fluide im Allgemeinen – sind aber reine *Druck*medien, d. h. sie können nur Druckkräfte übertragen (abgesehen von minimalen Oberflächenspannungen, sie sind für Industrieanlagen im Wesentlichen vernachlässigbar). Es bedarf noch einer Druckaufbereitung (vergleichbar mit einem Fahrrad-Kettenspanner) und Ausgleich von Leckagen (5). Es gibt Pumpen (1) und auch Hydromotoren (2), die in beide Richtungen drehen können (6). In Pumpe (1) ist noch ein schräg verlaufender Pfeil zu sehen und zeigt eine schwenkbare Pumpe, d. h. das Öl-Fördervolumen der Pumpe ist variabel einstellbar. Durch diese variable Pumpe wird die Anlage betätigt bzw. beeinflusst, sie ist das Stellglied der Anlage. Im Gegensatz zu einem elektromechanischen Aktor, hierbei ist der Elektromotor das Stellglied und übernimmt die Beeinflussung der Anlage. Ein derartiger hydrostatischer Fahrantrieb kommt beispielsweise bei Baggern

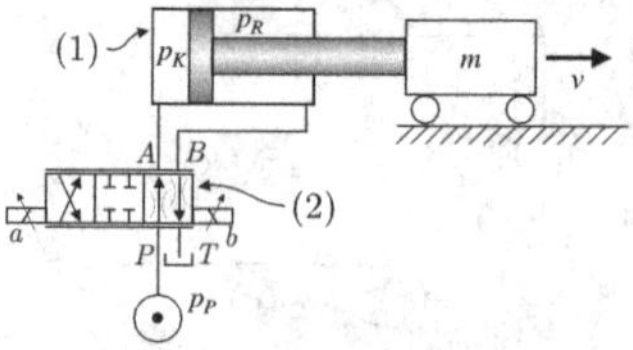

(a) Vereinfacht dargestelltes Prinzip

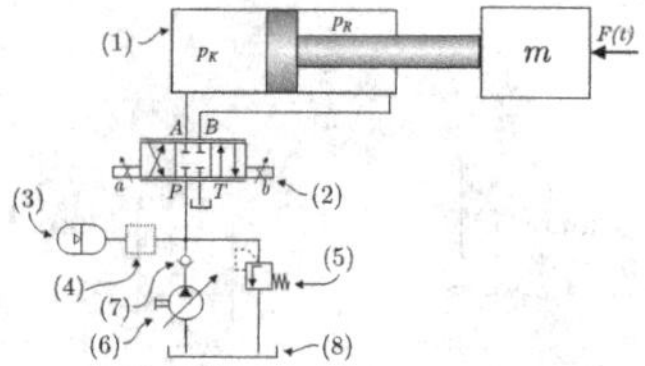

(b) Etwas ausführlicherer Schaltplan

Abb. 2.16 Prinzip einer Ventilsteuerung, siehe [41]

mit Kettenfahrwerk zum Einsatz. Der Hydromotor kann große Drehmomente auf die Ketten aufbringen.

Ein weiteres Antriebskonzept ist die **ventilgesteuerte Hydraulik** und ihre Charakteristik unterscheidet sich grundlegend vom Verdrängerprinzip. Ein Stetigventil beeinflusst dabei die Anlage, d. h. ein Stetigventil ist das Stellglied, siehe Ventil (2) in Abb. 2.16. Ein Stetigventil kann mit einem Wasserhahn verglichen werden: Auch ein Wasserhahn kann stetig, kontinuierlich von 0 bis 100 % geöffnet werden. Hier in der Abbildung ist ein 4/3-Wegeventil gezeigt. Es hat vier Anschlüsse und drei Schaltstellungen (ein Wasserhahn hat nur zwei Anschlüsse mit Zu- und Ablauf und zwei Schaltstellungen zu bzw. auf).

In Abb. 2.16a ist das Ventil in geöffneter Position gezeigt, sodass der Zylinder mit einer Geschwindigkeit v ausfährt. Dazu wird die Hydraulikanlage mit einem Druck p_P von einer Pumpeneinheit versorgt. In der geöffneten Ventilstellung strömt das Öl durch den Pumpendruck p_P zum A-Kanal in den Zylinder-Kolbenraum und dort entsteht der Druck p_K. Da der Zylinder mit seinem Kolben ausfährt, wird das Öl auf der Ringseite mit dem Druck p_R verdrängt. Das Öl strömt über den B-Kanal des Ventils zum Tank. In Abb. 2.16b ist das Ventil (2) in gesperrter Stellung gezeigt, sodass der Zylinder sich nicht bewegt. Die Pumpeneinheit ist hierbei etwas ausführlicher gezeigt: Um kurzzeitig eine

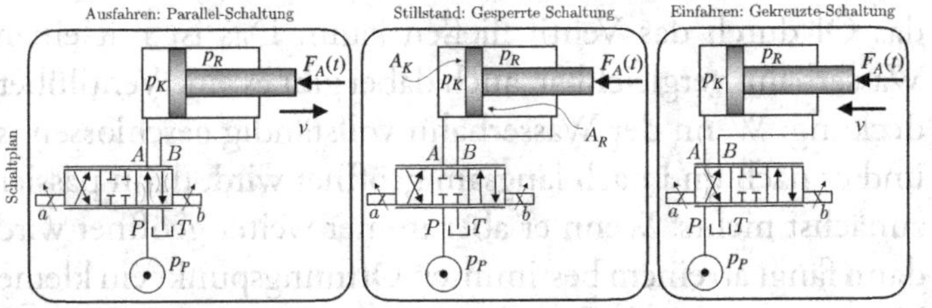

Abb. 2.17 Ein- und Ausfahren mit einer Ventilsteuerung sowie Stop, siehe [41]

hohe Leistung zur Verfügung zu stellen, kann ein Hydro-Speicher (3) mit einer Absicherung (4) verwendet werden. Der Pumpendruck wird mit einem Druckbegrenzungsventil (5) eingestellt. Eine variable Pumpe (6) fördert das Öl und kann zurückschwenken, wenn der Speicher gefüllt ist. Ein Rückschlagventil (7) schützt die Pumpe vor Überdrückung, falls eine große Prozesskraft $F(t)$ von außen auf den Zylinder wirkt. Es ist ein offener Kreislauf, weil das Öl in einem Tank (8) gesammelt wird. Im Tank kann das Öl abkühlen und gefiltert werden, sodass die Pumpe nur „sauberes und kühles" Öl fördert. Diese kleine technische Übersicht soll verdeutlichen, wie viele Aspekte bei Hydraulikanlagen beachtet werden müssen. Wie in jeder technischen Disziplin müssen noch viele weitere Aspekte berücksichtigt werden, siehe dazu auch [2, 6, 20, 41, 69].

In Abb. 2.17 sind die verschiedenen Ventilschaltungen nochmals gezeigt. Die parallele Ventilschaltung lässt den Zylinder bzw. den Kolben ausfahren. Bei der gesperrten Schaltung kann der Zylinder nicht bewegt werden, weil das Öl „eingesperrt" ist. Das Einfahren des Zylinders erfolgt mit der gekreuzten Ventilschaltung.

Die gesperrte Ventilschaltung ist bei den meisten Hydraulikventilen mit einer Überdeckung versehen. Das Ventil muss erst für einen gewissen Weg ausgelenkt werden, bevor das Öl durch das Ventil fließen kann. Das ist mit einem Wasserhahn vergleichbar, auch dabei gibt es eine Ventilüberdeckung: Wenn der Wasserhahn vollständig geschlossen ist und er nach und nach langsam geöffnet wird, dann passiert zunächst nichts. Wenn er aber immer weiter geöffnet wird, dann fängt ab einem bestimmten Öffnungspunkt ein kleiner Wasserfluss an zu fließen. Wird der Hahn noch weiter geöffnet, dann fließt entsprechend ein größerer Wasserfluss. Die Ventilüberdeckung führt zu einer Totzone: Das Ventil muss erst einen gewissen Weg ausgelenkt werden, bevor Öl fließt. Dies erschwert die präzise Regelung, weil damit eine Nichtlinearität vorhanden ist. Folgendes Gedankenexperiment soll dies verdeutlichen: Angenommen, beim Autofahren sei eine Überdeckung bei der Lenkung vorhanden (was bei guten Autos nicht der Fall ist!). Nun dreht ein Fahrer nach einer Geradeausfahrt etwas am Lenkrad, um eine Kurve zu fahren. Mit einer Überdeckung würden die Vorderräder aber immer noch geradeaus fahren. Der Fahrer müsste erst diese Überdeckung überwinden, bis eine Lenkreaktion bei den Rädern ankommt. Solch ein Auto wäre sehr viel schwieriger zu fahren. Hochwertige Autos haben eine sehr präzise, direkte Lenkung, um sie besser zu regeln bzw. zu fahren.

Regelungstechnisch ist das Ventil als Stellglied in den Regelkreis eingebunden, siehe Abb. 2.18. Die Position x der Anwendung mit der Masse m wird mit einem Sensor erfasst, z. B. mit einer integrierten Wegmessung im Zylinder. Aus der Regeldifferenz e berechnet ein Regler das Stellsignal y, das als Spannung (z. B. $u_V = \pm 10\,\mathrm{V}$) das Stetigventil ansteuert, um die Zylinderposition präzise zu regeln. Hier in der Abbildung hat das Ventil die zwei Magnete a und b, die das Ventil auslenken. Wenn beispielsweise das Ventil mit $u_V = 7{,}4\,\mathrm{V}$ angeregt wird, dann öffnet ein sehr gutes Ventil zu exakt 74 %.

Was zeichnet eine derartige ventilgesteuerte Hydraulik im Vergleich zu einem elektromechanischen Antrieb aus? Die

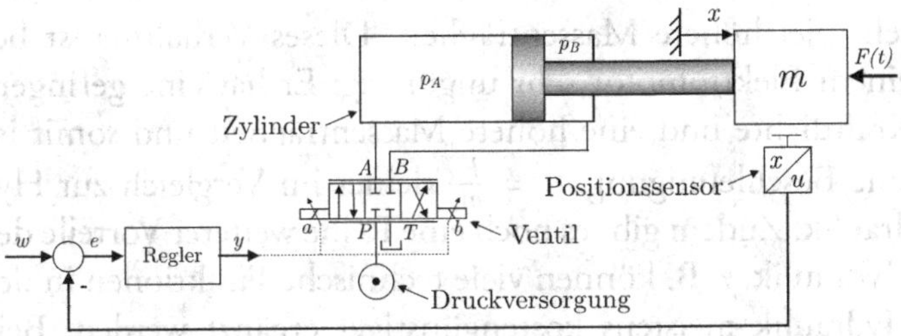

Abb. 2.18 Prinzipskizze eines geregelten hydraulischen Aktors mit Ventilsteuerung; der Regler berechnet Stellsignale y und gibt sie als Spannung an ein Stetigventil weiter; das Ventil beeinflusst die Bewegung des Zylinders; der Zylinder hat einen Positionssensor und das Signal wird in der Regelung zurück geführt, siehe [41]

Hydraulik bietet eine sehr hohe Kraftdichte. Das führt dazu, dass die Zylinder oder auch Hydro-Motoren sehr klein gebaut werden können. Drücke von 315 bar oder auch noch höher können in der Hydraulik verwendet werden. Ein Elektromotor hat ein sehr viel größeres Volumen, wenn ähnlich große Kräfte aufzubringen sind. Bei einem Hydraulik-Aggregat fällt das sofort auf: Der Elektromotor, der eine Hydro-Pumpe antreibt, ist sehr viel größer als die Pumpe – beide natürlich mit der gleichen Leistung. Bei der ventilgesteuerten Hydraulik kommt noch ein weiterer Punkt hinzu: Die Schnelligkeit bzw. Dynamik. Hochwertige Hydraulikventile öffnen geregelt innerhalb weniger Millisekunden! Wenn in dem System noch ein Hydro-Speicher verbaut ist, dann wird mit einer extrem kurzen Reaktionszeit eine hohe Dynamik zielgerichtet auf die Anwendung gelassen (im Sinne einer „brachialen Katapult-Dynamik"). Das kann ein elektromechanischer Aktor bei weitem nicht erreichen. In der Hydraulik sind die Massenträgheiten des Aktors selbst relativ gering: Das Hydraulik-Öl und der Zylinder-Kolben und -Stange sind relativ klein. Bei einem elektromechanischen Antrieb hat der Elektromotor mit seinem Rotor eine sehr viel höhere Massenträgheit. Dieses Verhältnis ist bei einem Elektromotor sehr ungünstig: Er hat eine geringere Kraftdichte und eine höhere Massenträgheit und somit ist eine Beschleunigung $a = \frac{F}{m}$ kleiner im Vergleich zur Hydraulik. Zudem gibt es noch eine Reihe weiterer Vorteile der Hydraulik, z. B. können viele technische Funktionen in der Hydraulik meistens kostengünstiger ergänzt werden. Beispielsweise kann ein Druckbegrenzungsventil vor Überlast schützen. Das ist in der Mechanik oftmals aufwändiger zu realisieren, z. B. durch eine Kupplung. Anwendungen findet die Hydraulik u. a. bei Flugzeugen, z. B. Landeklappen, bei Werkzeugmaschinen, z. B. hydraulische Pressen. Die Pneumatik wird u. a. bei Handling-Systemen wie pneumatischen Greifern, Hebesystemen in der Montage oder Fördersystemen eingesetzt.

Nach der Vorstellung von solch vielen Vorteilen stellt sich auch die Frage: „Wo ist der Haken", was sind die Nachteile? In der Technik gibt es das sehr selten, wenn etwas nur Vorteile hat. Die Hydraulik hat eine Reihe von Nachteilen. Ventilgesteuerte Hydrauliksysteme haben aufgrund von Drosselverlusten oft einen geringeren Wirkungsgrad als andere Antriebssysteme, insbesondere im Teillastbetrieb. Das Ventil ist eine Drossel, eine Engstelle und damit ein hydraulischer Widerstand. Das lässt sich mit dem Autofahren theoretisch vergleichen: Wenn das Auto ständig mit „Vollgas" betrieben wird und die Geschwindigkeit nur über das Bremspedal reguliert wird, dann ist auch hier der Verbrauch sehr hoch bzw. der Wirkungsgrad niedrig. Das lässt sich auf die Ventilsteuerung übertragen: Ein Ventil ist eine „Bremse" und darüber wird die Anwendung geregelt. Es gibt Lösungen, um den Wirkungsgrad zu verbessern, z. B. Hydraulik mit Hoch- und Niederdruck, variable Pumpen und Speicher. Der Verzicht auf das Ventil und die Regelung über einen Elektromotor ist eine weitere Lösung, allerdings zu

Lasten der Dynamik. Das Ventil als Drossel erwärmt das Öl und das muss gekühlt werden. Ein weiterer Nachteil ist die oftmals komplexere Technik und damit verbunden die schwierigere Regelbarkeit. Die Kompressibilität des Öls und die Ventilüberdeckung stellen besondere Anforderungen an die Regelungstechnik, die durch geeignete Auslegung des Reglers kompensiert werden können, siehe [41]. Zudem ist der Wartungsaufwand höher und auch die Geräusche. Somit sieht die Sachlage eher so aus: Wenn eine Anwendung eine sehr hohe Dynamik, hohe Kräfte und spezielle Anforderungen hat, die allesamt ein elektromechanischer Aktor nicht erfüllen kann, so muss der Einsatz der Fluidtechnik in Erwägung gezogen werden.

Zusammenfassung: In der Hydraulik gibt es verschiedene Antriebskonzepte. Ein Konzept ist das Verdrängerprinzip, z. B. bei Wagenhebern und hydrostatischen Fahrantrieben, bei denen eine Pumpe Öl verdrängt und einen Hydromotor antreibt. Ein weiteres Konzept ist die ventilgesteuerte Hydraulik, bei der ein Stetigventil die Anlage beeinflusst, ähnlich einem Wasserhahn. Diese Ventile ermöglichen verschiedene Schaltstellungen für Zylinderbewegungen und sind oft mit einer Totzone versehen. Ventilgesteuerte Hydrauliksysteme bieten hohe Kraftdichte und Dynamik, ermöglichen kleine Baugrößen und sind kostengünstig. Nachteile sind geringerer Wirkungsgrad durch Drosselverluste, Ölwärme, komplexere Technik und höhere Wartungskosten. Der Einsatz ist sinnvoll bei Anwendungen mit hohen Kräften und Dynamik, die elektromechanische Aktoren nicht erfüllen können. Pneumatische Bauteile sind oftmals günstiger als hydraulische Komponenten. Daher kann mit der Pneumatik eine Vielzahl unterschiedlicher Aktoren bzw. Stelleinrichtungen kostengünstig realisiert werden. Die hohe Kompressibilität führt tendenziell zu einem schlechteren Wirkungsgrad, kann aber genutzt werden, um eine Kraftregelung günstig zu realisieren. Tab. 2.2 vergleicht Hydraulik

Tab. 2.2 Vergleich von Hydraulik und Pneumatik in der Fluidtechnik

Eigenschaft	Hydraulik	Pneumatik
Druckmedium	Hydrauliköl, synthetische Öle, Medien auf Wasserbasis (z. B. für hohe Drücke oder explosionsgeschützte Bereiche)	Luft
Typische Drücke	50…315 bar (Spezialanwendungen bis mehrere tausend bar, z. B. Innenhochdruckumformung)	6…10 bar (höhere Drücke selten, z. B. bis mehrere zehn bar)
Kompressibilität	Praxis-Erfahrungswert: Ca. 1 % Volumenreduktion pro 100 bar	Hoch (deutlich spürbar, z. B. mit Fahrradluftpumpe; führt zu Kompressionsverlusten durch Wärmeentwicklung), theoretischer Vergleich: Je nachdem wie die Luft komprimiert wird beträgt die Volumenreduktion über 96 % pro 100 bar Drucksteigerung
Kreislauf	Geschlossener Kreislauf oder offener Kreis mit Rückleitung (Öl muss zurückgeführt werden, nahezu leckagefrei in modernen Systemen)	Offener Kreislauf (Luft kann in die Atmosphäre entlassen werden)
Charakteristik	Hohe Kraftdichte (kompakte Zylinder/Hydromotoren), hohe Dynamik (Reaktionszeit im Millisekundenbereich mit Hydro-Speicher), viele technische Funktionen mit Ventilen möglich, z. B. Überlastsicherung durch Druckbegrenzungsventil. Aber: Teilweise komplexe Regelungen, höherer Wartungsaufwand, Geräusche, Drosselverluste (geringerer Wirkungsgrad)	kostengünstige Lösungen für Vielzahl an Stelleinrichtungen, Kraftregelung gut umsetzbar. Aber: Geräusche, Geringere Kraftdichte im Vergleich zur Hydraulik, Kompressionsverluste, geringer Wirkungsgrad (unwirtschaftlich bei hohen Drücken)
Anwendungsbeispiele	Bagger (hydrostatischer Fahrantrieb), Werkzeugmaschinen (z. B. hydraulische Pressen), Flugzeug-Landeklappen, hydraulische Bremsen	Pneumatische Greifer (Handling-Systeme), Fördersysteme, Druckluftwerkzeuge (z. B. Schrauber), Automatisierung in Montagelinien

und Pneumatik hinsichtlich Druckmedium, Kompressibilität und Anwendungen.

2.2 Sensoren und Messdatenaufbereitung

Der Begriff „Sensor“ stammt aus dem Lateinischen für „sentire“ und bedeutet fühlen oder empfinden. Ein Sensor ist ein technisches Bauteil, um physikalische oder chemische Eigenschaften bzw. stoffliche Beschaffenheit der Umgebung zu erfassen. Es werden also Informationen aus der Umwelt mit einem Sensor erfasst. In der Technik bzw. Automatisierungstechnik hat sich eine Lösung etabliert, indem physikalische Größen aus der Umwelt in ein elektrisches Signal umgewandelt werden. In der Elektrotechnik wird teilweise auch die unterschiedliche Wirkrichtung von Sensoren und Aktoren betrachtet: Physikalische Größen oder Informationen werden durch einen Sensor in elektrische Signale gewandelt und ein Aktor wandelt in die andere Richtung, siehe [70]. In der Natur gibt es auch eine Vielzahl an biologischen, sinnesphysiologischen Sensoren, z. B. Auge, Temperaturempfinden der Haut.

Ein einfacher Sensor kann ein Schalter sein, mit dem überprüft wird, ob eine Tür einer Werkzeugmaschine vollständig und richtig geschlossen ist. Mit dem Schalter wird die Position der Tür überprüft und in ein elektrisches Signal durch den Kontakt umgewandelt. Ein weiteres Beispiel eines Sensors ist ein Positionssensor eines Hydraulikventils. Mit diesem Sensor wird die genaue Ventilöffnung gemessen. Die gemessenen Sensorsignale können anschließend noch mathematisch durch Filter verbessert werden, siehe auch [3, 34]. Bekannte Beispiele sind Filter von Smartphones, die Fotografien optimieren. Auch die Kompensation von Störgrößen ist wichtig, um gute Messergebnisse zu erhalten. Beispielsweise sind manche Sensoren temperaturabhängig, wobei sie gar nicht zur Temperaturmessung verwendet werden. Ein Dehnungsmessstreifen (DMS) wird verwendet, um Dehnungen – also Längenänderungen – zu erfassen. Der Sensor ist aber auch temperaturempfindlich, sodass das mit Referenzsensoren kompensiert werden muss. Ein Referenzsensor ist ein zusätzlicher Sensor, der die Umgebungstemperatur misst, um ihren Einfluss zu kompensieren. Es gibt eine Vielzahl an unterschiedlichen Sensoren, die hier nicht weiter beschrieben werden, siehe dazu beispielsweise [4, 7, 29, 38, 55, 61]. Im folgenden wird eher ein allgemeiner Überblick und die Einordnung von Sensoren in der Regelungstechnik gegeben.

Für eine gute Regelung ist eine ausreichend gute Messungen zwingend notwendig. Das bedeutet, dass der Sensor hinreichend gut sein muss. Was „gut“ bedeutet, hängt von der Aufgabe der Regelung ab. Wenn eine Werkzeugmaschine eine Position mit Genauigkeit von wenigen μm und innerhalb von Millisekunden anfahren muss, dann muss der Sensor entsprechend genau und schnell sein. Der Sensor muss sogar um Größenordnungen genauer und schneller als die Anlage sein, damit die Regelung Tendenzen erkennen und schnell darauf reagieren kann. Allerdings muss der Sensor „nicht um jeden Preis extrem gut sein“, er muss für die Regelung passend sein. Ein „überqualifizierter“ Sensor verbessert nicht die Regelung. Aber eine schlechte Messwerterfassung führt immer zu einer schlechten Regelung. Daher muss ein Sensor so gut wie nötig sein, aber nicht so gut wie möglich.

Eine Position kann beispielsweise mit einem Meterstab gemessen werden, siehe Abb. 2.19. Hierbei sind bereits zwei Prinzipien zu erkennen: Eine relative Messung durch Inkremente (oben im Meterstab durch die Striche) und eine absolute Messung (unten, durch die Zahlen kann auf einen Blick der Messwert abgelesen werden). Solche inkre-

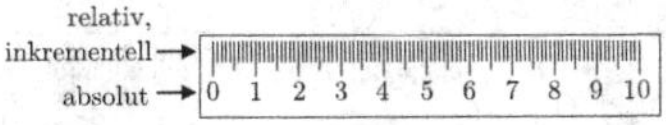

Abb. 2.19 Meterstab mit inkrementeller, relativer Wegmessung (oben) und absoluter Wegmessung (unten)

mentellen Messungen werden in der Industriepraxis als Encoder realisiert, um Längen oder Winkel zu messen, siehe Abb. 2.20a. Durch Abzählen der Raster kann ein zurückgelegter Weg oder Winkel gemessen werden. Das kann unterschiedliche realisiert werden, z. B. optisch mit einer Lichtschranke oder als Interferenz. Mit vielen weiteren Prinzipien lassen sich Positionen messen, z. B. Laufzeitmessung von Licht oder Schall, Triangulation (wie bei den zwei menschlichen Augen, die unterschiedliche Bilder erfassen und dadurch kann die Entfernung eingeschätzt werden).

Die Geschwindigkeit

$$v = \frac{dx}{dt} \approx \frac{\Delta x}{\Delta t} \tag{2.40}$$

kann auch mit Encodern gemessen werden, indem eine Positionsänderung Δx durch die verstrichene Zeit Δt berechnet wird, siehe Prinzip von Positions- und Zeitmessung in Abb. 2.20b. In digitalen Systemen wird die Geschwindigkeit aufgrund der Abtastzeit Δt und der Sensorauflösung Δx diskret berechnet – im Gegensatz zu einer kontinuierlichen, analogen Zeit- und Wegerfassung.

Entsprechend kann auch die Beschleunigung oder der Ruck berechnet werden, indem nochmals die zeitliche Ableitung berechnet wird. Geschwindigkeiten lassen sich aber auch direkt messen, z. B. mit einem Elektromotor, der als Generator eingesetzt wird. Er wird dann als Tachogenerator bezeichnet. Dabei wird der Zusammenhang zwischen Span-

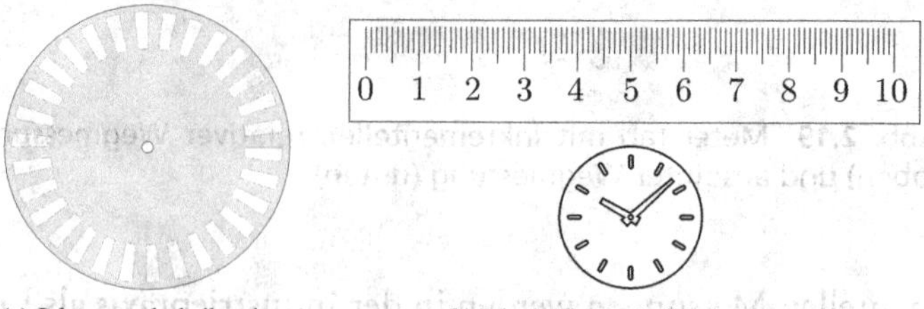

(a) Inkrementalscheibe eines optischen Encoders

(b) Prinzip Geschwindigkeitsmessung

Abb. 2.20 Messprinzipien um Winkel mit einer Inkrementalscheibe und Geschwindigkeiten mithilfe der Zeit zu messen

nung $u \sim \omega$ und Winkelgeschwindigkeit ausgenutzt, siehe Gl. (2.35).

Eine unvollständige Auswahl von Sensoren und Messprinzipien ist in den Tab. 2.3 und 2.4 gezeigt. Anwendungsbeispiele, die im Rahmen dieses Buches aufgezeigt sind, sind ebenso in diesen Tabellen aufgenommen. Damit soll hier lediglich ein Ausblick gezeigt werden, wie viele Sensoren es im Industrieeinsatz gibt.

Nach der eigentlichen Messung einer physikalischen Größe aus der Umwelt ist mitunter eine Nachbearbeitung der Messdaten erforderlich. Dies kann mathematisch durch Filter realisiert werden. Eine grundlegende Idee ist, dass mehrere Messwerte zusammengefasst werden, um Messfehler zu beseitigen. Das kann durch die Berechnung von Mittelwerten für bestimmte Zeitausschnitte erfolgen, sogenannte gleitende Mittelwerte. Ohne auf die Herleitung einzugehen, kann mit der Formel

$$r_i = \frac{x_i + \frac{\tau}{\Delta t} \cdot r_{i-1}}{1 + \frac{\tau}{\Delta t}} \tag{2.41}$$

eine Zeitreihe gefiltert werden. Dabei ist x_i der aktuelle Messwert einer Zeitreihe und der dazu gefilterte Wert ist r_i. In die Filterberechnung wird der vorherige gefilter-

Tab. 2.3 Übersicht gängiger Sensorprinzipien in der Industrie, Teil 1

Sensorprinzip	Messgröße	Beschreibung	Beispiel Industrieeinsatz
Mechanischer Schalter	Position/Kontakt	Erkennt physikalischen Kontakt durch Schließen/Öffnen eines Stromkreises; Endlagenerkennung für Steuerungen.	Überprüfung von Werkzeugmaschinentüren; Endlagen in Fördersystemen als zusätzliche Sicherheit.
Inkrementeller Encoder	Position/Winkel	Misst relative Position/Winkel durch Zählen von Impulsen (optisch/magnetisch/kapazitiv); für präzise Positions- oder Geschwindigkeitsregelungen.	Drehzahlmessung in CNC-Maschinen; Positionsregelung in Regalbediengeräten, Aufzügen, Robotern, Eisenbahnen, Baggern, Fördersystemen.
Absoluter Encoder	Position/Winkel	Liefert direkte, absolute Positions-/Winkelwerte über Kodierscheiben; in Regelungstechnik für robuste Regelkreise ohne Nullpunktreferenz.	Präzise Positionierung in Robotik; Regelung in Aufzügen oder Eisenbahnen.
Dehnungsmessstreifen (DMS)	Kraft/Dehnung	Misst Dehnung durch Widerstandsänderung, oft temperaturkompensiert; für Kraftregelungen oder Schwingungskompensation.	Kraftmessung in Wägezellen; Belastung in Baggern oder Pressen.
Piezoelektrischer Sensor	Kraft/Druck	Nutzt Piezokristalle zur Messung von Kraft oder Druck durch Ladungsänderung; Kraft- und Druckregelung.	Kraftregelung in hydraulischen Pressen, Baggern oder Robotern; Druckmessung in Hydrauliksystemen.
Laufzeitmessung	Entfernung	Bestimmt Position/Entfernung durch Zeitmessung von Licht oder Schall; für Positionsregelung.	Ultraschallsensoren in der Abstandsmessung; Positionsregelung in Robotern oder Fördersystemen wie Regalbediengeräte.
Triangulation	Entfernung	Nutzt geometrische Winkelbeziehungen zur Entfernungsmessung (optisch); in Regelungstechnik für 3D-Positionsregelung.	3D-Scanning in der Qualitätskontrolle; Positionierung in Robotern.
Tachogenerator	Geschwindigkeit	Misst Geschwindigkeit durch Spannung proportional zur Drehzahl; für direkte Geschwindigkeitsregelung.	Drehzahlregelung in Elektromotoren; Tachometer in Lokomotiven.
Kapazitiver Sensor	Nähe/Füllstand	Erkennt Änderungen der Kapazität durch Nähe oder Materialeigenschaften; für Füllstandsregelung.	Füllstandsmessung in Behältern; Näheerkennung in Abfüllanlagen der Lebensmittelindustrie.
Induktiver Sensor	Nähe (metallisch)	Detektiert metallische Objekte durch Änderungen im magnetischen Feld; Näherungserkennung in Automatisierung.	Näherungssensoren in Fertigungsanlagen; Position in Fördersystemen.
Optischer Sensor	Position/Farbe	Nutzt Licht (Infrarot, Laser) zur Erfassung von Position, Farbe oder Kontrast.	Objekterkennung auf Förderbändern; Position in Robotern oder Eisenbahnen.
Doppler-Sensor	Geschwindigkeit/Durchfluss	Nutzt Frequenzverschiebung von Wellen (Radar, Ultraschall) zur Messung von Geschwindigkeit oder Durchfluss; in Regelungstechnik für berührungslose Geschwindigkeits- oder Flussregelung.	Geschwindigkeitsmessung in Fördersystemen; Durchflussregelung in Abfüllanlagen; Drehzahlregelung in Elektromotoren.

Tab. 2.4 Übersicht gängiger Sensorprinzipien in der Industrie, Teil 2

Sensorprinzip	Messgröße	Beschreibung	Beispiel Industrieeinsatz
Temperatursensor	Temperatur	Misst Temperatur, z. B. durch Widerstandsänderung (PTC/NTC) oder Thermoelemente; für Temperaturregelung.	Prozessüberwachung in der Chemieindustrie; Regelung in Heizungen, Transformatoren.
Durchflussmesser	Durchfluss	Misst Volumen- oder Massenstrom, z. B. durch Wirbelzähler oder Corioliskraft; für Flussregelung in Prozessen.	Überwachung von Flüssigkeitsdurchfluss in Rohrleitungen; Abfüllanlagen in der Lebensmittelindustrie.
Magnetischer Sensor	Magnetfeld	Misst Magnetfelder oder Positionen durch Hall-Effekt oder Magnetoresistanz.	Positionserkennung in Motorsteuerungen; Drehzahl in Getrieben oder Elektromotoren.
Chemischer Sensor	Stoffkonzentration	Erkennt chemische Substanzen oder Konzentrationen, z. B. durch elektrochemische Reaktionen; für Prozessregelung.	Gasdetektion in der Prozessindustrie; Überwachung in Abfüllanlagen.
Beschleunigungssensor	Beschleunigung/Vibration	Misst Beschleunigung durch piezoelektrische oder kapazitive Effekte; in Regelungstechnik für Vibrationsregelung und Dämpfung.	Schwingungsdämpfung bei Kränen mit schwingender Last; Vibration in Getrieben, Baggern, Eisenbahnen, Komfortregelung in Fahrzeugen.
Strahlungssensor	Strahlung	Detektiert ionisierende oder nicht-ionisierende Strahlung (z. B. Geigerzähler oder IR-Sensoren).	Strahlenschutz in der Industrie; Wärmestrahlung in Heizungen oder Transformatoren.
Feuchtigkeitssensor	Feuchtigkeit	Misst relative Feuchtigkeit durch kapazitive oder resistive Änderungen; für Feuchtigkeitsregelung in Prozessen.	Prozesskontrolle in Abfüllanlagen der Lebensmittelindustrie; Regelung in Heizsystemen.
Stromsensor	Strom	Misst Strom durch Hall-Effekt oder Shunt-Widerstand; für Stromregelung in Elektrosystemen.	Überwachung in Transformatoren; Drehzahlregelung in Elektromotoren.
Vision-Sensor (kamerabasiert)	Position/Schwingung	Erfasst Bewegungen optisch durch Bildverarbeitung (z. B. Template-Matching); in Regelungstechnik für schwingungsbasierte Regelung ohne Kontakt.	Aktive Schwingungsdämpfung bei Kränen; Positionsregelung in Robotern oder Abfüllanlagen.
Inclinometer	Neigung/Winkel	Misst Neigungswinkel durch Beschleunigung oder Flüssigkeit; in Regelungstechnik für Winkel- und Schwingungsregelung.	Schwingungsdämpfung bei Kränen; Neigungsüberwachung in Eisenbahnen oder Baggern.
Gyroskop	Winkelgeschwindigkeit	Misst Winkelgeschwindigkeit durch Coriolis-Effekt oder MEMS, mikroelektro-mechanische Systeme; in Regelungstechnik für Stabilisierung und Dämpfung.	Schwingungsdämpfung bei Kränen (als IMU, inertial measurement unit, Fusion mehrerer Sensoren um räumliche Bewegungen zu erfassen); Regelung in Robotern oder Fahrzeugen.

te Wert r_{i-1} mit einbezogen. Die Abtastzeit der Zeitreihe ist Δt. Der Filter wird mit einem einzigen Parameter, der Zeitkonstante τ, eingestellt. Diese Zeitkonstante kann durch Ausprobieren pragmatisch eingestellt werden, z. B. durch visuellen Vergleich des originalen und gefilterten Signalverlaufs. Eine kleine Zeitkonstante τ bedeutet, dass die Filterwirkung geringer ist und mehr Signale den Filter passieren. Für den Fall $\tau = 0$ entspricht das „gefilterte" Datum $r_i = x_i$ dem originalen Datum. Für sehr große Zeitkonstanten τ wird alles gefiltert, d. h. sämtliche Informationen werden „weggefiltert". Die Zeitkonstante τ kann auch berechnet werden, indem eine „cut-off"-Grenzfrequenz ermittelt wird. Die Grenzfrequenz $f_{Str} = \frac{1}{2 \cdot \pi \cdot \tau}$ trennt das Nutzsignal von den höherfrequenten Rausch- oder Störsignalen (eine Zeitreihe bzw. Daten können auf vorhandene Frequenzen analysiert werden, um Nutz- und Störfrequenzen zu erkennen; dazu gibt es Frequenzanalysen wie die Fast-Fourier-Transformation, FFT). Dieser Filter ist ein Tiefpassfilter, d. h. niedrige, tiefe Frequenzen passieren den Filter, höhere Frequenzen werden abgeschwächt. Typische Regelgrößen wie Position oder Geschwindigkeit weisen meist langsamere Änderungen auf, daher sind hier Tiefpassfilter geeignet. Die Grenzfrequenz ist hier f_{Str}. In Kap. 3 werden Systeme 1. Ordnung, P-T_1, vorgestellt. Der hier vorgestellte Filter ist vom Prinzip die gleiche Mathematik. Die Zeitkonstante τ wird bei einem P-T_1 allerdings mit dem Buchstaben T abgekürzt (die Zeitkonstante darf nicht mit der Periodendauer verwechselt werden, daher ist τ eine bessere Bezeichnung, leider hat sich in der Regelungstechnik die Zeitkonstante T etabliert, siehe Einordnung in [41]). Ein Beispiel einer Filterung von Messwerten ist in Abb. 2.21 gezeigt.

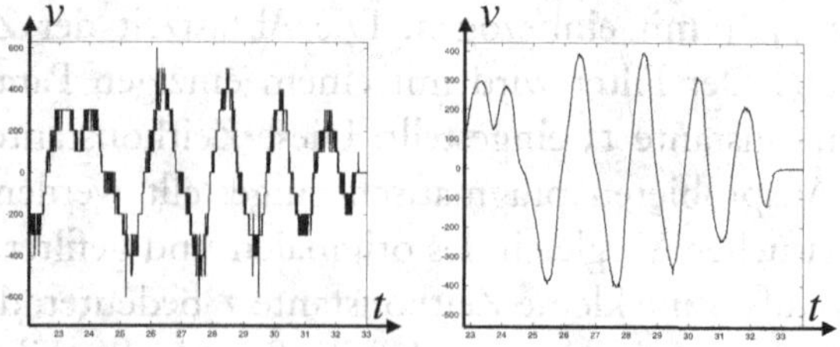

(a) Originaldaten, ungefilterte Messwerte (b) Gefilterte Messwerte

Abb. 2.21 Vergleich originale und gefilterte Messwerte

Hintergrundinformation, Herleitung Gl. (2.41): Ein Filter kann auch als Blockschaltbild dargestellt werden:

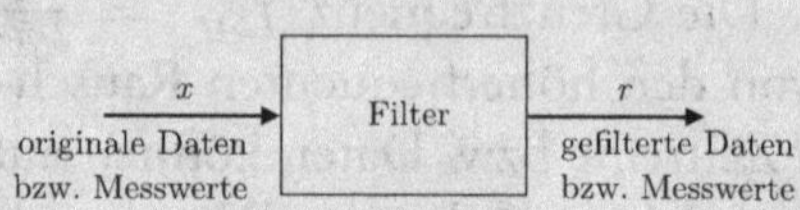

Hierbei sind die Originaldaten bzw. ungefilterte Messwerte x die Eingangsgröße und durch Mathematik werden die Daten neu berechnet, sodass gefilterte Daten das Ergebnis als Ausgangsgröße r sind. Eine Idee ist, dass sprungartige Änderungen bei den Originaldaten geglättet werden:

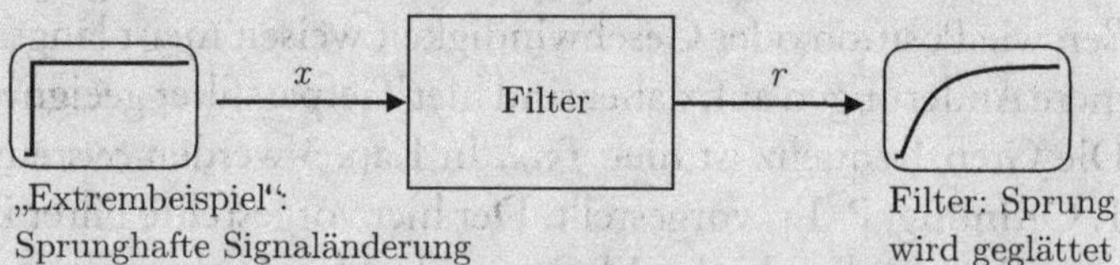

Hochfrequentes Rauschen können solche sprungartigen Signalschwankungen sein und das soll durch den Filter geschwächt werden. Mathematisch kann dieser Zusammenhang durch eine Differentialgleichung

$$\tau \cdot \dot{r} + r = K \cdot x \tag{2.42}$$

beschrieben werden. Für einen Filter ist der Verstärkungsfaktor $K = 1$ und für die Zeitkonstante $\tau = 0$ entsprechen die gefilterten Daten den Originaldaten $r = x$. Die Differentialgleichung mit $\tau > 0$ lässt also nur gewisse Änderungen $\dot{r}$ zu. Bei einer digitalen Verarbeitung der Differentialgleichung muss sie in eine Differenzengleichung

$$\tau \cdot \frac{\Delta r}{\Delta t} + r_i = 1 \cdot x_i$$

$$\rightarrow \tau \cdot \frac{r_i - r_{i-1}}{\Delta t} + r_i = x_i$$

$$\Leftrightarrow r_i \cdot \left(\frac{\tau}{\Delta t} + 1\right) = x_i + \frac{\tau}{\Delta t} \cdot r_{i-1}$$

$$\Leftrightarrow r_i = \frac{x_i + \frac{\tau}{\Delta t} \cdot r_{i-1}}{1 + \frac{\tau}{\Delta t}} \tag{2.43}$$

überführt werden. Darin ist die zeitliche Ableitung $\dot{r}$ die Änderung der gefilterten Daten $\Delta r = r_i - r_{i-1}$ pro Abtastzeit Δt (es ist r_{i-1} das zuvor berechnete gefilterte Datum). Der Index i ist ein Zähler, der pro Rekursionsschleife immer um eins erhöht wird. Die Differenzengleichung wurde letztlich nach r_i, dem zu berechnenden bzw. zu filterndem, aktuellen Datum r_i aufgelöst.

Vielleicht stellt sich auch die Frage, wie überhaupt das erste gefilterte Datum berechnet werden kann, weil dazu ein zuvor berechnetes, gefiltertes Datum r_{i-1} benötigt wird. Eine pragmatische Lösung ist, dass das erste gefilterte Datum $r_1 = x_1$ dem Originaldatum entspricht. Im zweiten Schritt zur Berechnung von r_2 kann dann auf r_1 zurückgegriffen werden.

2.3 Projektierung und Konstruktion von Anlagen im Hinblick einer guten Regelung

In diesem Abschnitt werden ausgewählte technische Aspekte gezeigt, um Maschinen und Anlagen passend zu projektieren und zu entwickeln („wenn es gut werden soll“). Es soll ein kleiner Einblick in die Ingenieurpraxis geben, siehe auch [41].

Die **Wirtschaftlichkeit** von technischen Lösungen muss ständig geprüft und überarbeitet werden. Nicht jeder ist bereit, Geld für etwas „technisch Gutes" auszugeben, sodass kostengünstige Lösungen realisiert werden müssen. Damit werden teilweise technische Kompromisse oder gar Einbußen in Kauf genommen, z. B. eine schwingende Anlage, reduzierte Geschwindigkeit oder Präzision, höherer Verschleiß, höherer oder komplexerer Wartungsaufwand. Einsparpotenziale sind zu identifizieren, wenn Kunden für bestimmte technische Funktionen wenig Geld bezahlen wollen. Typische Fragestellungen aus der Industriepraxis sind beispielsweise: Können bestimmte Sensoren in Komponenten oder Subsystemen eingespart werden? Kann ein hochwertiges Hydraulikventil durch ein günstigeres ersetzt werden? Die Antworten auf diese Fragen führen sehr schnell in die Regelungstechnik: Derartige Einsparungen führen zu einer schlechteren Technik, die aber durch die Regelungstechnik weitestgehend kompensiert werden muss. Beispiel aus dem Alltag: Ein Auto mit einem schlechten Fahrwerk und Fahrverhalten kann bis zu einem gewissen Grad durch geübte Fahrer regelungstechnisch kompensiert werden. Oder auch fehlende Sensoren müssen durch eine höhere Aufmerksamkeit bzw. komplexere Regelung ausgeglichen werden, z. B. sinngemäß bei Nacht- oder Nebelfahrten. In der Industriepraxis gibt es oftmals viele Regelkreise, die miteinander kombiniert werden, z. B. kaskadierte Regelkreise. Aus regelungstechnischer Sicht ist es besser, wenn mehrere Sensoren eingebaut sind.

Alltagsbeispiel aus der Küche, um die Einsparung von Sensoren zu verdeutlichen: Bei einem Herd können Leistungsstufen für ein Kochfeld mit einem Drehschalter oder Bedienelement eingestellt werden. Eine digitale Anzeige zeigt die eingestellte Stufe an, z. B. 1 bis 9. Diese Anzeige ist eine Rückmeldung für den Koch und damit im Prinzip ein Sensor (misst die eingestellte Stufe). Um Kosten bei der Herstellung des Herdes zu reduzieren, könnte diese Anzeige eingespart werden. Damit wird das Kochen allerdings schwieriger: Das Garen, Anbrennen, Kochen oder Überkochen muss dann über die Beobachtung der Speisen kontrolliert werden, es wird regelungstechnisch komplexer (und vermutlich gelingen die Speisen nicht mehr so gut). Dieses Alltagsbeispiel soll verdeutlichen, wenn an technischen Komponenten gespart wird. Vergleichbar ist das beispielsweise mit einem günstigeren Hydraulikventil ohne Sensor, die Regelung wird komplexer und das Gesamtergebnis ggf. schlechter (wobei sich die Grenzen des Machbaren immer weiter verschieben).

Bei der Projektierung und Auslegung von Aktoren wurde bereits beschrieben, dass alle Komponenten nach ihrer **Leistung** zu dimensionieren sind. Um einen Prozess zu automatisieren, ist es entscheidend, sowohl die benötigte Kraft als auch die benötigte Geschwindigkeit zu kennen. Beide Größen sind in einem zeitlichen Verlauf zu analysieren, siehe Abb. 2.22. Die Leistung $P = F \cdot v$ kombiniert Kraft und Geschwindigkeit und ist ein zentraler Parameter, insbesondere im kritischen Bereich P_{krit} (oder für Rotation entsprechend $P = M \cdot \omega$).

Nur eine der beiden Größen ist nicht ausreichend! Für eine gute Projektierung einer Anlage sind sowohl die Kraft $F(t)$

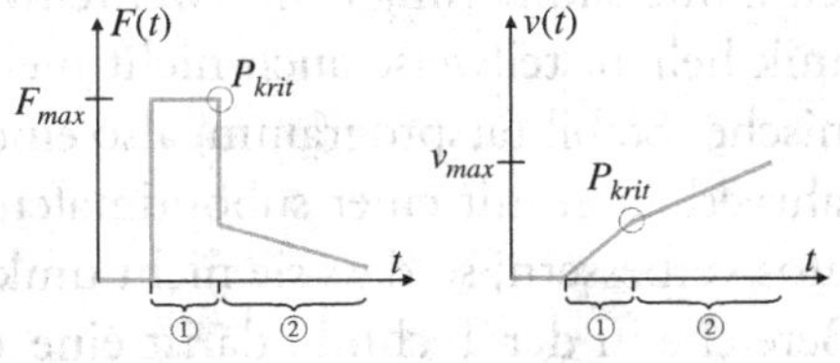

Abb. 2.22 Wichtig für eine gute Auslegung einer automatisierungstechnischen Anlage ist die Kenntnis über das erforderliche Kraft-Zeit-Profil $F(t)$ und Geschwindigkeit-Zeit-Profil $v(t)$, darin wird auch die maximal notwendige Leistung P_{krit} deutlich, generische Darstellung

als auch die Geschwindigkeit $v(t)$ in einem Diagramm über der Zeit darzustellen (oder Drehmoment und Winkelgeschwindigkeit). Ein Projektierungsfehler ist es, wenn z. B. eine Anlage nur nach der maximal notwendigen Kraft F_{max} ausgelegt wird. Diese Anforderung kann mit einem kleinen Elektromotor und einem Getriebe gelöst werden, das ein kleines Drehmoment in eine große Kraft übersetzt. Allerdings wird die Geschwindigkeit dann auch sehr klein sein und möglicherweise nicht den tatsächlichen Anforderungen entsprechen! Diesen Fall kann dann auch die Regelungstechnik nicht mehr verbessern.

In Abb. 2.22 ist zu erkennen, dass der Zeitbereich ① der kritischere Bereich ist: Es ist eine große Kraft F_{max} bei ansteigender Geschwindigkeit $v(t)$ aufzubringen. Der letztlich kritische Fall, bei dem die maximale Leistung erforderlich ist, ist mit P_{krit} markiert. Im danach folgenden Zeitbereich ② ist „nur noch" ein Eilgang notwendig, d. h. hohe Geschwindigkeit bei niedrigerer Kraft. Derartige Zusammenhänge sind bei einer guten Projektierung zu berücksichtigen. Ansonsten kann der Antrieb überdimensioniert (zu teuer) oder unterdimensioniert (erfüllt nicht die Kundenanforderungen) sein. Diese Zusammenhänge gelten auch für andere Disziplinen, z. B. Druck *und* Volumenstrom in der Hydraulik, Spannung *und* Strom in der Elektrotechnik. Bei einer falschen Dimensionierung kann zwar teilweise die Regelungstechnik helfen, teilweise auch nicht mehr. Beispiel: Ein elektronisches Stabilitätsprogramm, also eine Regelung, kann das Fahrverhalten mit einer suboptimalen Konstruktion von Autos verbessern, so dass sie nicht umkippen.

Es gibt Bereiche in der Technik, da ist eine *Überdimensionierung* sehr wichtig, wenn es um die Sicherheit geht. Ein Beispiel ist der Draht einer Drahtseilbahn, der mit einem Sicherheitsfaktor von z. B. 2 bis 5 ausgelegt wird, um ein Reißen im Betrieb auszuschließen. Im Zweifelsfall ist mit einem größeren Sicherheitsfaktor die Anlage auszulegen.

Dieser Draht wird überdimensioniert, damit er im Betrieb (vermutlich) nicht reißt. Eine absolute Sicherheit gibt es übrigens in der Technik nicht! Es bleibt immer ein Restrisiko.

Es gibt auch Beispiele in der Technik, bei denen bewusst eine *Unterdimensionierung* realisiert wird, z. B. wird bei kostengünstigen Küchengeräten der Elektromotor oft für einen Dauerbetrieb unterdimensioniert, da er nur für Kurzzeitbetrieb ausgelegt ist.

Es gibt aber auch Bereiche in der Technik, bei denen ist *weder eine Über- noch eine Unterdimensionierung* angebracht. Stellglieder in einem Regelkreis sollten „ordentlich" ausgelastet werden. Beispiel: Ein Stetigventil in der Hydraulik darf weder zu groß noch zu klein sein. Ein zu kleines Ventil genügt den Anforderungen nicht und die geforderte Geschwindigkeit einer Anlage wird nicht erreicht. Ein zu großes Ventil arbeitet im Klein-Signalbereich, die Auflösung ist gering und die Präzision wird nicht erreicht. Am Beispiel einer Wippe mit unterschiedlichen Längen $a > b$ lässt sich dies verdeutlichen, siehe Abb. 2.23. Angenommen, ein Antrieb befindet sich auf der kurzen S. ②. Eine kleine Positionsänderung des Antriebs verursacht eine größere Bewegung auf der anderen S. ①. Genau so eine Verstärkung ist bei einem zu groß dimensionierten Stetigventil der Fall und die Regelung wird prinzipbedingt ungenauer.

Als „Faustwert" gilt, dass das Ventil bis zu ca. 80 % im geregelten Betrieb öffnen soll. Beispiel aus dem Alltag, beim Paartanz lässt sich das beobachten: Der Abstand zwischen

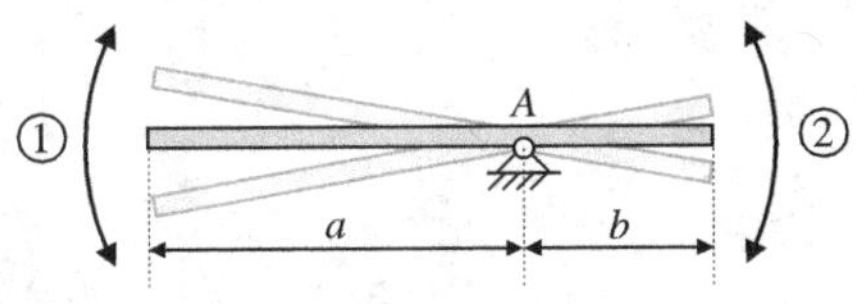

Abb. 2.23 Wippe, die in A drehbar gelagert ist und eine lange S. a sowie eine kurze S. b hat

den Tänzern sollte passend sein – zu klein führt zu Kollisionen, zu groß reicht die Armlänge nicht. Bei angewinkelten Armen (z. B. 80 % der maximalen Armlänge) bleiben Reserven für einen sicheren Kontakt und harmonische Tanzfiguren.

Eine gute Projektierung und sehr gut gestaltete Technik bildet die Basis für eine sehr gut funktionierende Regelung, wie in Kap. 3 beschrieben.

3 Entwurf von Regelungen

3.1 Teilsysteme eines Regelkreises

In diesem Abschnitt werden zwei wichtige „Zutaten" des Regelkreises behandelt: Die Regelstrecke und der Regler. Beide werden mithilfe mathematischer Modelle, sogenannter Übertragungsfunktionen, beschrieben. Auf eine genaue Herleitungen der Übertragungsfunktionen wird hier verzichtet, siehe dazu [41]. Hervorgehoben werden aber charakteristische Parameter, also Zahlenwerte, die das Verhalten der Regelstrecke und des Reglers maßgeblich kennzeichnen. Diese Parameter sind in den Übertragungsfunktionen enthalten und erkennbar. In diesem Abschnitt werden dennoch Berechnungen mit den Übertragungsfunktionen durchgeführt, aber diese beinhalten nur Brüche und sollten von der mathematischen Komplexität „überschaubar" sein. Die Alternative ist der Umgang mit sogenannten Differentialgleichungen, was etwas aufwändiger ist. Vielleicht stellt sich in diesem Abschnitt die Frage: Warum wird das alles mit Übertragungsfunktionen beschrieben und warum wird

T. Loose, *Regelungstechnik*, Technik im Fokus,
https://doi.org/10.1007/978-3-662-72630-3_3

überhaupt damit gerechnet? Die Frage wird spätestens in Abschnitt „Reglereinstellungen" (Abschn. 3.2) beantwortet: Sie ermöglichen es, einen Regler gut und mithilfe ingenieurwissenschaftlicher Methoden einzustellen.

Hintergrundinformation: Die Übertragungsfunktion ist die mathematische Beschreibung eines (technischen) Systems, allerdings im sogenannten Frequenzbereichs. Systeme können auch im Zeitbereich beschrieben werden, das sind oftmals Differentialgleichungen. Differentialgleichungen beinhalten zeitliche Ableitungen, wie z. B. die Geschwindigkeit (=zeitliche Ableitung der Position) oder die Beschleunigung (=zeitliche Ableitung der Geschwindigkeit). Mithilfe der Laplace-Transformation können die zeitabhängigen physikalischen Größen in einen Bildbereich bzw. Frequenzbereich überführt werden und zwar ohne Informationsverlust. Die Definition der Übertragungsfunktion ist

$$G(s) = \frac{\mathcal{L}\{\text{Ausgangsgröße}\}}{\mathcal{L}\{\text{Eingangsgröße}\}} \tag{3.1}$$

die Laplace-Transformierte der Ausgangsgröße dividiert durch die Laplace-Transformierte der Eingangsgröße, siehe Details in [41]. Die Laplace-Transformierte wandelt eine physikalische, mathematische, zeitabhängige Größe in ihren Frequenzbereich, siehe auch [9]. Mathematische Funktionen können mithilfe von Frequenzen beschrieben werden. Im Rahmen dieses Buches soll es genügen zu wissen, dass es einen Frequenzbereich gibt und die Übertragungsfunktionen die Beschreibung von (technischen) Systemen ist.

Der gesamte Regelkreis im Überblick

In einem Regelkreis „dreht" sich im Prinzip alles um die Regelstrecke. Die Regelstrecke ist die zu regelnde Anlage oder Maschine. Ziel ist es, die Ausgangsgröße x (Regelgröße) auf einen bestimmten Sollwert (=Führungsgröße) zu bringen. Die Regelgröße x wird durch einen Sensor gemessen, siehe Abb. 3.1 oben. Für viele regelungstechnische Anwen-

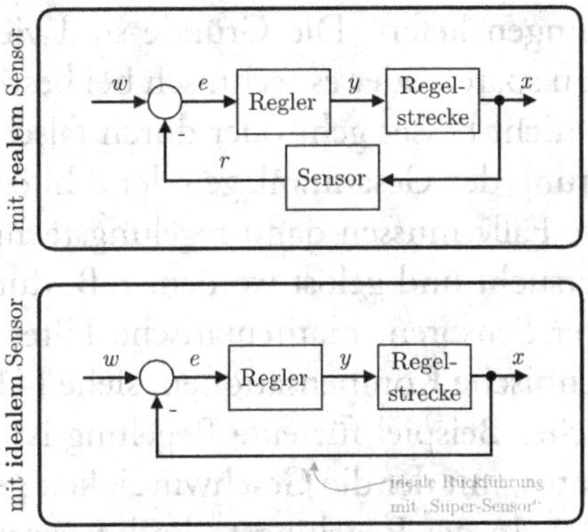

Abb. 3.1 Darstellung von Regelkreisen mit realem Sensor (oben) und idealem Sensor (unten, der Sensor ist super-schnell und super-genau und hat deswegen keinen eigenen Block)

dungen kann der Sensor als ideal angenommen werden, d. h. er misst ausreichend genau und schnell. In diesem Fall entspricht die Messgröße r der Regelgröße x, also gilt $r = x$, siehe Abb. 3.1 unten. Beispiel: Der Tacho eines Autos misst die Geschwindigkeit relativ genau und schnell (die absichtlich eingebaute Tacho-Toleranz sei hier vernachlässigt). Die klassische Tacho-Nadel oder die digitale Anzeige ist in der Lage, sehr viel schneller Geschwindigkeitsänderungen anzuzeigen, als das Auto beschleunigen oder verzögern kann. Der Tacho selbst ist also sehr viel schneller als das Auto und somit kann der Tacho mit dem Auto „gut mithalten“. Auch die Genauigkeit des Tachos ist für den alltäglichen Gebrauch ausreichend. Daher kann er für das Auto als „ideal“ angenommen werden. In vielen Systemen ist der Sensor intern verbaut, wie der Tacho im Auto. Im Blockschaltbild wird der ideale Sensor nicht mehr durch einen eigenständigen Block dargestellt, weil sein Verhalten keinen Einfluss auf die Regelung hat, siehe Abb. 3.1 unten. Kommentar aus der Praxis: Es kann aber durchaus vorkommen, dass ein Sensor keine guten Messungen liefert. Die Gründe sind vielfältig, z. B. um Kosten zu sparen oder es technisch bei bestimmten Anwendungen nicht besser geht oder durch falsche / schlechte Projektierung der Gesamtanlage oder schlichtweg durch Fehler. Diese Fälle müssen dann regelungstechnisch weiter vertieft untersucht und gelöst werden, z. B. durch Verwendung besserer Sensoren, mathematische Filter oder durch regelungstechnische Kompensationen, siehe [41].

Ein typisches Beispiel für eine Regelung ist der Tempomat eines Autos, mit der die Geschwindigkeit geregelt wird, siehe Abb. 3.2. In der Regelungstechnik werden standardisierte Bezeichnungen verwendet: Die Regelgröße ist x, auch wenn hier tatsächlich die Geschwindigkeit v gemeint ist. Der Messwert r wird ständig mit dem Sollwert w (Führungsgröße) verglichen. Daraus ergibt sich die Regeldifferenz $e = w - r$ bzw. $e = w - x$ (bei idealem Sensor). Die Regeldifferenz e ist die Abweichung vom SOLL, also der Fehler (e = error). Mit der Regeldifferenz e berechnet der Regler ein Stellsignal y. Das Stellsignal y beeinflusst die Anlage, hier in dem Beispiel also Gasgeben und Bremsen. Der Regler ist beim Auto in einem Steuergerät integriert, das auch die Regeldifferenz berechnet.

Zusammenfassung: Bis hier wurde der Regler und die Regelstrecke im Regelkreis behandelt. Beide werden durch Übertragungsfunktionen beschrieben, die charakteristische

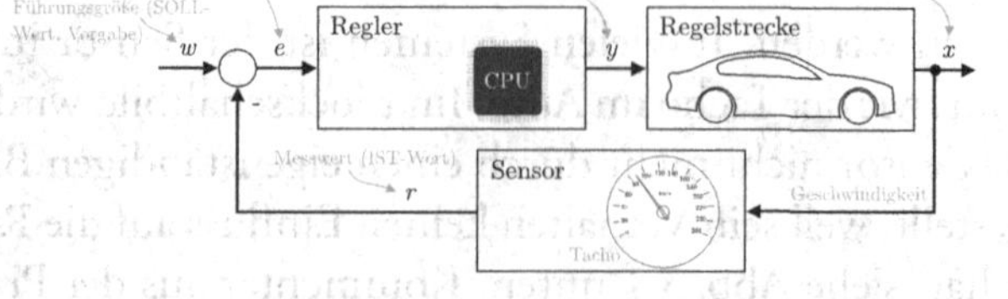

Abb. 3.2 Beispiel Geschwindigkeitsregelung anhand eines Autos

Parameter enthalten, die das Verhalten der Regelstrecke und des Reglers kennzeichnen. Diese Parameter ermöglichen die ingenieurwissenschaftliche Einstellung des Reglers, siehe Tab. 3.1.

3.1.1 Die Regelstrecke

Die Regelstrecke im Überblick

Um einen passenden Regler auszulegen, muss in Grundzügen verstanden werden, wie die Regelstrecke funktioniert. Der Regler muss schließlich zur Regelstrecke passen. Daher ist es wichtig, die Regelstrecke zu identifizieren, d. h. es muss der Typ der Regelstrecke und deren charakteristische Parameter bestimmt werden. Im Wesentlichen geht es darum, einen Zusammenhang zwischen der Stellgröße y und der Regelgröße x zu erkennen, siehe Abb. 3.3. Zunächst wird die Regelstrecke *ohne* Regler betrachtet, um ihre nichtgeregelten Verhaltensweisen zu verstehen. Es gibt verschiedene Methoden, den Zusammenhang zu bestimmen. Eine Methode ist die mathematische Modellbildung, die mitunter eine gewisse Herausforderung ist. Hierbei wird eine mathematische Beschreibung aufgrund physikalischer Gesetze aufgestellt, z. B. mit Newton und der Massenträgheit $F = m \cdot a$ oder geschwindigkeitsabhängige Reibung wie der Fahrtwind mit $F_d = d \cdot v$ (vereinfacht). In diesem Buch steht aber die „pragmatisch-einfache" Handhabung im Vordergrund, daher wird diese Methode nicht weiter vertieft und kann in weiterführender Literatur studiert werden, siehe z. B. [41].

Eine weitere Möglichkeit besteht darin, die vorhandene Regelstrecke zu testen, um den Zusammenhang zwischen Ein- und Ausgangsgröße zu ermitteln. Dazu kann eine Sprungfunktion als Eingangsgröße y auf die Anlage gegeben

Tab. 3.1 Zusammenfassung Regelkreis

Komponente	Beschreibung	Variablen	Beispiel
Regelstrecke	Die zu regelnde Anlage oder Maschine	Eingangsgröße ist Stellgröße y. Ausgangsgröße ist Regelgröße x.	Auto
Sensor	Misst die Regelgröße	Messgröße: r	Tacho
Sollwert	Der gewünschte Wert der Regelgröße	Sollwert: w	Eingestellte Geschwindigkeit des Tempomats
Regeldifferenz	Abweichung zwischen Sollwert und Istwert	Regeldifferenz: $e = w - r = w - x$ (ideal)	Unterschied zwischen eingestellter und gemessener Geschwindigkeit
Regler	Berechnet Stellgröße y	Eingangsgröße ist Regeldifferenz e. Ausgangsgröße ist Stellgröße y	Steuergerät im Auto, das Gas und Bremse steuert

Abb. 3.3 Betrachtung der Regelstrecke, um den Zusammenhang zwischen Stellgröße y und Regelgröße x zu ermitteln, also zwischen Ein- und Ausgangsgröße

werden, siehe Abb. 3.4. In diesem Beispiel steht das Auto mit Automatikgetriebe zunächst still und es wird plötzlich das Fahrpedal zu 30 % betätigt. Wie verhält sich im Laufe der Zeit die Geschwindigkeit als Ausgangsgröße x des Autos? Das Ergebnis wird anschaulich in einem Diagramm als Verlauf der Geschwindigkeit im Laufe der Zeit t dargestellt, siehe Abb. 3.5. Zu beachten sind hier wieder die standardisierten Bezeichnungen mit der Regelgröße x (=Ausgangsgröße, hier also die Geschwindigkeit) und die Stellgröße y (=Eingangsgröße, hier also Gasgeben bzw. Bremsen). Das Auto beschleunigt zunächst stark und die Geschwindigkeit steigt entsprechend an. Im Laufe der Zeit erfährt die Zunahme der Geschwindigkeit jedoch eine Sättigung: Der Anstieg der Geschwindigkeit nimmt ab, d. h. die Beschleunigung wird kleiner. Irgendwann erreicht das Auto eine Endgeschwindigkeit, die dem 30 % Gasgeben entspricht. Die Antwort eines

Abb. 3.4 Eine Regelstrecke wird mit einer sprungförmigen Eingangsgröße y angeregt und die Ausgangsgröße x wird beobachtet; hier wird also plötzlich Gasgegeben und der Verlauf der Geschwindigkeit beobachtet

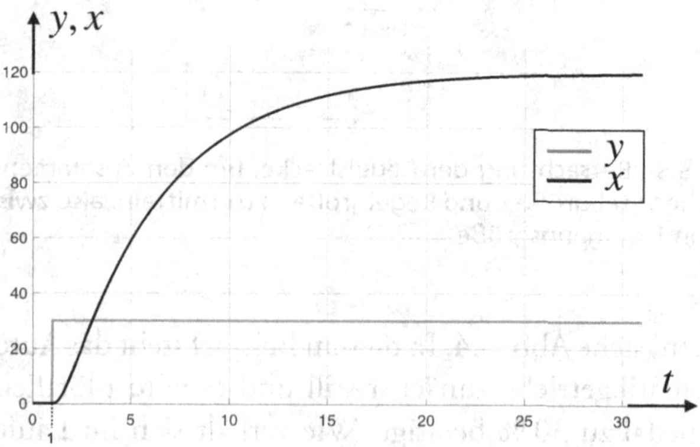

Abb. 3.5 Sprungantwort beim Gasgeben mit $y = 30\,\%$ und die Geschwindigkeit wird als Regelgröße x in km/h aufgebaut, am Ende werden hier 120 km/h erreicht; die Zeit t ist in Sekunden dargestellt, also $[t]$ =Sek

technischen Systems auf eine sprungförmige Anregung wird auch Sprungantwort genannt.

Anmerkung: Durch logische Überlegung und Erfahrung lässt sich sogar der Zusammenhang zwischen Ein- und Ausgangsgröße zumindest näherungsweise auch ohne Testen der Anlage bestimmen und zeichnen. Beispiel: Ein Raum hat die Anfangstemperatur von 10 °C. Plötzlich wird die Heizung von Null auf Stufe 4 aufgedreht. Zur Veranschaulichung dient wieder ein Blockschaltbild mit den standardisierten Bezeichnungen, siehe Abb. 3.6. Die Stellgröße y ist das Drehen am Heizungsventil. Das Ergebnis ist die Ausgangsgröße bzw. Regelgröße x, sie ist in diesem Beispiel die Raumtemperatur mit der Einheit °C. Mit etwas Erfahrung lässt sich „Pi-mal-Daumen" der Temperaturverlauf näherungsweise zeichnen, siehe Vorschlag in Abb. 3.7. Je nach Raumgröße, Heizkörper und Vorlauftemperatur sind beispielsweise nach 60 min 21 °C und nach 140 min ca. 25 °C sowie nach ca. 180 min 26 °C erreicht. Bereits mit solchen Vorschlägen lässt sich ein Regler zumindest näherungswei-

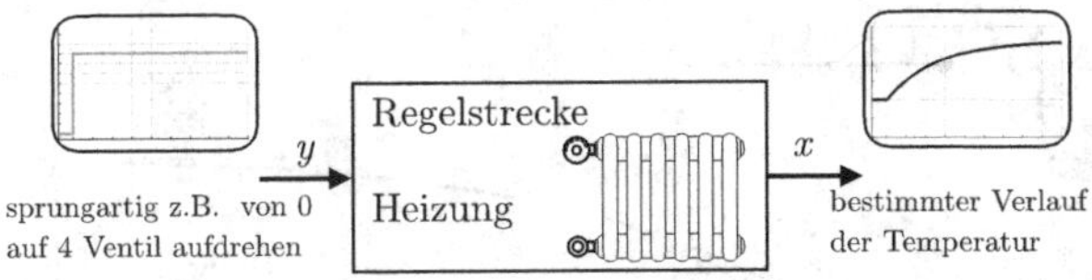

Abb. 3.6 Prinzip einer Raumheizung

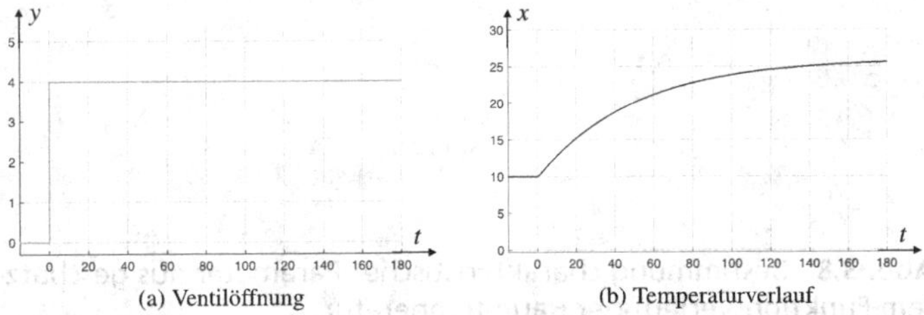

Abb. 3.7 Ventilöffnung als Stellgröße y, die zum Zeitpunkt $t = 0$ von 0 auf 4 öffnet; das Ergebnis als Ausgangs- bzw. Regelgröße x ist der Verlauf der Raumtemperatur in °C über der Zeit t in Minuten; der Temperaturverlauf ist hier aus Erfahrungswerten für einen bestimmten Raum gezeichnet worden

se auslegen, wie noch gezeigt wird. Durch den Anstieg der Funktion und die hier erreichte End-Termperatur von 26 °C können nämlich Reglerparameter bestimmt werden, um eine Raumtemperatur-Regelung zu entwerfen.

Aus dem geschätzten Temperatur-Verlauf können nun die charakteristischen Parameter abgelesen werden, die natürlich auch nur Schätzwerte sein können, siehe Abb. 3.8. Selbstverständlich können keine exakten Werte aus einem geschätzten Funktionsverlauf ermittelt werden! Daraus ergibt sich eine Zeitkonstante $T_1 = 50$ Sek. Der Verstärkungsfaktor K_S ist ein Maß für den erreichten Endwert durch die Anregung. In diesem Beispiel wird durch das Aufdrehen des Ventils von 0 auf $\hat{y} = 4$ ein Temperaturunterschied von $\Delta x_\infty = 26\,°\text{C} - 10\,°\text{C} = 16\,°\text{C}$ er-

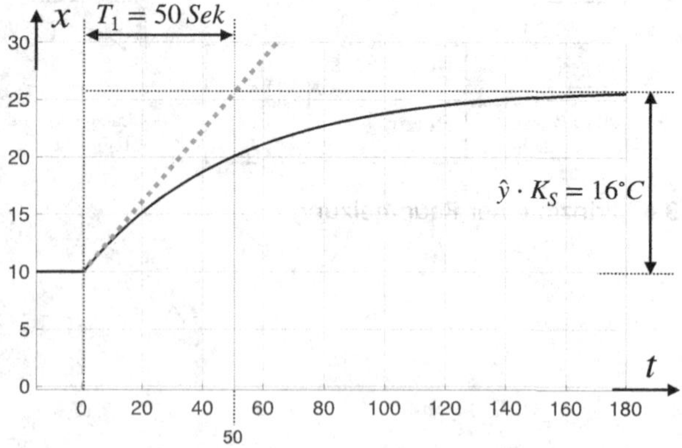

Abb. 3.8 Bestimmung charakteristischer Parameter aus geschätztem Funktionsverlauf der Raumtemperatur

reicht, somit ist $\hat{y} \cdot K_S = 16\,°\mathrm{C}$ und der Verstärkungsfaktor $K_S = \frac{\Delta x_\infty}{\hat{y}} = \frac{16}{4} = 4$.

Zusammenfassung: Um den Zusammenhang zwischen Stellgröße y und Regelgröße x zu verstehen, wird die Regelstrecke ohne Regler betrachtet, siehe auch Tab. 3.2. Dieser Zusammenhang kann mathematisch modelliert oder durch praktische Tests, wie das plötzliche Betätigen des Fahrpedals eines Autos, ermittelt werden. Eine logische Abschätzung der Größenordnungen ist ebenso hilfreich, wie am Beispiel einer Heizung und der Raumtemperatur gezeigt wurde.

Klassifizierung von Regelstrecken, Teil 1: Nicht-schwingungsfähige Systeme und vereinfachte Identifikation

Aus dem zeitlichen Verlauf einer Sprungantwort soll nun der Typ der Regelstrecke erkannt werden. In den bisherigen Beispielen fällt auf, dass die Regelgrößen x nicht schwingen, es liegen nicht-schwingungsfähige Systeme vor. Zudem antworteten die Systeme durch die Sprungfunktion mit einer endlich großen Ausgangsgröße x. Beispiel: Das *konstante* Gasgeben mit 30 % verursacht letztlich eine *konstante* Geschwindigkeit mit 120 km/h. Dieses Systemverhalten lässt

Tab. 3.2 Methoden, um den Zusammenhang zwischen Ein- und Ausgangsgrößen einer Regelstrecke zu ermitteln

Methode	Beschreibung	Beispiel
Mathematische Modellierung	Erstellung einer mathematischen Beschreibung basierend auf physikalischen Gesetzen	Verwendung von Newtons Gesetz $F = m \cdot a$ zur Beschreibung der Dynamik
Praktische Tests	Anwendung eines Eingangssignals (z. B. Sprungfunktion) und Beobachtung der Reaktion als Antwort (=Ausgangsgröße)	Plötzliches Drücken des Gaspedals in einem Auto und Messen der Geschwindigkeit
Logische Abschätzung	Verwendet Erfahrung und logische Schlussfolgerung, um das Verhalten vorherzusagen	Vorhersage des Temperaturanstiegs im Laufe der Zeit in einem Raum, wenn die Heizung eingeschaltet wird

sich mit einer Übertragungsfunktion höherer Ordnung

$$G_{PT3} = \frac{K_S}{T_1 \cdot s + 1} \cdot \frac{1}{T_2 \cdot s + 1} \cdot \frac{1}{T_3 \cdot s + 1} \cdot \ldots \quad (3.2)$$

approximieren (=annähern). Eine Übertragungsfunktion ist eine mathematische Beschreibung eines technischen Systems im sogenannten Frequenzbereich und soll hier nicht weiter vertieft werden, Details siehe z. B. in [41]. Vielmehr wird hier auf die charakteristischen Parameter eingegangen, die die Regelstrecke beschreiben: Die Regelstrecke hat einen Verstärkungsfaktor K_S und einige Zeitkonstanten $T_1, T_2, T_3, \ldots$ Diese Übertragungsfunktionen werden auch P-T_n Glieder oder Systeme n-ter Ordnung genannt mit der Anzahl der Zeitkonstanten n. Bei drei Zeitkonstanten wird es also P-T_3 bzw. System 3. Ordnung bezeichnet, wie in Gl. (3.2) gezeigt. Die charakteristischen Parameter können aus der Sprungantwort entweder abgelesen oder zumindest in guter Näherung abgeschätzt werden.

Hierzu wird zunächst eine vereinfachte, theoretische Übertragungsfunktion mit nur einer Zeitkonstanten als System 1. Ordnung mit der Übertragungsfunktion

$$G_{PT1} = \frac{K_S}{T_1 \cdot s + 1} \quad (3.3)$$

betrachtet, siehe Abb. 3.9. Bei solch einem System sind die Zeitkonstanten $T_2, T_3, \ldots$ vernachlässigbar klein und somit Null, also $T_2 \approx 0$, $T_3 \approx 0$ usw. Der Verstärkungsfaktor K_S ist eine Zahl, mit der *letztlich* das Eingangssignal $\hat{y}$ verstärkt wird. In diesem Beispiel wird das Auto mit der Eingangsgröße „Gasgeben“ $\hat{y} = 30\,\%$ angeregt und das Auto „holt“ damit 120 km/h heraus. Die Endgeschwindigkeit hängt also von der Höhe des Gasgebens $\hat{y}$ ab (je mehr Gasgegeben wird, also je größer $\hat{y}$, desto höher die Endgeschwindig-

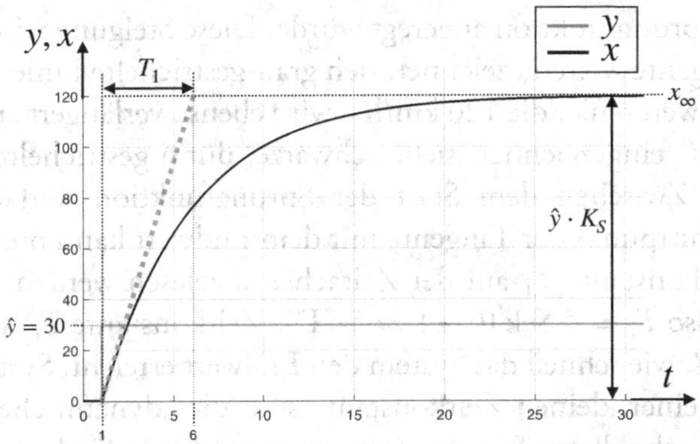

Abb. 3.9 System 1. Ordnung, P-T_1, mit dem Verstärkungsfaktor K_S und einer Zeitkonstanten T_1; zum Zeitpunkt $t = 1$ Sek wird das System mit $y = 30\,\%$ angeregt und das System antwortet mit dem Verlauf x, dessen Maximalwert $x_\infty = 120$ km/h letztlich annimmt

keit). Zudem hängt die Endgeschwindigkeit noch vom Typ des Autos ab. Es gibt Autos, die fahren bei 30 % Gasgeben schneller, andere langsamer. Genau dieser Zusammenhang wird mit dem Verstärkungsfaktor K_S beschrieben. Es ist also ein Maß, wieviel das System (das Auto) letztlich aus der Eingangsgröße y herausholt. Dies lässt sich aus der Abb. 3.9 ablesen und als Gleichung notieren: $\hat{y} \cdot K_S = 120\,\text{km/h}$, wobei die Anregung hier $\hat{y} = 30\,\%$ ist. Damit lässt sich der Verstärkungsfaktor $K_S = \frac{120}{\hat{y}} = \frac{120}{30} = 4$ berechnen (bzw. mit den Einheiten: $K_S = \frac{120\,\text{km/h}}{\hat{y}} = \frac{120\,\text{km/h}}{30\,\%} = 4 \cdot \frac{\text{km/h}}{\%}$).

Anmerkung zu y und $\hat{y}$: Der Verlauf der gesamten Sprungfunktion wird mit der Funktion y beschrieben. Darin ist also auch der Sprung von Null auf den Endwert 30 % enthalten. Der reine Endwert wird dann mit dem „Dach“ versehen, also $\hat{y} = 30\,\%$.

Die Zeitkonstante bei einem System 1. Ordnung ist relativ leicht aus der Sprungantwort abzulesen, siehe Abb. 3.9: Ein System 1. Ordnung steigt sofort nachdem es durch eine Sprungfunktion angeregt wurde. Diese Steigung wird als Tangente weitergezeichnet, sieh grau-gestrichelte Linie. Der Endwert – hier die 120 km/h – wird ebenso verlängert „nach links“ eingezeichnet, siehe schwarze, dünn-gestrichelte Linie. Zwischen dem Start der Sprungfunktion und dem Schnittpunkt der Tangente mit dem Endwert kann nun die Zeitkonstante T_1 auf der Zeitachse abgelesen werden, hier ist also $T_1 = 5$ Sek $(6 - 1 = 5)$. Die Zeitkonstante T_1 ist ein Maß, wie schnell das System den Endwert erreicht. Systeme mit einer kleinen Zeitkonstante sind die „dynamischeren“ bzw. schnelleren Systeme (umgangssprachlich: Sie kommen schneller aus dem „Quark“). Die Tangente ist steiler und somit nähert sich der Verlauf schneller dem Endwert.

Reale Systeme sind allerdings Systeme höherer Ordnung und sie fangen nicht gleich mit einer Steigung der Ausgangsgröße x an, siehe Abb. 3.5. Zum Zeitpunkt $t = 1$ Sek ist bei der Regelgröße kein „Knick“ zu sehen, sondern sie steigt allmählich an. Daher ist leider die größte Zeitkonstante T_1 nicht so „schön“ pragmatisch ablesbar. Aber: Für eine erste grobe Näherung lässt sich zumindest eine Größenordnung der größten Zeitkonstanten T_1 mit der generellen Steigung von x abschätzen, siehe Abb. 3.10. Vermutlich wird bei diesem Vorgehen eine zu große Zeitkonstante (hier als T_{1+} bezeichnet) abgelesen. Es soll hier aber auch ein pragmatisches Vorgehen gezeigt werden, ganz im Sinne „Pi-mal-Daumen“: Mit der generellen Steigung und dem Ablesen einer Zeitkonstanten T_{1+} wird zumindest die *Größenordnung* erkannt und vermutlich ist die „wahre“ Zeitkonstante T_1 kleiner. *Beides* sind wertvolle Erkenntnisse und das sollte zur späteren Reglereinstellung „im Hinterkopf“ behalten werden (also dass T_{1+} nur eine Abschätzung ist *und* dass die wahre Zeitkonstante T_1 kleiner ist). Das Ablesen der Zeitkonstanten wird später noch detailliert und „verfeinert“.

Zwischenfazit: Soweit wurde bis hier eine typische Regelstrecke mit zwei Parametern identifiziert, siehe auch Tab. 3.3:

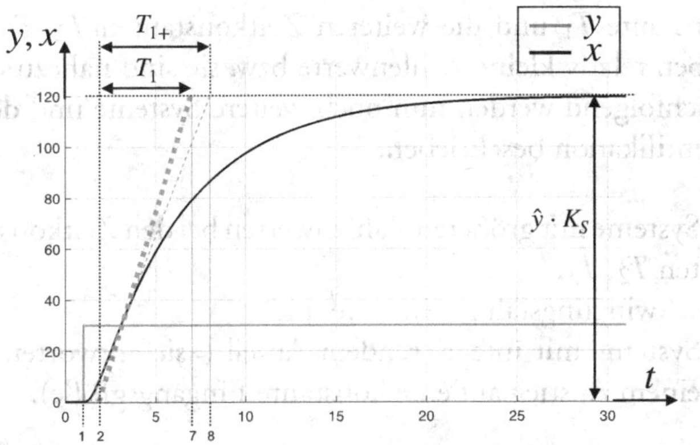

Abb. 3.10 Pragmatische Einschätzung der größten Zeitkonstanten T_1 am Beispiel eines Systems höherer Ordnung

- Der Verstärkungsfaktor K_S und
- eine große, dominierende Zeitkonstante T_1 bzw. in grober Näherung als T_{1+} bezeichnet.

Diese beiden Parameter charakterisieren die Regelstrecke und damit wird später ein Regler ausgelegt. Die Parameter können durch Testen der Regelstrecke erkannt werden – also auch ohne detaillierte mathematische Analysen. Der Verstärkungsfaktor K_S ist relativ leicht zu bestimmen, er ist das Verhältnis $K_S = \frac{x_\infty}{\hat{y}}$. Hierbei ist der Anregungswert $\hat{y}$, in diesem Beispiel die Betätigung des Fahrpedals mit 30 %. Auf diese Anregung antwortet das System mit einer Ausgangsgröße x und diese nimmt den Endwert x_∞ an. In diesem Beispiel fährt das Auto durch die Anregung letztlich $x_\infty = 120$ km/h. Die größte Zeitkonstante T_1 wird auch als die dominierende Zeitkonstante bezeichnet, weil sie maßgeblich die Dynamik bzw. die Trägheit der Regelstrecke beeinflusst. Für bestimmte Systeme ist auch sie relativ einfach durch die Tangente beim Start abzulesen, siehe Abb. 3.9. Diese „bestimmten Systeme“ haben eine recht große Zeitkonstante T_1 und die weiteren Zeitkonstanten $T_2, T_3, \ldots$ haben relativ kleine Zahlenwerte bzw. sie sind nahezu null. Nachfolgend werden nun noch weitere Systeme und deren Identifikation beschrieben:

- Systeme mit größeren Zahlenwerten bei den Zeitkonstanten $T_2, T_3, \ldots$,
- schwingungsfähige Systeme und
- Systeme mit integrierendem Anteil (=sie antworten mit einem Anstieg auf eine konstante Eingangsgröße).

Klassifizierung von Regelstrecken, Teil 2: Nicht-schwingungsfähige Systeme und detailliertere Identifikation

In Abb. 3.11 ist ein exemplarischer Verlauf einer nicht-schwingungsfähigen Regelstrecke 2. Ordnung (P-T_2) dargestellt. Sie wurde durch eine Sprungfunktion y angeregt, siehe gestrichelter Verlauf. Die Sprungfunktion beginnt bei Null und springt zum Zeitpunkt $t = 1$ Sek auf den Wert 5. Dies könnte beispielsweise die sprungartige Anregung mit einer elektrischen Spannung sein, also eine plötzliche Anregung mit 5 V. Die Regelstrecke könnte ein Elektromotor sein, der eine Geschwindigkeit aufbaut und letztendlich mit $x_\infty = 9$ cm/Sek fährt (z. B. eine Modelleisenbahn, um sich etwas „spielerisches" vorzustellen). Die Übertragungsfunktion der Regelstrecke

$$G_{PT2} = \frac{K_S}{T_1 \cdot s + 1} \cdot \frac{1}{T_2 \cdot s + 1} \tag{3.4}$$

beinhaltet den Verstärkungsfaktor K_S und die beiden Zeitkonstanten T_1 und T_2. Es ist ein nicht-schwingungsfähiges System 2. Ordnung (P-T_2). Zur Erklärung der folgenden Methoden sind die Parameter hier bereits bekannt: $K_S = 1{,}8$, $T_1 = 3$ und $T_2 = 3$. Diese Parameter sollen jedoch durch die Sprungantwort identifiziert werden. Da-

Tab. 3.3 Ermittlung charakteristischer Parameter einer Regelstrecke

Parameter	Beschreibung	Ermittlung aus Sprungantwort
Verstärkungsfaktor K_S	Verstärkungsfaktor des Systems. Beschreibt, wie stark das System *letztlich* auf eine Eingangsänderung reagiert	Endwert der Ausgangsgröße (x_∞) dividiert durch Endwert Eingangsgröße ($\hat{y}$)
Zeitkonstante T_1	Zeit, die benötigt wird, um 63 % des stationären Zustands zu erreichen. Sie ist über die Tangente beim Startpunkt einer Sprungantwort ablesbar	Gilt nur bei einem System 1. Ordnung bzw. bei Systemen, die eine dominierende, große Zeitkonstante $T_1 \gg T_2, T_3, \ldots$ haben und die weiteren Zeitkonstanten $T_2, T_3, \ldots$ vernachlässigbar klein sind
Zeitkonstante(n) $T_1, T_2, T_3, \ldots$	Maß für die Dynamik des Systems. Beschreibt, wie schnell das System auf eine Eingangsänderung reagiert. Maßgeblich ist bzw. sind die größte(n) Zeitkonstante(n)	Für ein System 1. Ordnung: Zeit vom Start der Sprungantwort bis zum Schnittpunkt der Tangente mit dem Endwert. Für Systeme höherer Ordnung: Schätzung der Steigung und der Zeit bis zum Erreichen eines bestimmten Wertes (siehe Analysen auf den nächsten Seiten)

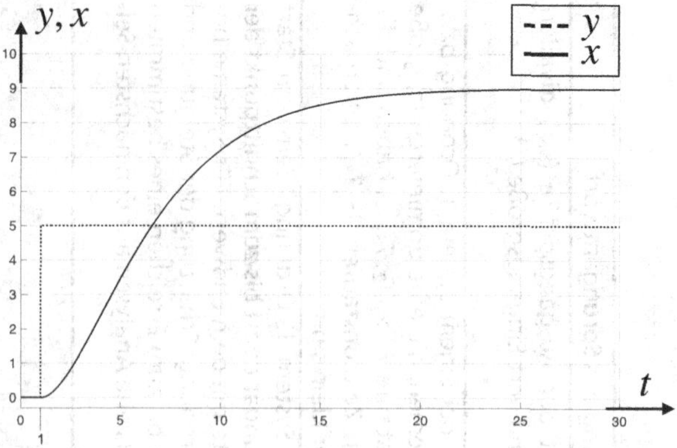

Abb. 3.11 Beispielhaftes System 2. Ordnung P-T_2 mit dem Verstärkungsfaktor $K_S = 1{,}8$ und den Zeitkonstanten $T_1 = 3$ Sek und $T_2 = 3$ Sek

mit können die folgenden Methoden auch auf unbekannte Regelstrecken angewandt werden.

Der Verstärkungsfaktor K_S lässt sich aus der Sprungantwort relativ einfach ablesen: Es ist $\hat{y} \cdot K_S = x_\infty$ bzw. mit Zahlenwerten $5 \cdot K_S = 9$ und somit $K_S = 9/5 = 1{,}8$. Zu beachten ist, dass die Regelgröße x zum Startzeitpunkt $t = 1$ Sek relativ „sanft" anfährt, d. h. der Verlauf von x startet mit einer „Kurve" nach oben. Die Tangente beim Start liegt horizontal und kann somit nicht zur Bestimmung einer Zeitkonstanten verwendet werden.

Kommentar aus der Praxis: In Realität existieren viele verschiedene „Trägheiten", die beim Start überwunden werden müssen. In der Mechanik ist es die Massenträgheit mit $F_m = m \cdot a = m \cdot \dot{v}$ (die Beschleunigung kann auch als zeitliche Änderung der Geschwindigkeit $\dot{v}$ dargestellt werden). Aufgrund der Massenträgheit ist es unmöglich, die Geschwindigkeit sprungartig zu ändern. Es braucht Zeit, um eine Masse zu beschleunigen bzw. zu verzögern. In der Elektrotechnik gibt es die Induktion, die ein sprunghaftes

Ändern des Stromes i verhindert. Der Strom muss daher über einen gewissen Zeitraum aufgebaut werden, wofür eine Spannung u_L notwendig ist, es gilt $u_L = L \cdot \dot{i}$. Diese Gleichung eine Analogie zur Massenträgheit – es ist im Prinzip „die Massenträgheit der Elektrotechnik". In einem Elektromotor sind schließlich beide vorhanden: Die Induktivität und die Massenträgheit. Beide sind die Ursache für den „sanften und kurvigen" Anstieg am Anfang. Daher existieren in der Realität ausschließlich Systeme höherer Ordnung, hier in diesem Beispiel ein nicht-schwingungsfähiges System 2. Ordnung.

Für eine pragmatische Auslegung eines Reglers sind nun die Zeitkonstanten T_1 und T_2 aus Abb. 3.11 zu bestimmen. Leider gibt es hierzu keine „leicht ablesbare" Möglichkeit. Daher werden im Folgenden Näherungen beschrieben. Zunächst wird das System 2. Ordnung (P-T_2) mit Systemen 1. Ordnung (P-T_1) verglichen, siehe Abb. 3.12. Dieser Vergleich verdeutlicht, dass eine exakte Beschreibung eines Systems höherer Ordnung durch ein vereinfachtes System 1. Ordnung nicht möglich ist. In Abb. 3.12 ist ein System 1. Ordnung (P-T_1) mit der Zeitkonstanten $T_1 = 3$ (hellgrauer Verlauf x_{PT1a}) und ein weiteres System 1. Ordnung mit der Zeitkonstanten $T_1 = 6$ dargestellt (grauer Verlauf x_{PT1b}). Diese beiden Zeitkonstanten sind mit den Zeitkonstanten des P-T_2-Systems vergleichbar: $T_1 = 3$ entspricht der größten Zeitkonstante des P-T_2 und die Summe beider Zeitkonstanten ist $T_1 + T_2 = 6$.

Weiter oben wurde bereits „sehr rudimentär" eine Tangente an ein System höherer Ordnung gelegt, um damit zumindest eine gewisse Größenordnung für eine Zeitkonstante zu erhalten. Diese Tangente kann als Wendetangente eingezeichnet werden (=Tangente am Wendepunkt). Alternativ kann auch eine Tangente im quasi linearen Anstiegsbereich eingezeichnet werden. Im vorliegenden Beispiel wird als „maximale" Zeitkonstante der Wert $T_{1+} = 8$ abgelesen

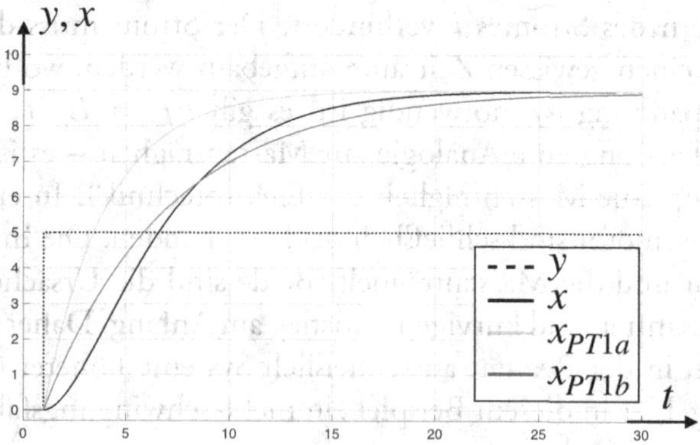

Abb. 3.12 System 2. Ordnung aus Abb. 3.11 im Vergleich zu Systemen 1. Ordnung mit $T_1 = 3$ Sek (x_{PT1a}) bzw. $T_1 = 6$ Sek (x_{PT1b}), alle jeweils die gleichen Verstärkungsfaktoren $K_S = 1{,}8$

($10 - 2 = 8$). Es ist ersichtlich, dass dieser Wert für die wahre Zeitkonstante als viel zu groß zu bewerten ist. Auch für die Summenzeitkonstante $T_1 + T_2$ ist dieser Wert zu groß. Dennoch ist dieses Ablesen nützlich: Damit wurde herausgefunden, dass die wahre, größte Zeitkonstante T_1 kleiner ist als 8.

Bei der Reglerauslegung ist dieses Wissen nützlich und wird später wieder aufgegriffen. An dieser Stelle ein kurzer Ausblick: Eine Methode zur Reglerauslegung ist die sogenannte „Kompensation der größten Zeitkonstanten". Dabei wird ein bestimmter Reglerparameter – die sogenannte Nachstellzeit T_N – so gewählt, dass er der größten Zeitkonstanten entspricht, also $T_N = T_1$. Es wird noch gezeigt, dass die Regler-Nachstellzeit T_N tendenziell größer sein sollte als die größte Zeitkonstante T_1, um Schwingungen oder gar eine Instabilität zu vermeiden. Daher bedeutet eine eher zu groß eingestellte Nachstellzeit T_N eine Einstellung auf der „sicheren Seite". Reglerparameter lassen sich zudem nachjustieren. In diesem Fall kann eine zu große Nachstellzeit T_N schrittweise verkleinert werden, bis die ersten Schwingun-

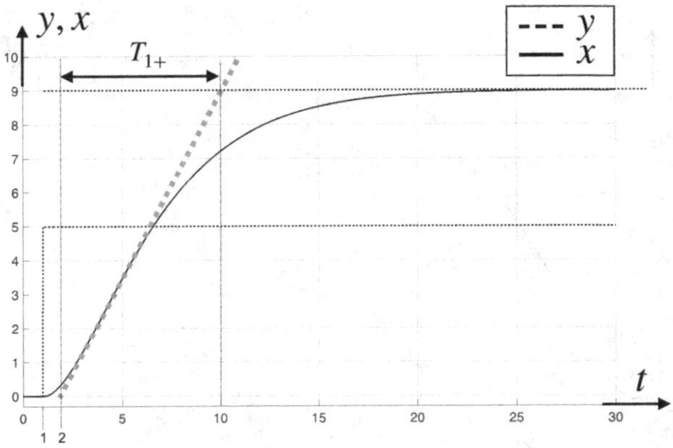

Abb. 3.13 System 2. Ordnung (P-T_2) aus Abb. 3.11 mit einer Tangente als sehr grobe Abschätzung einer Zeitkonstante T_{1+}

gen auftreten. Daher ist eine eher zu groß eingeschätzte Zeitkonstante T_1 ebenfalls eine Sicherheit gegen Schwingungen und Instabilität. Ein Regler wird dadurch eher zu langsam eingestellt. Somit wurde mit diesem Vorgehen ein gewisser Anhaltswert für eine Zeitkonstante gefunden (Abb. 3.12)!

Eine weitere hilfreiche Methode ist die sogenannte T-Summen-Regel nach Kuhn, siehe Abb. 3.14. Damit wird die Summe aller Zeitkonstanten $T_\Sigma = T_1 + T_2 + T_3 + \ldots = \Sigma T_i$ ermittelt. Dazu ist der Zeitpunkt zu bestimmen, bei dem zwei Flächen A_1 und A_2 gleich groß sind. Das lässt sich nach Augenmaß ungefähr abschätzen, sodass die beiden fast „dreieckigen" Flächen ähnlich groß erscheinen. Da A_2 recht langgezogen ist, erscheint sie tendenziell etwas kleiner, siehe Größenvergleich in Abb. 3.15. In diesem Beispiel aus Abb. 3.14 wurde zum Zeitpunkt $t = 7$ Sek die beiden Flächen A_1 und A_2 als gleich groß eingeschätzt. Da zum Zeitpunkt $t = 1$ Sek der Versuch gestartet worden ist, beträgt die Summenzeitkonstante $T_\Sigma = 7 - 1 = 6$ Sek.

Bis hierhin wurde also herausgefunden, dass es ein System höherer Ordnung ist und es daher mehrere Zeitkon-

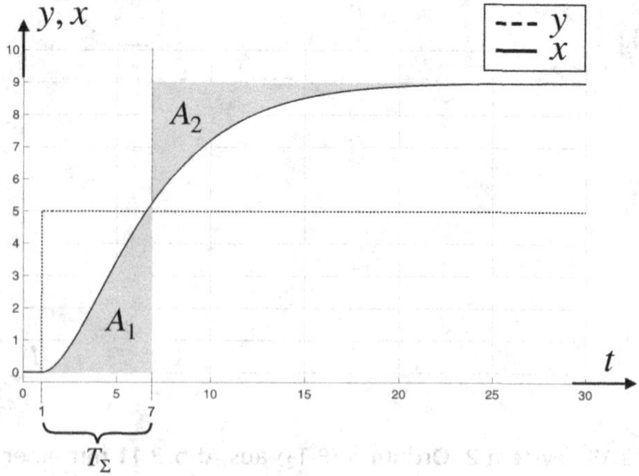

Abb. 3.14 System 2. Ordnung (P-T_2) aus Abb. 3.11 mit dem Ablesen der Summenzeitkonstanten T_Σ nach Kuhn

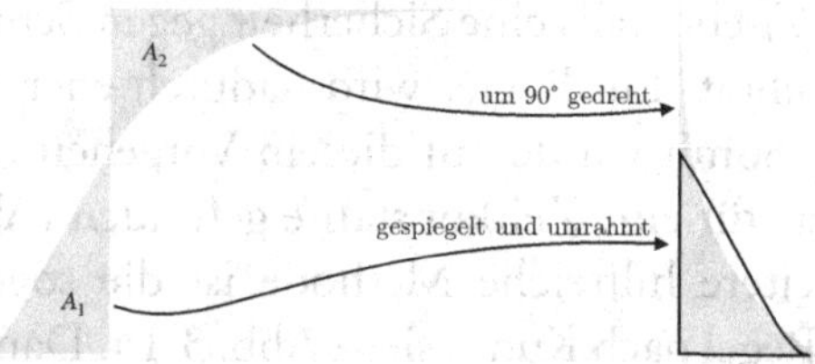

Abb. 3.15 Vergleich der beiden Flächen A_1 und A_2 aus Abb. 3.14 zur Verdeutlichung ihrer Größen; rechts im Bild sind die Flächen übereinander gelegt und sehen damit augenscheinlich ähnlich groß aus (die „Spitze nach oben" passt ungefähr in den fehlenden, weißen Teil des umrahmten Dreiecks)

stanten gibt (weil das System mit einer „Kurve" am Anfang startet). Die größte Zeitkonstante T_1 muss kleiner sein als $T_{1+} = 8$ Sek („rudimentär abgeschätzt") und die Summenzeitkonstante ist sogar $T_\Sigma = 6$ Sek. Nun stellt sich die Frage, wie groß in etwa die einzelnen Zeitkonstanten sind. Dazu wird hier eine pragmatische, augenscheinliche Abschätzung mithilfe von Abb. 3.16 vorgeschlagen. Dabei sind verschie-

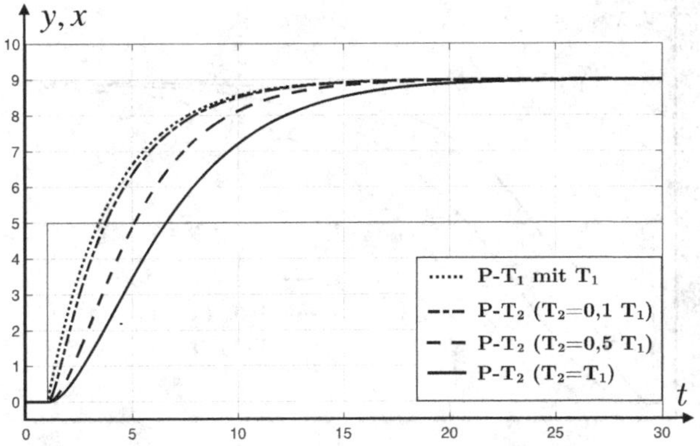

Abb. 3.16 Systeme 2. Ordnung (P-T_2) mit verschiedenen Zeitkonstanten T_1 und T_2

dene Systeme 2. Ordnung im Vergleich zu einem System 1. Ordnung gezeigt. Wenn die „Kurve" zu Beginn wenig ausgeprägt ist und augenscheinlich fast gar nicht zu beobachten, dann ist T_1 sehr viel größer als T_2 und kann z. B. mit $T_2 = 0,1 \cdot T_1$ abgeschätzt werden. Das bedeutet, dass die zweitgrößte Zeitkonstante T_2 nur 10 % des Wertes der größten Zeitkonstanten T_1 entspricht. Bei einem System, bei dem die zweitgrößte Zeitkonstante halb so groß ist wie T_1, ist eine „Kurve" zu Beginn nur relativ schwach ausgeprägt. Für gleich große Zeitkonstanten ist bereits eine deutlichere Kurve zu sehen. In diesem Beispiel aus Abb. 3.11 ist die „Kurve" deutlich sichtbar, so kann hier von gleich großen Zeitkonstanten $T_1 = T_2$ ausgegangen werden. Die Summe beider Zeitkonstanten muss $T_\Sigma = 6$ ergeben, sodass die Zeitkonstanten mit $T_1 = 3$ Sek und $T_2 = 3$ Sek geschätzt werden können (was in diesem Beispiel auch den „wahren" Zeitkonstanten entspricht).

Die Analyse ist etwas schwieriger, wenn Systeme höherer Ordnung mit mehreren ausgeprägten Zeitkonstanten vorliegen, siehe Abb. 3.17. Hierzu gibt es leider keine „schön einfa-

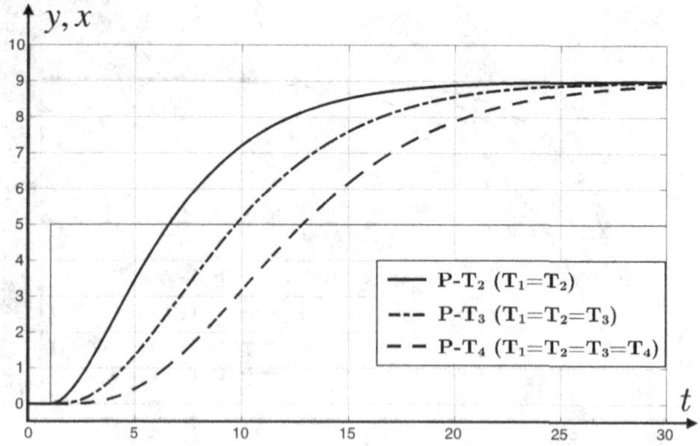

Abb. 3.17 Systeme 2. und 3. sowie 4. Ordnung

chen" Methoden zum Ablesen der Zeitkonstanten. Hilfreich ist die T-Summenregel nach Kuhn, um die Summenzeitkonstante zu ermitteln. Zudem ist bei vielen großen Zeitkonstanten eine sehr deutlich ausgeprägte „Kurve" zu Beginn zu beobachten. Eine Tangente an der maximalen Steigung verdeutlicht „das Ausmaß" dieser Kurve. Kleiner Ausblick: Bei den später noch vorgestellten Methoden zur Reglerauslegung werden bis zu drei Zeitkonstanten T_1, T_2 und T_3 benötigt. Wobei die dritte Zeitkonstante T_3 dann auch die Summe aller weiteren Zeitkonstanten – falls vorhanden – sein kann.

In Abb. 3.13 ist eine solche Tangente eingezeichnet, die zum Zeitpunkt $t = 2$ Sek auf den Ausgangswert trifft. Da der Versuch zum Zeitpunkt $t = 1$ Sek begann, beträgt die Zeitdifferenz $\Delta t = 2 - 1 = 1$ Sek. Diese Zeitdifferenz ist bei Systemen höherer Ordnung deutlich größer. Allerdings sind das nur „sehr grobe, rudimentäre" Anhaltswerte. In Abschn. 3.2 wird anhand der Reglerauslegung aufgezeigt, wie die Zeitkonstanten mithilfe einer Regelung präziser ermittelt werden können.

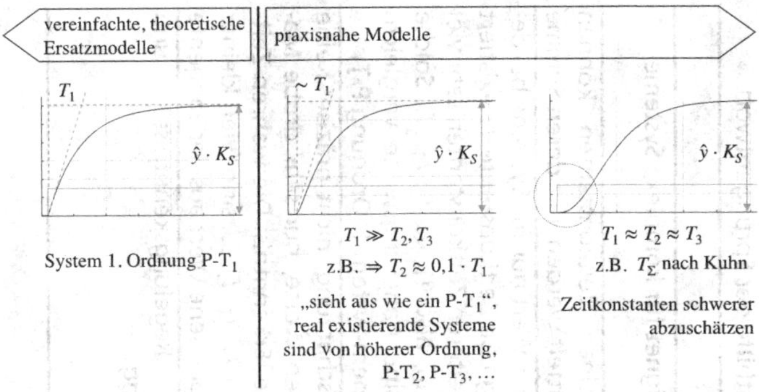

Abb. 3.18 Vergleich von Modellen

Zusammenfassung: Die Sprungantwort einer nicht-schwingungsfähigen Regelstrecke höherer Ordnung wurde analysiert, um den Verstärkungsfaktor K_S und die Zeitkonstanten T_1 und T_2 sowie auch T_3 zu bestimmen, siehe auch Tab. 3.4. K_S wird direkt aus der Sprungantwort abgelesen, siehe Abb. 3.10 und 3.18. Die Zeitkonstanten T_1, T_2 und T_3 können pragmatisch bei realen Systemen nur mithilfe von Näherungsmethoden geschätzt werden, wie der T-Summen-Regel nach Kuhn und augenscheinlicher Abschätzung der Kurvenausprägung. Hat ein System mehrere ähnlich große Zeitkonstanten, so ist zu Beginn der Sprungantwort eine deutlich „ausgeprägte Kurve“ zu beobachten, siehe Abb. 3.18 der gestrichelte Kreis im rechten Diagramm. Dazu gibt es leider keine pragmatisch-einfachen Methoden zum Ablesen der Zeitkontanten, die T-Summen-Regel hilft allerdings. Selbstverständlich gibt es auch Computer-Programme, die automatisiert mathematische Modelle erkennen, hier geht es aber um das pragmatische Ablesen. Hat ein System *eine dominierende* Zeitkonstante, dann kann sie wie bei einem P-T_1 als Anfangstangente abgelesen werden und die restlichen Zeitkonstanten z. B. mit $T_2 = 0{,}1 \cdot T_2$ geschätzt werden.

Klassifizierung von Regelstrecken, Teil 3: Identifikation schwingungsfähiger Systeme

Tab. 3.4 Ermittlung der Zeitkonstanten einer Regelstrecke 2. und höherer Ordnung mithilfe der Sprungantwort

Methode	Beschreibung und Anwendung	Grenzen
Direkte Ablesung	Nicht möglich für Systeme höherer Ordnung mit mehreren Zeitkonstanten	Nicht geeignet für komplexe Systeme
T-Summenregel nach Kuhn	Schätzung der Summenzeitkonstante eines Systems	Die einzelnen Zeitkonstanten können nicht ermittelt werden, nur deren Summe
Tangentenmethode anhand der Anfangsreaktion	Tangente an der maximalen Steigung der Anfangskurve	Verlässlicher Wert nur für Systeme bei denen *eine* große Zeitkonstante T_1 existiert und die weiteren Zeitkonstanten sehr viel kleiner sind, also $T_1 \ll T_2, T_3, \ldots$. Solche Systeme sind näherungsweise vergleichbar mit einem System 1. Ordnung P-T_1
Tangentenmethode im mittleren Steigungsbereich	Tangente an der maximalen Steigung bzw. Wendetangente oder quasi linearer Abschnitt. Grobe Annäherung eines „Zeitwertes“ durch Tangente	Grobe Abschätzung, nicht präzise. Keine verlässlichen Werte, nur sehr grobe Maximalwerte. Erkenntnis: Die wahren Zeitkonstanten $T_1, T_2, T_3, \ldots$ sind (viel) kleiner als der abgelesene Wert aus der Tangente
Regelungsbasierte Analyse (Abschn. 3.2)	Verwendet die Regelung, um Zeitkonstanten präziser zu bestimmen, sie werden dann aber direkt als bestimmte Reglerparameter verwendet	Erfordert Regelungskenntnisse und -einrichtung

Im Maschinen- und Anlagenbau kommen schwingungsfähige Regelstrecken häufig vor. Materialien haben eine gewisse Elastizität c oder Kompressibilität, wie z. B. Stahl oder l in einer Hydraulikanlage. Das Seil eines Aufzugs hat beispielsweise eine gewisse Elastizität (bei Hineinlaufen in einen Aufzug ist das ab und zu zu spüren). Zudem hat alles eine Masse m. Das Zusammenspiel aus Elastizität bzw. Kompressibilität und Masse führt zu schwingungsfähigen Systemen, wenn die Dämpfung hinreichend klein ist. Reibung wirkt beispielsweise dämpfend und damit können Schwingungen abklingen oder erst gar nicht auftreten. Physikalisch ist die Schwingung ein Energieaustausch zwischen zwei unterschiedlichen Speichern. Die Elastizität c kann potenzielle und die Masse m kinetische Energie speichern. Bei einer Schwingung wird Energie zwischen diesen beiden Speichern ständig ausgetauscht. Die Dämpfung entzieht dem schwingungsfähigen System Energie. Beispielsweise wandelt Reibung die Energie in Wärme um, was technisch als *passive* Dämpfung und physikalisch als Dissipation bezeichnet wird. Es gibt auch *aktive* Dämpfung, wenn ein Aktor mithilfe einer Regelung gezielt mit einer Kraft der Schwingung entgegenwirkt, siehe [40, 43].

Eine Krananlage ist ein weiteres Beispiel eines schwingungsfähigen Systems, siehe Abb. 3.19. Die Last am Seil kann hin und her schwingen, wie bei einem Pendel bzw. bei einer Schaukel. Auf die genaue physikalisch-technische Herleitung wird hier nicht weiter eingegangen, nur in Kürze: Es ist eine Drehbewegung und dazu ist eine Drehmomentenbilanz um die Aufhängung des Seils aufzustellen. Darin wechselt sich das Drehmoment durch die Gewichtskraft mit dem durch die Massenträgheit ab, siehe dazu [41].

Ein Beispiel aus dem „klassischen“ Maschinenbau für eine schwingungsfähige Anlage ist eine hydraulische Presse, siehe Abb. 3.20. Der Pressen-Stößel wird durch Hydraulikzylinder auf- und abbewegt. Der Stößel hat eine große Masse m,

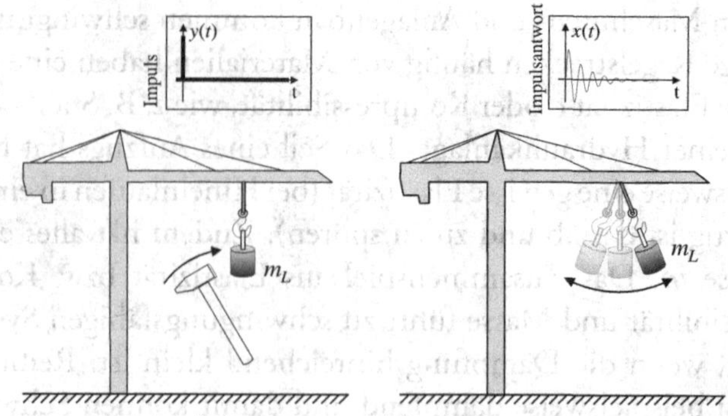

(a) Impulsfunktion mit einem Hammerschlag als Anregung auf Last

(b) Impulsantwort mit abklingender Schwingung der Last m_L

Abb. 3.19 Gedankenexperiment einer Impulsfunktion und ihrer Antwort am Beispiel eines Kranes mit einem Hammerschlag (der auch eine kurze kräftige Windböe sein kann), aus [41]

z. B. 150 t für eine mittelgroße Schmiedepresse (t=Tonne, hier also 150 t=150.000 kg). Der Pressenrahmen ist nicht „ideal steif", d. h. er hat eine gewisse Elastizität. Auch das Hydrauliköl ist kompressibel! Richtwert aus der Praxis: Pro 100 bar Drucksteigerung wird das lvolumen um ca. 1 % komprimiert. Der Arbeitsdruck einer Presse ist beispielsweise 300 bar. Wenn der Zylinder einen Hub von 1 m hat, dann wird bei Belastung das l um 3 cm gestaucht! Das ist sehr viel und muss regelungstechnisch ausgeglichen werden, um eine hohe Präzision dennoch zu erreichen! Aufgrund der Massenträgheit und der Elastizitäten bzw. der l-Kompressibilität ist eine Presse schwingungsfähig. Das ist zu beobachten, wenn sich z. B. der Pressenstößel abwärts bewegt und plötzlich der Not-Aus-Schalter gedrückt wird. Dann bleibt der Pressenstößel nicht einfach stehen oder wird „geschmeidig" abgebremst. Nein, der Pressenstößel schwingt nach, siehe schematisch in Abb. 3.21.

Kommentar aus der Praxis: Bei *geradlinigen* Bewegungen, sogenannten *translatorischen* Bewegungen, ist die Gravitati-

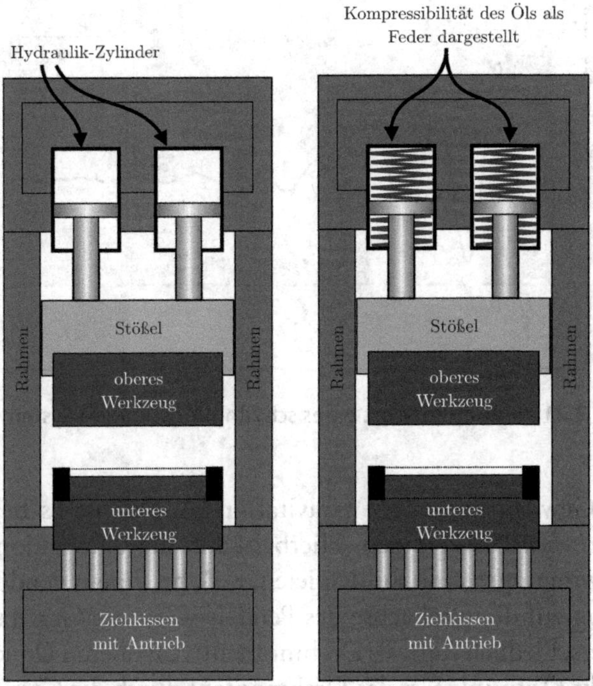

(a) Prinzipdarstellung (b) Schematisch mit „Feder“

Abb. 3.20 Prinzipieller Aufbau einer hydraulischen Presse, nach [41]

on bzw. Gewichtskraft keine Ursache der Schwingung. Die Schwingungen resultieren aus der Massenträgheit *m* und der Elastizität bzw. Kompressibilität *c*. Die Gewichtskraft bzw. die Gravitation wirkt nämlich *konstant* entlang der Bewegung. Bei Schwingungen wird aber eine wechselnde Größe benötigt, weil die Schwingungsenergie ausgetauscht werden muss. Ein Beispiel ist die translatorische Auf- und Abbewegung eines Pressenstößels, angetrieben durch einen Hydraulikzylinder. Die Ursache der Schwingung resultiert im Wesentlichen aus der Massenträgheit *m* des Stößels und der Kompressibilität des Hydrauliköls – nicht aber durch

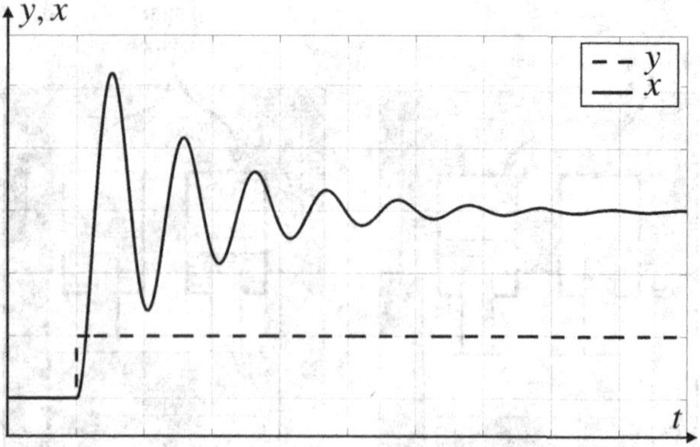

Abb. 3.21 Sprungantwort eines schwingungsfähigen Systems

die Gewichtskraft bzw. Gravitation. Anders ist es bei *rotatorischen* Bewegungen. Hierbei kann die Gravitation bei Schwingungen eine Rolle spielen, z. B. bei einem Pendel. In Bezug auf die Drehachse des Pendels wirkt die Gravitation unterschiedlich stark als Drehmoment: Am oberen Umkehrpunkt (Totpunkt) ist das Drehmoment durch die Gravitation maximal und am unteren Punkt minimal und zwar Null. Dafür ist die Geschwindigkeit am unteren Punkt maximal (=kinetische Energie) und am oberen Umkehrpunkt Null.

Kommentar aus der Praxis: Ein sehr wichtiger Parameter zur Beschreibung einer Anlage ist die sogenannte Eigenfrequenz f_0. Das ist die Frequenz, mit der die Anlage schwingt, z. B. angeregt durch eine Impuls- oder Sprungfunktion. Für mechanische Systeme wird die Eigenfrequenz mit

$$\boxed{f_0 = \frac{1}{2 \cdot \pi} \cdot \sqrt{\frac{c}{m}}} \tag{3.5}$$

berechnet. Dabei sind die bewegte Masse m und die Federsteifigkeit c enthalten. Die Eigenfrequenz f_0 bezieht sich eigentlich auf das theoretisch nicht-gedämpfte System. Bei gedämpften Systemen hat die tatsächliche Eigenfrequenz etwas kleinere Werte. Bei schwach gedämpften Systemen, die also deutlich Schwingungen zeigen, ist dieser Effekt allerdings vernachlässigbar klein. Des Weiteren gibt es bei realen Systemen nicht nur eine Eigenfrequenz, sondern sehr viele. Allerdings gibt es eine dominierende Eigenfrequenz und das ist f_0. Bei Spielen eines Klaviertones wird dies deutlich: Wenn z. B. ein C gespielt wird, dann ist auch eine bestimmte Tonhöhe deutlich zu hören, nämlich ein C. Allerdings ist auch zu hören, dass es sich um ein Klavier handelt - ein anderes Instrument klingt anders, auch bei gleicher Tonhöhe. Der Grund ist, dass weitere Frequenzen bzw. Töne mitschwingen. Eine Klaviersaite schwingt in vielen Eigenfrequenzen, wobei die Eigenfrequenz f_0 dominiert. Übrigens, in Gl. (3.5) ist die Gravitation g nicht enthalten, siehe dazu auch Kommentar weiter oben in Bezug auf translatorische Bewegungen. Bei einem Pendel ist die Eigenfrequenz

$$f_0 = \frac{1}{2 \cdot \pi} \cdot \sqrt{\frac{g}{\ell}} \tag{3.6}$$

mit der Fallbeschleunigung $g = 9{,}81\,\frac{\mathrm{m}}{\mathrm{s}^2}$ und der Pendellänge ℓ. In dieser Gleichung ist die Gravitation mit g enthalten, weil es sich um eine rotative Bewegung handelt. Dafür spielt die Masse m keine Rolle, sondern nur die Pendellänge. Das ist auf einem Spielplatz auch zu beobachten: Wenn ein Kind neben einem Erwachsenen mit einer größeren Masse schaukelt und die Schaukeln die gleichen Längen haben, dann schaukeln beide mit der gleichen Frequenz (umgangssprachlich: „beide sind gleich schnell").

Die charakteristischen Parameter eines schwingungsfähigen Systems sind wiederum „einfach" aus der Sprungantwort abzulesen, siehe Abb. 3.22. Der Verstärkungsfaktor K_S ist mit der Sprunghöhe der Anregung $\hat{y}$ und dem eingeschwungenen Zustand x_∞ bestimmbar. In diesem Beispiel ist der Eingeschwungene Wert bzw. der Endwert $x_\infty = 15$ und die Sprunghöhe hat den Wert $\hat{y} = 5$. Der Verstär-

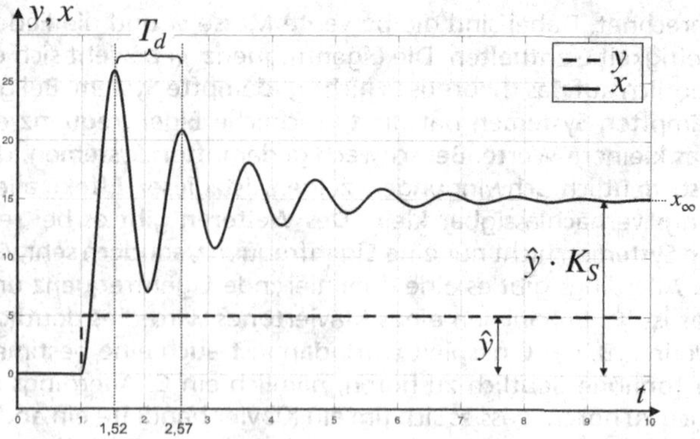

Abb. 3.22 Ablesen des Verstärkungsfaktors K_S und der Periodendauer T_d

kungsfaktor wird mit $\hat{y} \cdot K_S = x_\infty$ berechnet, hier also $K_S = x_\infty / \hat{y} = 15/5 = 3$. Die Periodendauer T_d ist die Zeitspanne für eine vollständige Schwingung. Sie kann z. B. zwischen zwei lokalen Maxima abgelesen werden. In diesem Beispiel wird das erste Maximum bei der Zeit $t = 1{,}52$ Sek und das zweite, lokale Maximum bei $t = 1{,}57$ Sek abgelesen. Die zwei Nachkommastellen lassen sich nur durch sehr präzises Ablesen bestimmen. Somit wird die Periodendauer mit $T_d = 2{,}57 - 1{,}52 = 1{,}05$ Sek bestimmt.

Tipp aus der Praxis:
Um die Periodendauer anhand eines Messwert-Aufschriebs besser abzulesen, ist es empfehlenswert, den Zeitraum über mehrere Perioden abzulesen, siehe Abb. 3.23. Dadurch werden Ablesefehler über einen längeren Zeitraum tendenziell herausgerechnet und die Genauigkeit steigt. In diesem Beispiel wird die Zeitspanne über fünf Perioden ① bis ⑤ betrachtet. Die Perioden sind wieder jeweils in Bezug auf die lokalen Maxima der Regelgröße x ausgewertet. In diesem Beispiel ist das erste Maximum wie gehabt bei $t = 1{,}52$ Sek abzulesen. Fünf Perioden später wird die Zeit $t = 6{,}77$ Sek

abgelesen. Diese gesamte Zeitdifferenz muss dann wieder durch die Anzahl der Perioden, hier also fünf, dividiert werden. Somit wird die Periodendauer mit $T_d = (6{,}77 - 1{,}52)/5 = 1{,}05$ Sek bestimmt. Werden die Zeiten nun ungenau abgelesen, so wird über mehrere Perioden der Ablesefehler minimiert. Wenn beispielsweise nur mit einer Nachkommastelle abgelesen wird, also $t_1 = 1{,}5$ Sek und $t_6 = 6{,}8$ Sek, so ergibt sich die Periodendauer $T_d \approx t_6 - t_1 = 1{,}06$ Sek, was ein noch relativ genauer Wert bedeuten kann.

Die Eigenfrequenz

$$f_0 \approx f_d = \frac{1}{T_d} \tag{3.7}$$

ist bei schwach gedämpften Systemen ungefähr der Kehrwert der Periodendauer T_d. In diesem Beispiel ist also die Eigenfrequenz $f_0 \approx 1/1{,}05 = 0{,}95$ Hz. Die Einheit Hertz=Hz ist wiederum 1 pro Sekunde, also Hz=1/Sek. In den Berechnungen später wird dazu noch die sogenannte

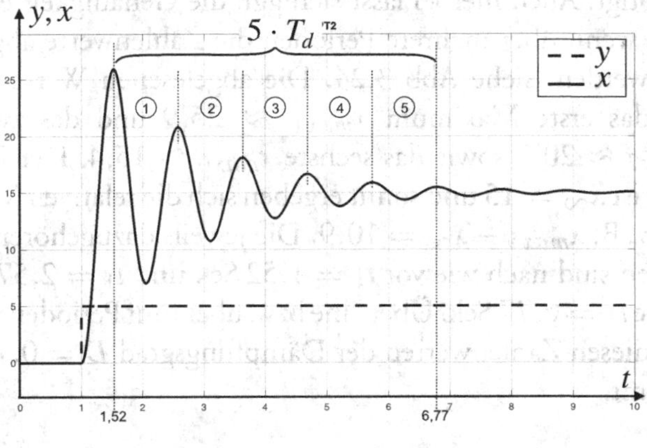

Abb. 3.23 Genaueres Ablesen der Periodendauer T_d

Eigen*kreis*frequenz

$$\omega_0 = 2 \cdot \pi \cdot f_0 \tag{3.8}$$

benötigt. Die physikalische Einheit der Eigenkreisfrequenz ist 1/Sek (und *nicht* Hz, sondern 1 pro Sekunde).

Ein weiterer wichtiger Parameter von schwingungsfähigen Systemen ist der sogenannte Dämpfungsgrad D. Er ist ein Maß dafür, wie schnell die Schwingungen abklingen bzw. genauer: Wie die Amplituden im Laufe der Zeit bei den Schwingungen kleiner werden. Der Dämpfungsgrad

$$D = \frac{1}{\omega_0} \cdot \frac{\ln(x_{max1} - x_\infty) - \ln(x_{max2} - x_\infty)}{t_2 - t_1} \tag{3.9}$$

kann aus zwei abgelesenen lokalen Maxima x_{max1} und x_{max2} sowie der dazu gehörenden Zeitspanne t_1 bzw. t_2 bestimmt werden, siehe Details z. B. in [41]. Des Weiteren wird hier bei der Berechnung noch der Endwert x_∞ sowie die bereits bestimmte Eigenkreisfrequenz $\omega_0 = 2 \cdot \pi \cdot f_0 \approx 6\,\text{Sek}^{-1}$ benötigt. Auch hierbei lässt sich ggf. die Genauigkeit erhöhen, wenn über mehrere Perioden die Zahlenwerte abgelesen werden, siehe Abb. 3.24. Die abgelesenen Werte sind für das erste Maximum $x_{max1} \approx 25{,}9$ und das zweite $x_{max2} \approx 20{,}8$ sowie das sechste $x_{max6} \approx 15{,}4$. Der Endwert ist $x_\infty = 15$ und somit ergeben sich die relativen Maxima, z. B. $x_{max1} - x_\infty = 10{,}9$. Die jeweils dazugehörenden Zeiten sind nach wie vor $t_1 = 1{,}52$ Sek und $t_1 = 2{,}57$ Sek sowie $t_1 = 6{,}77$ Sek. Über eine bzw. über fünf Perioden wird mit diesen Zahlenwerten der Dämpfungsgrad $D = 0{,}1$ bestimmt.

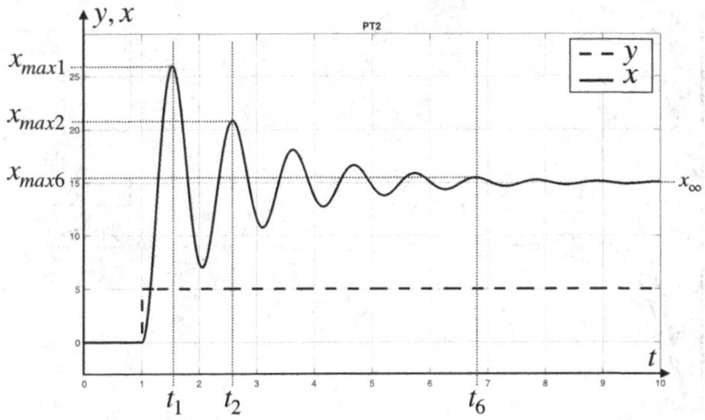

Abb. 3.24 Bestimmung des Dämpfungsgrades D anhand lokaler Maxima

Kommentar aus der Praxis:
Aus der Impulsantwort lassen sich Periodendauer und somit die Eigenfrequenz sowie der Dämpfungsgrad ebenso auch ablesen. Bei manchen Anlagen ist eine impulsartige Anregung auch besser realisierbar, um die Schwingungen auszulösen. Bei der Impulsantwort vereinfacht sich Gl. (3.9), weil der Endwert bei der Impulsantwort $x_\infty = 0$ ist.

Schwingungsfähige Systeme haben einen Dämpfungsgrad $D < 1$. Der aperiodische Grenzfall ist bei $D = 1$, hierbei sind bereits keine Schwingungen vorhanden. Für $D = 0$ antwortet das System mit Dauerschwingungen auf eine Impuls- oder Sprungfunktion. Ein Pendel einer Standuhr kann näherungsweise als Dauerschwingungen angesehen werden und hat somit einen Dämpfungsgrad $D \approx 1$. Der Dämpfungsgrad kann in guter Näherung auch „augenscheinlich" abgeschätzt werden, also ohne die Berechnung mit Gl. (3.9). Dazu sind in Abb. 3.25 einige Systeme mit unterschiedlichen Dämpfungsgraden aufgezeigt. Im Vergleich mit dieser Abbildung können nun „augenscheinlich mit Pi mal Daumen" der Dämpfungsgrad (grob) geschätzt werden.

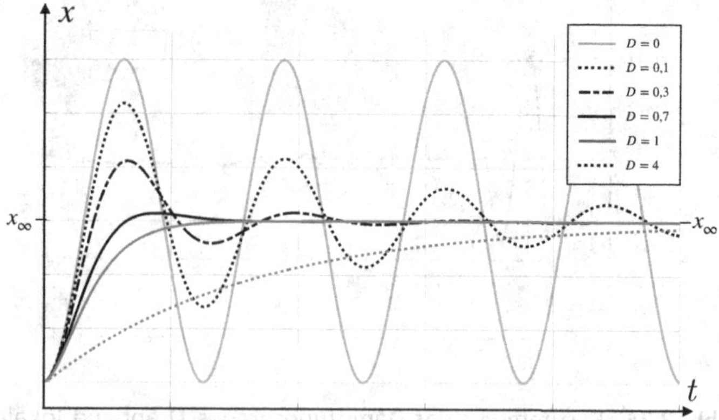

Abb. 3.25 Systeme mit unterschiedlichen Dämpfungsgraden D; eine Standuhr hat

Ein System mit einem Dämpfungsgrad $D = 0{,}3$ schwingt ca. zwei bis dreimal über und erreicht dann mehr oder weniger den Endwert x_∞. Das Fahrwerk eines älteren Autos ist ein Beispiel für solch einen Dämpfungsgrad. Systeme, die länger nachschwingen, haben dann also einen noch kleineren Dämpfungsgrad, z. B. Regalbediengeräte oder eine Last am Kran mit einem Dämpfungsgrad jeweils von ca. $D = 0{,}1$. Für $D = 0$ erzeugt das System Dauerschwingungen, z. B. der Pendel einer Standuhr, siehe auch [39].

Regelungstechnisch sehr interessant sind Systeme mit einem Dämpfungsgrad im Wertebereich $D = 0{,}7 \ldots 1$. Für geregelte Systeme kann in einer gewissen Größenordnung der Dämpfungsgrad des Regelkreises durch den Regler eingestellt werden! Es kann gezeigt werden, dass ein Dämpfungsgrad $D = 0{,}7$ ein Optimum trifft, siehe [41]. Der Regelkreis bzw. das System ist dann sehr schnell, schwingt aber leicht über, siehe Abb. 3.25. Ebenso interessant ist, dass ein System mit $D = 0{,}7$ keine Resonanz hat, d. h. bei Anregung mit einer Frequenz ist die Amplitudenverstärkung kleiner als eins, Details siehe [41]. Ein Dämpfungsgrad $D = 1$ bedeutet dann keine Schwingungen mehr, also bei einer sprungartigen Anregung findet kein Überschwingen statt und das ist bei manchen Regelungen sehr wichtig, z. B. bei einer Werkzeugmaschine, wenn ein Werkstück abgetragen wird. Dennoch ist für $D = 1$ die Anlage noch hinreichend schnell. Für noch größere Dämpfungsgrade wird das System träger, siehe z. B. $D = 4$. Auch das kann gewünscht sein, z. B. bei einem Tempomaten, wenn das Fahrzeug „sanft" beschleunigen soll.

Nach der inhaltlichen Einordnung von schwingungsfähigen Systemen wird abschließend noch die Übertragungsfunktion eines schwingungsfähigen Systems 2. Ordnung (P-T_2)

$$G_2 = \frac{K_S}{\frac{1}{\omega_0^2} \cdot s^2 + \frac{2 \cdot D}{\omega_0} \cdot s + 1} \tag{3.10}$$

$$= \frac{K_S \cdot \omega_0^2}{s^2 + 2 \cdot D \cdot \omega_0 \cdot s + \omega_0^2} \tag{3.11}$$

kurz diskutiert. Zu erkennen sind die drei charakteristischen Parameter: Der Verstärkungsfaktor K_S, die Eigenkreisfrequenz $\omega_0 = 2 \cdot \pi \cdot f_0$ des ungedämpften Systems und der Dämpfungsgrad D. Mit diesen drei Parametern lässt sich ein Regler auslegen, siehe später in Abschn. 3.2. Dazu müssen die Werte der drei Parameter bekannt sein, also identifiziert werden, was hier in diesem Abschnitt beschrieben wurde. Schwingungsfähige Systeme sind Systeme höherer Ordnung, also mindestens 2. Ordnung. Ein P-T_2 kann in schwingungsfähig und nicht-schwingungsfähig unterteilt werden.

Zusammenfassung: Es wurden schwingungsfähige Systeme als Regelstrecken identifiziert, siehe auch Tab. 3.5. Schwingungsfähige Regelstrecken im Maschinen- und Anlagenbau entstehen durch das Zusammenspiel von z. B. Elastizität und Masse, wie bei Hydraulikanlagen oder Aufzugs-

Tab. 3.5 Ermittlung charakteristischer Parameter einer Regelstrecke 2. Ordnung mithilfe der Sprungantwort

Parameter	Beschreibung	Berechnung
Verstärkungsfaktor (K_S)	Beschreibt die Amplitudenverstärkung eines Systems.	$K_S = x_\infty / \hat{y}$, wobei x_∞ der eingeschwungene Wert und $\hat{y}$ die Sprunghöhe ist.
Periodendauer (T_d)	Zeit für eine vollständige Schwingung.	$T_d = t_2 - t_1$, wobei t_2 und t_1 Zeiten aufeinanderfolgender lokaler Maxima sind.
Eigenfrequenz (f_0)	Frequenz des natürlichen, ungedämpften Schwingens eines Systems.	$f_0 \approx 1/T_d$ für schwach gedämpfte Systeme.
Eigenkreisfrequenz (ω_0)	Grundlegende Frequenzkonstante eines schwingenden Systems.	$\omega_0 = 2 \cdot \pi \cdot f_0$
Dämpfungsgrad (D)	Maß, wie schnell Schwingungen abklingen.	$D = \frac{1}{\omega_0} \cdot \frac{\ln(x_{max1} - x_\infty) - \ln(x_{max2} - x_\infty)}{t_2 - t_1}$, wobei xmax1 und xmax2 Maxima und t1 und t2 die dazugehörigen Zeiten sind.
Eigenfrequenz des gedämpften Systems (f_d)	Tatsächliche Frequenz eines gedämpft schwingungsfähigen Systems.	$f_d = 1/T_d$ und es gilt der Zusammenhang $f_d = f_0 \cdot \sqrt{1 - D^2}$. Bei einem schwach gedämpften System mit z. B. $D = 0{,}1$ ist $f_d \approx f_0$

seilen. Die Eigenfrequenz $f_0 = \frac{1}{2 \cdot \pi} \cdot \sqrt{\frac{c}{m}}$, die Frequenz der ungedämpften Schwingung, wird durch Masse m und Federsteifigkeit c bestimmt und beschreibt das Verhalten eines Systems. Bei schwach gedämpften Systemen entspricht die Eigenfrequenz f_0 ungefähr der Schwingung bei Impuls- oder Sprunganregung. Weitere wichtige Parameter sind der Verstärkungsfaktor K_S, die Periodendauer T_d, die Eigenkreisfrequenz ω_0 und der Dämpfungsgrad D, die aus der Sprungantwort abgelesen werden können. Der Dämpfungsgrad D ist dimensionslos, hat also keine physikalische Einheit. Werte für $D < 1$ bedeutet, dass das System schwingungsfähig ist. Je kleiner D ist, desto langsamer klingen die Schwingungen ab.

Klassifizierung von Regelstrecken, Teil 4: Integrierende Systeme und deren Identifikation

Weitere, „typische" Regelstrecken sind Systeme mit integrierendem Anteil. Mitunter werden sie auch „Strecken ohne Ausgleich" genannt. Dabei steigt die Ausgangsgröße bei einer sprungartigen Anregung kontinuierlich an, siehe Abb. 3.26. Durch die integrierende Wirkung wird kein stationärer Endwert angestrebt. Ein Beispiel aus dem Alltag beim Fahrradfahren verdeutlicht den Zusammenhang: Angenommen, die Eingangsgröße y ist das (kraftvolle) Treten in die Pedale. Dabei wird plötzlich mit einer bestimmten Kraft das Fahrrad bewegt. Das Ergebnis ist, dass eine immer größere Entfernung x zurückgelegt wird.

Dieser Zusammenhang kommt im klassischen Maschinenbau bzw. in der Antriebstechnik sehr häufig vor, wenn die *Position* geregelt werden soll. Ein Motor bzw. ein Antrieb wird durch die Stellgröße y angeregt und es wird die Position x als Regelgröße durch einen Sensor gemessen und schließlich auch geregelt. Beispielsweise soll ein Industrieroboter eine bestimmte Position anfahren, um ein Packstück aufzunehmen, siehe Abb. 3.27. Dabei wird die Position des

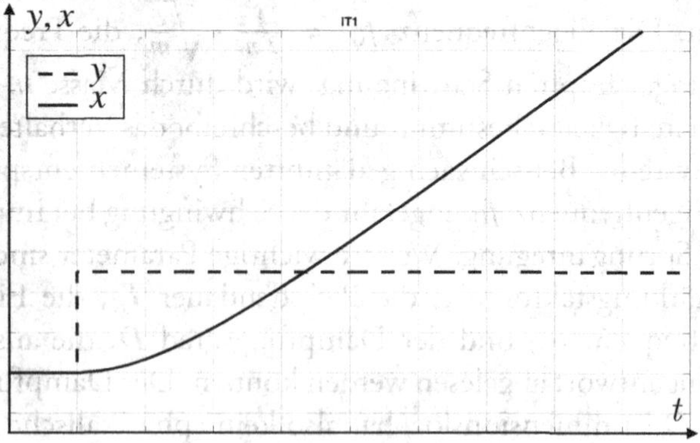

Abb. 3.26 Integrierende Regelstrecke

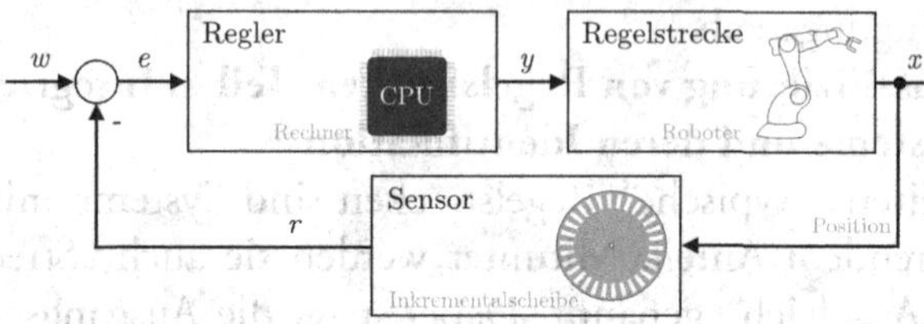

Abb. 3.27 Beispiel Positionsregelung anhand eines Industrieroboters

Endeffektors gemessen und in eine Positionsregelung eingebunden.

Antriebe „produzieren“ in der Regel eine bestimmte Geschwindigkeit infolge der Anregung, siehe Abb. 3.28. Ein Alltagsbeispiel mit dem Auto verdeutlicht dies: Bei bestimmter, konstanter Betätigung des Fahrpedals („Gaspedal“) fährt das Auto *letztlich* mit einer bestimmten, konstanten Geschwindigkeit (nachdem die Beschleunigungsphase abgeschlossen ist). Ein weiteres Beispiel: Ein Elektromotor wird mit einer bestimmten elektrischen Spannung versorgt und infolge dessen dreht er mit einer bestimmten Drehzahl, was einer Geschwindigkeit entspricht. Wenn nun aber die *Position* betrachtet wird, dann ist der mathematische Zusammen-

Abb. 3.28 Veranschaulichung eines integrierenden Verhaltens am Beispiel eines Elektromotors

hang zwischen Geschwindigkeit und Position das Integral. Die Geschwindigkeit wird über eine bestimmte Zeit t integriert und daraus folgt das Erreichen einer bestimmten Position.

Ein weiteres Beispiel ist ein ventilgesteuerter hydraulischer Antrieb, siehe Abb. 3.29: Wenn das Ventil auf eine bestimmte Position geöffnet wird, z. B. in der parallelen Schaltung, dann fährt der Zylinder aus. Wenn nun die Position der Zylinderstange von Interesse ist, dann liegt ein integrierendes Verhalten vor. Im Prinzip wird die Position des Ventil-Schiebers integriert und das Ergebnis ist die Position des Zylinders, die kontinuierlich zunimmt. Das geöffnete Ventil lässt einen bestimmten Volumenstrom durchfließen

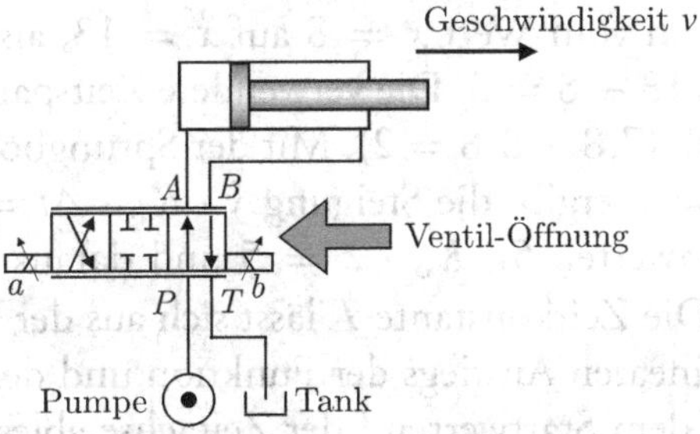

Abb. 3.29 Veranschaulichung eines integrierenden Verhaltens am Beispiel einer hydraulischen Achse

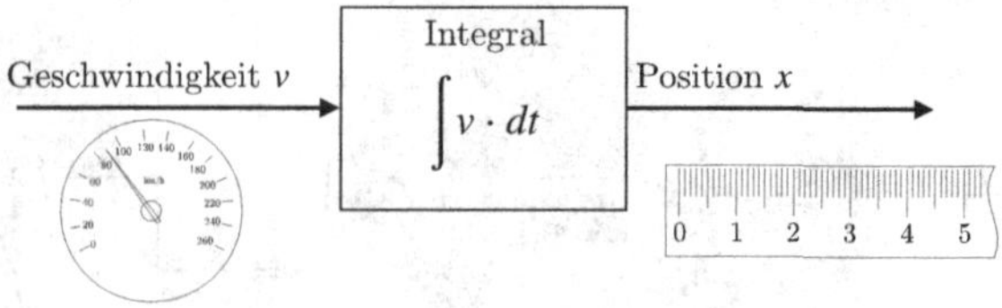

Abb. 3.30 Veranschaulichung eines integrierenden Verhaltens am Beispiel der Mechanik

und durch die Kolbenfläche des Zylinders bewegt er sich mit einer bestimmten Geschwindigkeit.

In Abb. 3.30 ist der Zusammenhang des Integrierens nochmals veranschaulicht: Der mathematische Zusammenhang zwischen der Geschwindigkeit v und der Position x ist ein Integral über der Zeit dt. Beispiel aus dem Alltag mit der Fahrt eines Autos: Wenn mit einer bestimmten Geschwindigkeit Auto gefahren wird, *dann bedarf es Zeit,* um an ein bestimmtes Ziel bzw. eine Position zu gelangen.

Aus der Sprungantwort können ebenso die charakteristischen Parameter abgelesen werden, siehe Abb. 3.31. Der Verstärkungsfaktor K_S ist im linearen Teil der Steigung abzulesen. Dabei wird der „Höhenunterschied" bzw. der Zuwachs $\Delta x = \hat{y} \cdot K_S \cdot \Delta t$ abgelesen. In diesem Fall steigt die Funktion vom Wert $x = 8$ auf $x = 13$, also steigt sie um $\Delta x = 13 - 8 = 5$. Die verwendete Zeitspanne beträgt $\Delta t \approx 2$ Sek (7,8 – 5,8 = 2). Mit der Sprunghöhe der Anregung $\hat{y} = 5$ ergibt die Steigung $\hat{y} \cdot K_S \cdot \Delta t = \Delta x$ bzw. mit Zahlenwerten $5 \cdot K_S \cdot 2 = 5$ und daraus ergibt sich $K_S = \frac{1}{2}$. Die Zeitkonstante T lässt sich aus der Weiterführung des linearen Anstiegs der Funktion und dem Schnittpunkt aus dem Startwert auf der Zeitachse ablesen. In diesem Fall kann die Zeitkonstante mit $T = 1{,}5$ Sek abgelesen werden (2,5 – 1 = 1,5).

Kommentar aus der Praxis: Das Ablesen der charakteristischen Werte bei einem integrierenden System führt eher

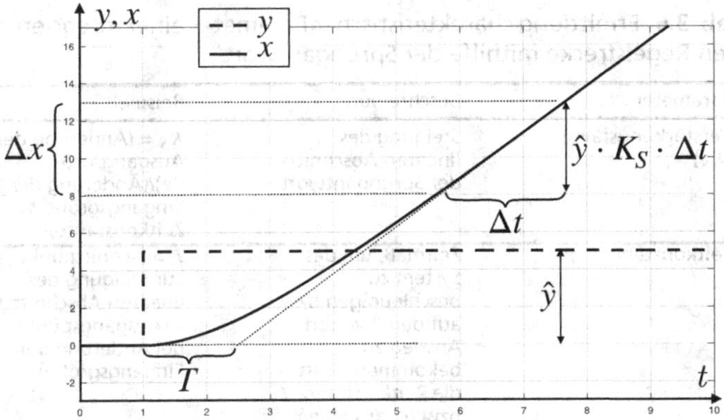

Abb. 3.31 Integrierende Regelstrecke und das Ablesen charakteristischer Parameter

zu Ungenauigkeiten. Beispielsweise kann nicht klar erkannt werden, ob es sich um ein System näherungsweise 1. Ordnung oder höherer Ordnung handelt. Deutlich besser und empfehlenswert ist es, wenn die Sprungantwort abgeleitet wird. Durch die zeitliche Ableitung wird die Darstellung auf Systeme 1. bzw. 2. oder höherer Ordnung überführt, wie sie weiter oben beschrieben wurden. Das Ablesen der charakteristischen Werte aus der zeitlichen Ableitung ist deutlich genauer.

Zusammenfassung: Integrierende Systeme, auch „Strecken ohne Ausgleich" genannt, zeigen bei sprungartiger Anregung einen kontinuierlichen Anstieg der Ausgangsgröße x. Ein Beispiel ist die Positionierung eines Industrieroboters, der durch einen Motor angetrieben wird. Der Industrieroboter soll also positionsgeregelt werden und die Regelgröße x ist die Position, die im Regelkreis noch zurückgeführt wird. Die Charakterisierung integrierender Systeme erfolgt über den Verstärkungsfaktor K_S und die Zeitkonstante T, wobei die zeitliche Ableitung der Sprungantwort genauer zum Ab-

Tab. 3.6 Ermittlung charakteristischer Parameter einer integrierenden Regelstrecke mithilfe der Sprungantwort

Parameter	Beschreibung	Beispiel
Verstärkungsfaktor (K_S)	Steigung des linearen Abschnitts der Sprungantwort	K_S = (Änderung der Ausgangsgröße)/(Änderung der Eingangsgröße * Zeitkonstante)
Zeitkonstante (T)	Zeitmaß, um das System zu beschleunigen bzw. auf den linearen Anstieg zu bekommen. Es ist die Zeitkonstante T bzw. T_1 aus einem System 1. Ordnung	T = (Schnittpunkt zur Steigung des linearen Abschnitts) – (Ausgangspunkt bei Änderung der Eingangsgröße)

lesen und Identifizieren der charakteristischen Parameter ist (Tab. 3.6).

Zwischenstand: Das Kerngebiet dieses Buches sind Regelungen und der geschlossene Regelkreis, siehe Abb. 3.32 unten. Um aber alles zu verstehen, müssen einzelne Bausteine bzw. Teilsysteme „herausgelöst" betrachtet werden. In der praktisch angewandten Regelungstechnik ist es wichtig, „alles" zu verstehen, um eine Regelung zu entwerfen und auch zu optimieren (in Anführungszeichen deswegen, weil es unmöglich ist, in Fachgebieten wirklich „alles" zu verstehen).

Folgende Teilaspekte, „Bausteine" bzw. Teilsysteme gibt es im einschleifigen Regelkreis:

- Die Führungsgröße bzw. der Sollwert w
  Das ist der vorgegebene Wert w, der durch die Regelgröße x erreicht werden soll. Dabei kann w zeitlich konstant (Festwertregelung) oder veränderlich sein (Folgeregelung).
  Optimierung für eine Regelung: Die Führungsgröße kann verwendet werden, um z. B. einen Sanftanlauf zu realisie-

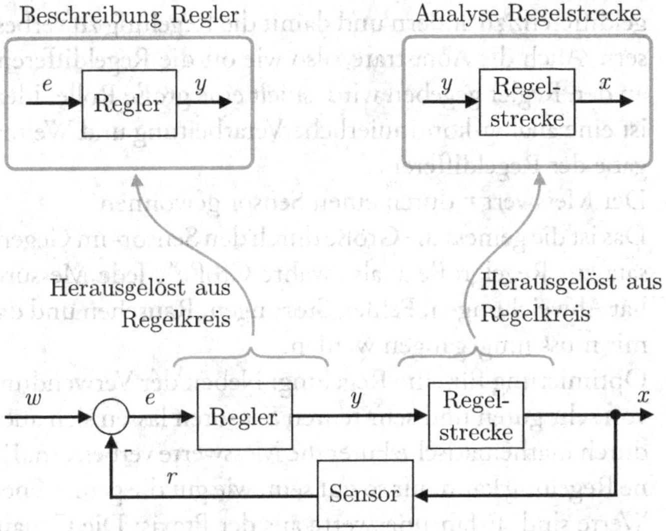

Abb. 3.32 Einordnung

ren (Trajektorie anstatt Sprungfunktion), das Erreichen der Regelgröße zu verbessern („pseudo-Vorgabe" von w) oder Schwingungen zu reduzieren (Vorfilter, Input-Shaper), siehe Abschn. 3.3 und Details in [41]. Aber auch die Analyse, was überhaupt prinzipiell technisch erreichbar ist und was die Grenzen des Machbaren sind, spielt eine wichtige Rolle bei der Wahl einer Führungsgröße.

- Die Regeldifferenz e
  Das ist der Fehler bzw. die Abweichung zwischen dem Sollwert und dem Istwert. Eine Differenz kann nur von physikalisch *gleichen* Größen berechnet werden! Wenn beispielsweise eine Position als Sollwert w vorgegeben wird, dann muss der Istwert auch eine Position sein, d. h. es *muss* die Position gemessen werden, weil nur mit *gleichen* Größen eine Differenz gebildet werden kann.
  Optimierung für eine Regelung: Es lassen sich u. a. sogenannte Aufschaltungen realisieren, um künstlich die Re-

geldifferenz zu ändern und damit die Regelung zu verbessern. Auch die Abtastrate, also wie oft die Regeldifferenz an den Regler gegeben wird, spielt eine große Rolle. Ideal ist eine analog-kontinuierliche Verarbeitung und Weitergabe der Regeldifferenz.

- Der Messwert *r* durch einen Sensor gewonnen
  Das ist die gemessene Größe durch den Sensor- im Gegensatz zur Regelgröße *x* als „wahre Größe". Jede Messung hat Abweichungen, Fehler, Störungen, Rauschen und damit muss umgegangen werden.
  Optimierung für eine Regelung: Neben der Verwendung von sehr guten und sehr teuren Sensoren lassen sich auch durch mathematische Filter die Messwerte verbessern. Eine Regelung kann nur so gut sein, wie gut die gemessenen Werte sind. Erfahrungswerte aus der Praxis: Die Genauigkeit und die Geschwindigkeit der Messwerterfassung sollten bzw. müssen um Größenordnungen besser sein als letztlich die Regelung. Beispiel Autofahrt: Ein Fahrer kann sehr viel schneller Gucken, als Autofahren bzw. als das Auto fahren kann.
- Der Regler
  Er ist im Prinzip das „Gehirn" und auch der zentrale Baustein einer Regelung. ABER: Er ist auch nicht der einzige und einzig wichtige Baustein! Es gibt viele Möglichkeiten zur Optimierung einer Regelung, nicht nur durch den Regler selbst, z. B. konstruktive Optimierung der Regelstrecke.v
  Optimierung für eine Regelung: Durch die Reglereinstellung, also die geschickte Wahl der Reglerparameter, lässt sich die Regelung verbessern. Im Idealfall ist die Regelung schnell und genau, ohne zu schwingen.
- Die Stellgröße *y*
  Sie ist die Beeinflussung und das Betreiben der Anlage bzw. der Regelstrecke. Sie darf allerdings auch die Regelstrecke nicht überlasten. Daher werden in der Praxis auch

Stellgrößenbegrenzungen eingebaut.
Optimierung für eine Regelung: Die Analyse der Stellgröße y ist in der Praxis eine wichtige Maßnahme. Die Stellgröße sollte nicht zu schwach, nicht zu stark oder nicht zu kurz wirken.

- Die Regelstrecke
  Sie ist das, was zu regeln ist. Es ist die Anlage, die Maschine, die einen bestimmten Sollwert erreichen soll.
  Optimierung für eine Regelung: In einer guten Industriepraxis wird während der Konstruktions- und Projektierungsphase von Anlagen bereits auf die Regelung geachtet, um eine möglichst „einfach" zu regelnde Anlage zu haben. Beispielsweise kann die Eigenfrequenz einer Anlage durch die Konstruktion beeinflusst werden, und eine höhere Eigenfrequenz ist regelungstechnisch „einfacher" zu handhaben. Letztlich führt dies zu einer besseren Anlage, auch wenn sie dadurch teurer wird.

Nun folgt in diesem Abschnitt die **Beschreibung des Reglers.** Erst im nächsten Abschnitt wird damit der Regler entworfen, d. h. es werden geeignete Reglerparameter gefunden. Um einen Regler zu entwerfen, ist allerdings die Kenntnis von einigen „Bausteinen" notwendig, wie z. B. was soll eigentlich geregelt werden? Bis hierhin wurden in diesem Abschnitt im Wesentlichen die *Regelstrecke* behandelt. Die Regelstrecke ist die Anlage, die automatisiert geregelt werden soll. Dazu wurde sie in diesem Abschnitt aus dem Regelkreis „herausgelöst" und isoliert betrachtet, siehe Abb. 3.32 oben rechts. Dazu wurden sogenannte Testsignale, wie Impuls- oder Sprungfunktion, „stupide" als Anregung auf die Regelstrecke gegeben und es wurde geschaut, wie daraufhin die Regelstrecke reagiert und wie sie sich verhält. Das wurde analysiert und es wurden charakteristische Parameter ermittelt, die das Verhalten der Regelstrecke beschreiben. Die **Analyse der Regelstrecke** stand bis hierher im Abschnitt im Fokus.

Als nächstes werden Regler beschrieben, allerdings auch noch völlig herausgelöst aus einem Regelkreis, siehe Abb. 3.32 oben links. Es geht lediglich darum zu beschreiben, was ein Regler ist und wie er mathematisch beschrieben wird.

3.1.2 Der Regler

Der PID-Regler mit mathematischer Beschreibung
Für viele industriepraktische Anlagen hat sich der „klassische" PID-Regler etabliert. Er berechnet aus der Regeldifferenz e eine Stellgröße y. Das heißt, der Regler „sieht" ausschließlich die Regeldifferenz e: Weder die Führungsgröße w noch die Regelgröße x bzw. Messgröße r sind dem Regler direkt bekannt. Die Regeldifferenz e ist die SOLL-IST-Abweichung, es ist der Fehler. Aus dem Fehler generiert der Regler die Stellgröße y und damit wird die Regelstrecke beeinflusst. Im Prinzip ist der Regler eine Berechnungsvorschrift und die Stellgröße wird mit

$$\boxed{y = \underbrace{K_P \cdot e}_{\text{P-}} + \underbrace{K_I \cdot \int e \cdot dt}_{\text{I-}} + \underbrace{K_D \cdot \frac{de}{dt}}_{\text{D-Anteil}}} \tag{3.12}$$

berechnet, siehe auch Abb. 3.33. Die drei Faktoren K_P, K_I und K_D eines PID-Reglers haben physikalische Einheiten. Wenn beispielsweise die Stellgröße y eine Kraft in Newton ist und es soll eine Position in Zentimeter geregelt werden, dann sind die Einheiten $[K_P] = \frac{\text{N}}{\text{cm}}$, $[K_I] = \frac{\text{N}}{\text{cm s}}$ und $[K_D] = \text{N s/cm}$. Diese Darstellung des PID-Reglers wird hier als **„klassische Form"** oder „Standardform" oder auch als „additive Darstellung mit K_P, K_I und K_D" bezeichnet. Eine einheitliche Bezeichnung hat sich in der Literatur leider nicht etabliert. Im weiteren Verlauf dieses Buches werden noch weitere, äquivalente Formen des PID-Reglers gezeigt.

Der **P-Anteil** gibt proportional zur *aktuellen* Regeldifferenz e eine Stellgröße aus, gewichtet mit dem Faktor K_P, also $y_P = K_P \cdot e$. Der P-Anteil ist also die Reaktion aufgrund des aktuellen Fehlers bzw. aktuellen Abweichung vom Sollwert. Je größer die Regeldifferenz ist, desto mehr wirkt der P-Regler. Der **I-Anteil** bezieht die Vergangenheit mit ein, er integriert die *bisherige* Regeldifferenz über der Zeit dt. Er lässt sich als die „Summe aller Fehler“ aus der Vergangenheit interpretieren. Weil der I-Anteil aus der Vergangenheit die Stellgröße y berechnet, benötigt er Zeit. Daher ist der I-Anteil relativ langsam. Er ist aber wichtig, um überhaupt die Regeldifferenz Null werden zu lassen (= das Ziel bzw. die Führungsgröße zu erreichen). Der **D-Anteil** bewertet die zeitliche *Änderung* der Regeldifferenz $\frac{de}{dt}$. Er bewirkt also eine Reaktion auf die Tendenz des Fehlers und kann als eine Art der „Prognose“ interpretiert werden. Wenn die Regeldifferenz e kleiner wird, die Regelgröße sich also dem Ziel nähert, dann wird der D-Anteil negativ! Das lässt sich mit „Bremsen“ recht gut beschreiben, der D-Anteil bremst bzw. wirkt dämpfend, siehe fallende gestrichelte Gerade in Abb. 3.33 (Steigung ist hier derzeit negativ). Bei größer werdender Regeldifferenz ist der D-Anteil positiv, z. B. bei Änderung der Führungsgröße w. Dann bewirkt der D-Anteil einen enormen „Schub“ auf die Regelstrecke.

Die drei Regler-Anteile können nicht mit „Gasgeben“ oder „Bremsen“ pauschal „übersetzt“ werden. Die Beispiele dienten hier nur zur Veranschaulichung in bestimmten Situationen. Alle drei Reglerparameter können sowohl „Gasgeben“ als auch „Bremsen“, d. h. positive oder negative Stellgrößen ausgeben. Beispielsweise kann die Stellgröße durch den P-Anteil negativ werden, wenn „über das Ziel hinaus-

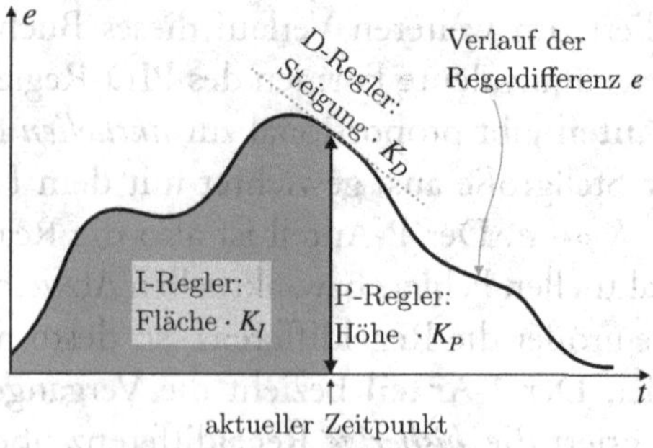

Abb. 3.33 Regler-Anteile P, I und D am Beispiel einer fiktiven Regeldifferenz *e*, nach [1, 41]

geschossen" wurde, also die Regelgröße über dem Sollwert liegt.

Zusammenfassung: Der PID-Regler berechnet die Stellgröße y basierend auf der Regeldifferenz e, ohne direkte Kenntnis von Führungs- oder Regelgröße, siehe Tab. 3.7. Der P-Anteil reagiert proportional auf den aktuellen Fehler, der I-Anteil integriert vergangene Fehler über die Zeit, und der D-Anteil bewertet die zeitliche Änderung der Regeldifferenz. Alle drei Anteile können sowohl positive als auch negative Stellgrößen erzeugen.

Kommentar aus der Praxis: Die Regeldifferenz kann mitunter starke Schwankungen haben, sie kann volatil sein, z. B. hervorgerufen durch schnelle Änderungen der Regelgröße oder durch Messrauschen („Ausschläge" der Messwerte). Diese Schwankungen werden durch die Ableitung eines D-Anteils verstärkt! Dadurch kann bzw. wird die Regelstrecke und damit auch Regelgröße x wiederum zu schnellen Schwankungen angeregt. Die Regelstrecke bzw. die Regelung wirkt „nervös". Das lässt sich wiederum mit einer zusätzlichen Verzögerung des D-Anteils verbessern, siehe realer D-Regler und Details z. B. in [41]. Jedenfalls kann die Einstellung eines D-Anteils gewisse Herausforderungen mit

Tab. 3.7 Anteile eines PID-Reglers

Anteil	Mathematische Beschreibung	Verhalten	Funktion
Proportional (P)	$y_P = K_P \cdot e$	Proportional zur aktuellen Abweichung e (Fehler)	Reagiert auf den aktuellen Fehler
Integral (I)	$y_I = K_I \cdot \int e \cdot dt$	Integriert die Abweichung e (Fehler) über die vergangene Zeit t	Beseitigt stationären Fehler (Nullabweichung)
Derivativ (D)	$y_D = K_D \cdot de/dt$	Proportional zur zeitlichen Änderungsrate der Abweichung e (Fehler)	Antizipiert zukünftige Änderungen des Fehlers

sich bringen und in diesem Buch sollen eher die „einfachen" Regelungen im Vordergrund stehen.

Interpretation des PID-Reglers anhand einer Positionsregelung: Die drei P-, I- und D-Regler-Anteile werden nachfolgend an einer *exemplarischen* Regelstrecke veranschaulicht. Diese Veranschaulichung kann allerdings nicht verallgemeinert werden, da je nach Typ der Regelstrecke das Zusammenspiel mit dem Regler unterschiedlich sein kann. Allein Gleichung (3.12) ist die allgemein gültige Beschreibung des PID-Reglers (wobei darin der D-Anteil idealisiert ist). Je nach Regelstrecke können die drei Regler-Anteile unterschiedliche Wirkungen erzeugen.

Im Folgenden wird *in Bezug auf ein Beispiel* die Wirkung der P-, I- und D-Regler-Anteile gezeigt. Das Beispiel ist eine Positionsregelung einer Masse m auf einem Tisch. Hierbei steht zunächst eine Masse m auf einem ebenen Tisch, z. B. eine Tasse Kaffee, siehe Abb. 3.34. Die Masse soll an eine neue Position geschoben werden. Dazu wird ein Lineal auf dem Tisch verwendet, um die genaue Position der Masse zu beschreiben. Zu Beginn befindet sich der linke Rand der Masse auf der Position $x_0 = 0\,\text{cm}$. Die Masse *soll* mithilfe der Antriebskraft F_A auf die Zielposition $x_8 = 8\,\text{cm}$ geschoben werden. Die Größe der Kraft F_A wird durch den Regler eingestellt.

Zunächst wird ein reiner P-Regler untersucht. Der P-Regler berechnet die Stellgröße $y = F_A = K_P \cdot e$ *proportional* zur Regeldifferenz e. Der Regler-P-Anteil K_P wird auf einen festen Wert eingestellt, z. B. $K_P = 0{,}5$. Zu Beginn ist die Regeldifferenz $e = x_8 - x_0 = 8\,\text{cm} - 0\,\text{cm} = 8\,\text{cm}$. Daraus wird durch den P-Regler die Stellgröße bzw. die Kraft $y = F_A = K_P \cdot e = 0{,}5 \cdot 8 = 4\,\text{N}$ berechnet. Zu Beginn wirkt also durch die Regelung eine Antriebskraft $F_A = 4\,\text{N}$ auf die Masse und schiebt sie in Richtung der Zielposition x_8. Die Kraft F_A, die auf die Masse einwirkt, wird durch den

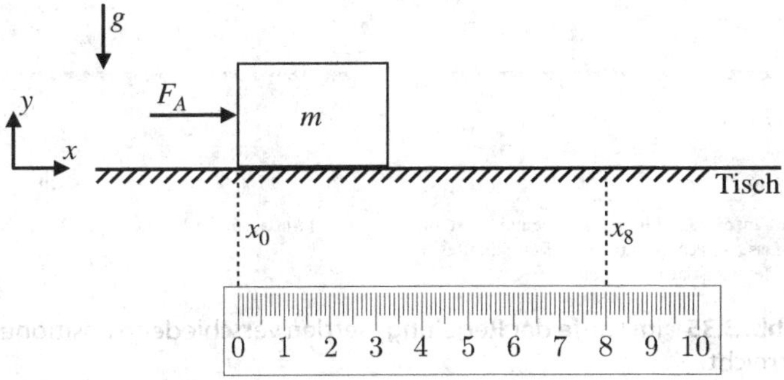

Abb. 3.34 Schematische Darstellung einer Masse m auf einem Tisch, die von der Position $x_0 = 0\,\mathrm{cm}$ an eine neue Position $x_8 = 8\,\mathrm{cm}$ mit einer Antriebskraft F_A geschoben werden soll

Regler *kontinuierlich* neu berechnet und zwar in Abhängigkeit der Regeldifferenz e (=Abstand zur Zielposition).

Anmerkung zu Einheiten: Zur besseren Übersicht werden die Einheiten in diesem Buch teilweise weggelassen. Rein formal und sogar richtigerweise müssen die Einheiten berücksichtigt werden, z. B. die Einheit von $[K_P] = \frac{\mathrm{N}}{\mathrm{cm}}$. Auch die oben geschriebene Gleichung $y = F_A = K_P \cdot e = 0{,}5 \cdot 8 = 4\,\mathrm{N}$ ist nicht ganz korrekt, sie muss $0{,}5\frac{\mathrm{N}}{\mathrm{cm}} \cdot 8\mathrm{cm} = 4\,\mathrm{N}$ lauten. Um diesen Missstand euphemistisch zu umschreiben ('„schönzureden"), wird in der Ingenieurliteratur gerne der Hinweis „die Einheiten sind normiert" verwendet. Somit sind auch in diesem Buch die Einheiten normiert. Allerdings weiß der kundige Ingenieur immer, um welche Einheit es sich jeweils handelt.

Da die Regeldifferenz in diesem Beispiel immer kleiner wird, wird auch die Antriebskraft F_A durch den P-Regler kontinuierlich kleiner. Das ist vom Prinzip her ein sinnvoller Zusammenhang: Je weiter weg das Ziel ist, desto mehr muss auf die Regelstrecke eingewirkt werden. Je näher sich die Regelstrecke dem Ziel nähert, desto kleiner wird die Stellgröße, hier also die Kraft F_A. Beispielsweise

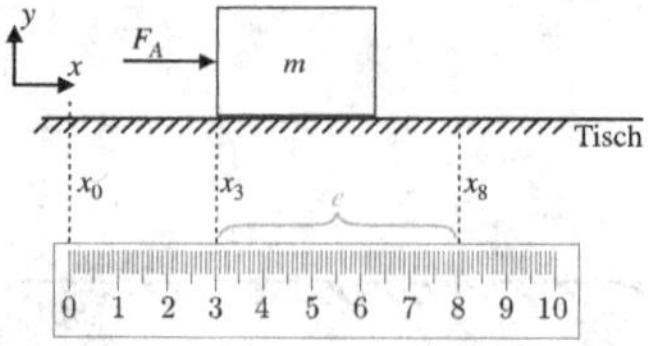

(a) in diesem Momentanaugenblick ist die Masse an der Position $x_3 = 3$ cm, die Regeldifferenz ist also $e = 5$ cm

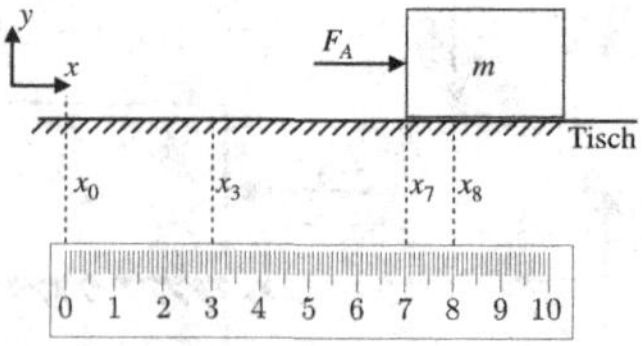

(b) Masse an der Position $x_7 = 7$ cm

Abb. 3.35 Im Laufe der Regelung werden verschiedene Positionen erreicht

ist in Abb. 3.35a zu einem bestimmten Zeitpunkt die Position der Masse auf $x_3 = 3$ cm gezeigt, d. h. die Regeldifferenz ist $e = 8 - 3 = 5$ cm. Mit dem eingestellten P-Regler $K_P = 0{,}5$ ergibt das die Stellgröße bzw. Antriebskraft $y = F_A = K_P \cdot e = 0{,}5 \cdot 5 = 2{,}5$ N. Das bedeutet, dass die Masse weiter Richtung Zielposition geschoben wird, allerdings nicht mehr so stark.

Im weiteren Verlauf der Regelung wird die Masse mit einer immer kleiner werdenden Kraft F_A zum Ziel geschoben. In diesem Beispiel bleibt die Masse mit dem P-Regler jedoch bei der Position $x_7 = 7$ cm stehen, siehe Abb. 3.35b. Die Regelung ist zwar immer noch aktiv, und der P-Regler veranlasst eine Stellgröße bzw. eine Antriebskraft $y = F_A = K_P \cdot e = 0{,}5 \cdot 1 = 0{,}5$ N (die Regeldifferenz ist $e = 8 - 7 = 1$ cm). Was ist hier los und warum bleibt die Masse stehen? Es ist die Haftreibung. Die Antriebskraft $F_A = 0{,}5$ N reicht hier nicht mehr aus, um die Reibung zu überwinden. Das Ziel wird mit einem P-Regler nicht erreicht.

Als nächstes kann der Zahlenwert von K_P überdacht werden. Wenn der P-Regleranteil K_P nun größer eingestellt wird, dann wird die Regelung dynamischer. „Dynamik" bedeutet vom Wortursprung übrigens Kraft bzw. kraftvoll! Wenn beispielsweise der P-Regler auf $K_P = 3$ eingestellt wird, dann wird zu Beginn bei der Regeldifferenz $e = 8$ cm die Masse mit $F_A = K_P \cdot e = 3 \cdot 8 = 24$ N angetrieben (Masse steht ganz links auf $x_0 = 0$, somit ist die Regeldifferenz $8 - 0 = 8$ cm). Insgesamt wird auf die Masse mit einer größeren Kraft bzw. Stellgröße eingewirkt. Dadurch wird die Regelung schneller! Ebenso wird die Masse auch näher an das Ziel geschoben. Bei diesen Zahlenwerten würde die Masse nur etwa 3 mm vor dem Ziel stehen bleiben, bis die Haftreibung die Bewegung stoppt. Ein reiner P-Regler reicht hier nicht aus, um das Ziel zu erreichen, da der Effekt der Haftreibung kurz vor dem Ziel auftritt. Zudem hat alles auch seine Grenzen: Mit einem zu groß gewählten P-Regler-Anteil wird die Masse über das Ziel hinausgeschoben, weil die Kraft F_A zu groß wird. Die Regelung fängt an zu schwingen. Wenn die Masse über das Ziel hinausgeschossen ist, z. B. $x = 9$ cm, dann wird die Regeldifferenz $e = 8 - 9 = -1$ cm negativ. Auch das Vorzeichen wird beim P-Regler berücksichtigt, sodass die Kraft F_A negativ wird, d. h. die Masse wird gebremst und dann auch in negative x-Richtung beschleunigt.

Somit lässt sich bis hierhin festhalten: Ein P-Regler ist in diesem Beispiel ein sinnvoller Regleranteil. Mit dem Zahlenwert K_P lässt sich die Dynamik und somit die Schnelligkeit der Regelung einstellen. Ein zu großer P-Regler K_P führt zu Schwingungen, und ein noch viel größeres K_P lässt die Regelung sogar instabil werden und sie schwingt auf! Letzteres gilt es unbedingt zu vermeiden! Leider: Mit einem P-Regler wird das Ziel nicht erreicht, es besteht eine bleibende Regeldifferenz.

In Abb. 3.36 ist für dieses Beispiel die Regeldifferenz e gezeigt. Zum Startzeitpunkt $t = 0$ ist die Masse 8 cm vom Ziel entfernt. Durch die Kraft F_A wird sie zur Zielposition geschoben und die Regeldifferenz e wird kleiner. Weiter oben wurde zum Zeitpunkt $t = 2$ Sek die Regeldifferenz $e = 5$ cm diskutiert und der P-Regler „drückt“ die Mas-

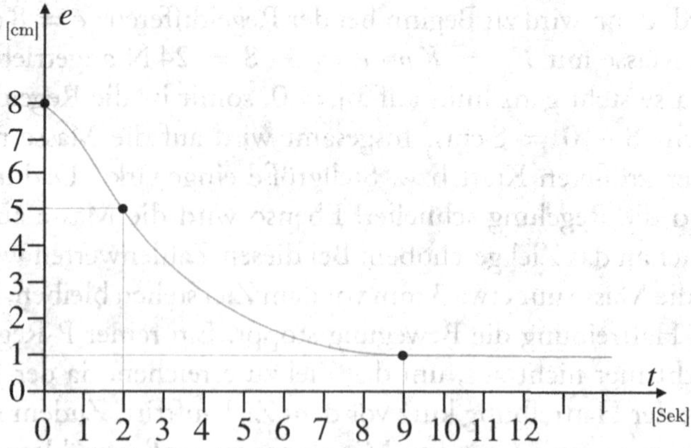

Abb. 3.36 Exemplarischer Verlauf der Regeldifferenz e im Laufe der Zeit t

se weniger stark zum Ziel. Ab dem Zeitpunkt $t = 9$ Sek ist die Haftreibungsgrenze erreicht und die Stellgröße bzw. die Kraft durch den P-Regler reicht nicht mehr aus, um die Masse weiterzuschieben. Eine bleibende Regeldifferenz $e = 1$ cm ist die Folge.

Proportional zur Regeldifferenz e wirkt der P-Regler mit einer bestimmten Stellgröße, siehe Abb. 3.37.

Nun stellt sich die Frage, wie das Ziel erreicht werden kann? Aus der logischen Überlegung heraus wird eine Stellgröße bzw. Antriebskraft $y = F_A$ benötigt, die mit der Zeit immer größer werden sollte, um die Haftreibung zu überwinden. Genau das liefert der I-Regler-Anteil: Er liefert eine Stellgröße aus der Kombination „Regeldifferenz e *und* Zeit t“ und das ist in dem Integral $y_I = \int e \cdot dt$ abgebildet. Dadurch wird bei einer vorhandenen Regeldifferenz die Stellgröße y mit der Zeit immer größer. In Abb. 3.38 ist das Prinzip des I-Anteils veranschaulicht: Die Stellgröße ist die Fläche, die sich aus der Regeldifferenz über der Zeit ergibt. Wenn beispielsweise ab $t = 11$ Sek die Stellgröße nicht aus-

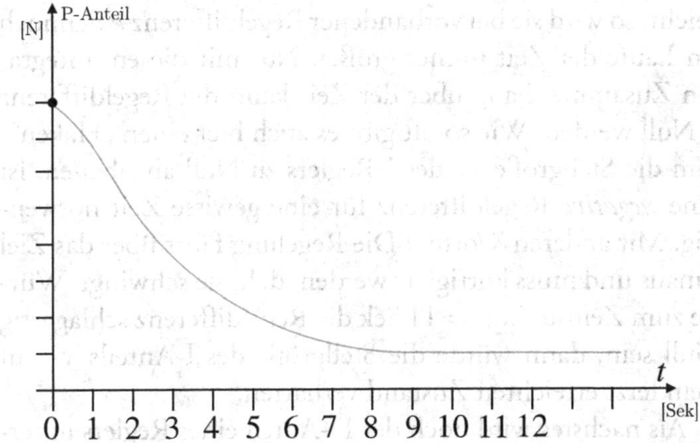

Abb. 3.37 Qualitativer Verlauf der Stellgröße durch den P-Anteil, er ist proportional zur Regeldifferenz

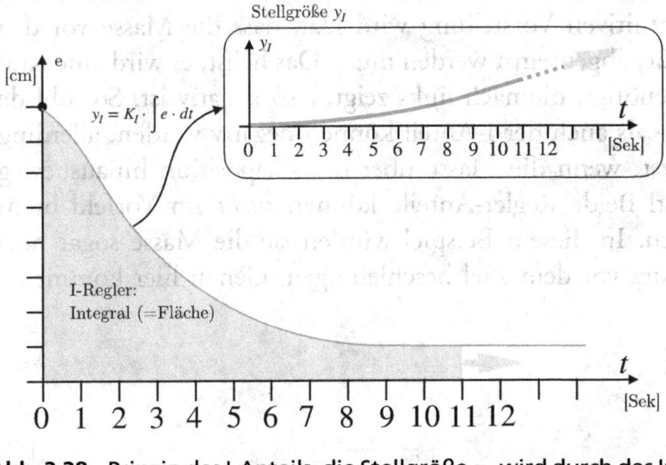

Abb. 3.38 Prinzip des I-Anteils, die Stellgröße y_I wird durch das Integral $y_I = K_I \cdot \int e \cdot dt$ berechnet; zum Zeitpunkt $t = 11$ Sek hat die Fläche einen bestimmten, positiven Wert erreicht und wird als Stellgröße y_I ausgegeben. Da die Regeldifferenz e immer noch konstant größer Null ist, wird der I-Anteil weiter Ansteigen, siehe gestrichelter Verlauf

reicht, so wird sie bei vorhandener Regeldifferenz e dennoch im Laufe der Zeit immer größer. Nur mit diesem integralen Zusammenhang über der Zeit kann die Regeldifferenz e Null werden. Wie so oft gibt es auch hier einen „Haken“: Um die Stellgröße y_I des I-Reglers zu Null abzubauen, ist eine *negative* Regeldifferenz für eine gewisse Zeit notwendig. Mit anderen Worten: Die Regelung fährt über das Ziel hinaus und muss korrigiert werden, d. h. sie schwingt. Würde zum Zeitpunkt $t = 11$ Sek die Regeldifferenz schlagartig Null sein, dann würde die Stellgröße des I-Anteils y_I auf dem letzt erreichten Zustand verharren.

Als nächstes wird noch der D-Anteil eines Reglers untersucht. Dazu wird das Experiment etwas erweitert, indem die Masse m nun auf Rädern rollt, siehe Abb. 3.39. Die Reibung ist damit vernachlässigbar klein. Allein mit einer technisch-intuitiven Vorstellung wird klar, dass die Masse vor dem Ziel abgebremst werden muss. Das heißt, es wird eine Kraft benötigt, die nach links zeigt, also negativ ist. Sowohl der P- als auch der I-Anteil können negativ werden, allerdings erst, wenn die Masse über die Zielposition hinausbewegt ist! Beide Regler-Anteile können *nicht* im Vorfeld bremsen. In diesem Beispiel würden sie die Masse sogar noch kurz vor dem Ziel beschleunigen. Genau hier kommt der

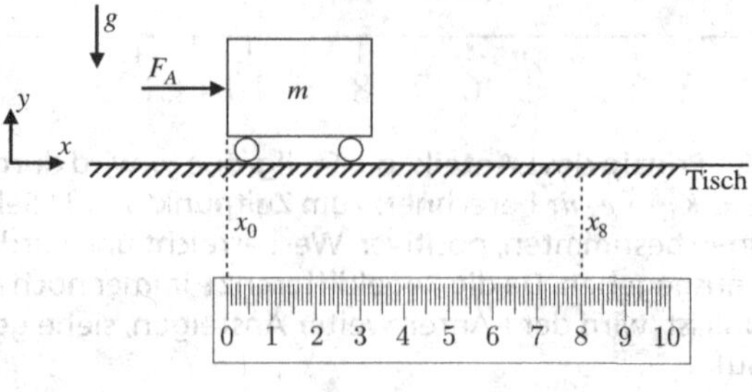

Abb. 3.39 Erweiterung des Versuchs durch Reduzierung der Reibung mit Rädern unter der Masse m

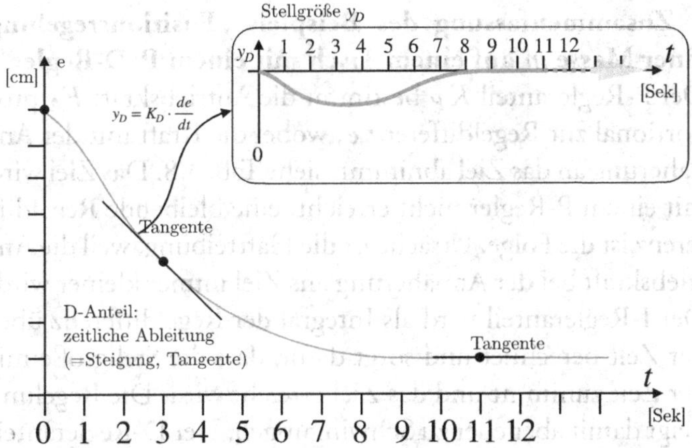

Abb. 3.40 Prinzip des D-Anteils, die Stellgröße $y_D = K_D \cdot \frac{de}{dt}$ wird durch die zeitliche Ableitung der Regeldifferenz gebildet, zu jedem Zeitpunkt wird also die Tangente bzw. die Steigung für die Stellgröße berechnet; zum Zeitpunkt $t = 3$ Sek ist die Steigung negativ und zum Zeitpunkt $t = 11$ Sek ist die Steigung und damit auch die Stellgröße des D-Anteils Null

D-Regler-Anteil ins Spiel, der nämlich eine negative Stellgröße ausgeben kann, wenn die Regeldifferenz kleiner wird, siehe Abb. 3.40. Der D-Anteil wird durch die zeitliche Ableitung der Regeldifferenz berechnet, also die Steigung zum jeweiligen Zeitpunkt. Exemplarisch ist sie zum Zeitpunkt $t = 3$ Sek und $t = 10$ Sek als Tangenten gezeigt. Zum Zeitpunkt $t = 3$ Sek nähert sich die Masse zur Zielposition und die Regeldifferenz wird kleiner. Das bedeutet, dass die Steigung bzw. die Tangente negativ ist. Folglich gibt der D-Regler eine negative Stellgröße bzw. Kraft aus. Damit kann die Masse gebremst werden. Wenn die Regeldifferenz konstant ist, dann gibt der D-Regler keinerlei Stellgröße aus, auch wenn das Ziel noch nicht erreicht ist, siehe Zeitpunkt $t = 10$ Sek.

Zusammenfassung des Beispiels „Positionsregelung einer Masse m auf einem Tisch mit einem PID-Regler“: Der P-Regleranteil K_P bestimmt die Antriebskraft F_A proportional zur Regeldifferenz e, wobei die Kraft mit der Annäherung an das Ziel abnimmt, siehe Tab. 3.8. Das Ziel wird mit einem P-Regler nicht erreicht, eine bleibende Regeldifferenz ist die Folge. Ursache ist die Haftreibung, weil die Antriebskraft bei der Annäherung ans Ziel immer kleiner wird. Der I-Regleranteil wird als Integral der Regeldifferenz über der Zeit berechnet und sorgt dafür, dass die Stellgröße mit der Zeit zunimmt und das Ziel erreicht wird. Die Regelung neigt damit aber eher zu Schwingungen. Der D-Regleranteil basiert auf der zeitlichen Ableitung der Regeldifferenz. Er ermöglicht es, die Masse vor dem Ziel abzubremsen und so Schwingungen zu vermeiden.

Welcher Anteil ist nun der schnellste, der P- oder der D-Anteil? Diese Frage lässt sich nicht pauschal beantworten. Die umfassende Antwort ist: Ein sehr gut eingestellter PID-Regler – also mit allen drei Anteilen – ermöglicht die schnellste Regelung. Der D-Anteil wurde oben zwar einerseits mit „Schub“, aber auch mit „Bremse“ beschrieben und damit auch „Dämpfung“ (durch den D-Anteil kann die Dämpfung des Regelkreises angehoben werden). Am Beispiel Auto wird das deutlich, wobei je nach Fahrsituation der P-Anteil mit „Gasgeben“ und der D-Anteil mit „Bremsen“ verglichen werden kann: Wird durch eine Bremse eine Autofahrt schneller? Die Antwort ist „ja“ und „nein“. Durch das Bremsen wird das Auto langsamer, die Geschwindigkeit nimmt ab. Aber: Weil es eine Bremse gibt, lässt sich „sportlich Gasgeben“. Wenn keine Bremse verbaut wäre, dann müsste lange vor einer roten Ampel „vom Gas gegangen werden“. Das entspricht einer langsamen Regelung bzw. hier einer langsamen Autofahrt. Da aber eine Bremse eingebaut ist, lässt sich auch sehr „sportlich“ fahren, also viel Gasgeben bis kurz vor der Ampel und dann kräftig bremsen.

Tab. 3.8 Anteile eines PID-Reglers am Beispiel Positionsregelung einer Masse

Regler-Anteil	Beschreibung	Auswirkung
Proportional (P), P-Anteil	Die Stellgröße y_P ist proportional zur Regeldifferenz e mit $y_P = K_P \cdot e$	Große Antriebskraft bei großer Entfernung zum Ziel („Gasgeben, um die Geschwindigkeit zu erhöhen"); Antriebskraft als Stellgröße nimmt ab, je näher das Ziel ist; bleibende Regeldifferenz; je größer K_P desto dynamischer bzw. schneller die Regelung
Integral (I), I-Anteil	Stellgröße y_I durch Kombination aus Regeldifferenz e *und* Zeit t; Addiert die Abweichung über die Zeit; Berechnung mit Integral $y_I = K_I \cdot \int e(t) \cdot dt$	Stellgröße bzw. Antriebskraft nimmt mit der Zeit zu, wenn Regeldifferenz (=Fehler) vorhanden ist; überwindet Haftreibung; kann Regeldifferenz e zu Null bringen (keine bleibende Regeldifferenz, Zielerreichung); kann konstante Stellgröße aufrecht erhalten; kann als einziger Anteil eine Stellgröße ausgeben, auch wenn das Ziel erreicht ist („hält die Geschwindigkeit konstant, auch wenn keine Abweichung vorliegt"). Kann zu Schwingungen oder Instabilität führen, weil Stellgröße nur durch negative Regeldifferenz abgebaut werden kann; langsamer Regler-Anteil, er braucht Zeit
Differenzierend (D), D-Anteil	Zeitliche Ableitung der Regeldifferenz $y_D = K_D \cdot \frac{de}{dt}$	Die Stellgröße reagiert auf die Änderungsrate der Regeldifferenz. Wirkt dämpfend auf die Regelung („Bremsen, um die Geschwindigkeit zu reduzieren"); hilft Schwingungen zu vermeiden bzw. zu reduzieren; als alleiniger Regler-Anteil oftmals zwecklos, braucht also die anderen P- oder I-Regler-Anteile
PID	Kombination aus allen drei Anteilen, die addiert werden $y = y_P + y_I + y_D$	Beste regelungstechnische Ergebnisse erzielbar, wenn die drei Anteile passend eingestellt werden. Damit ist Regelung stabil, hinreichend gedämpft (=schwingt nicht oder wenig), schnell und erreicht das Ziel bzw. den Sollwert (Regeldifferenz $e \approx 0$). Die Stellgröße y wird aus allen drei PID-Anteilen addiert

Dabei wird das Zusammenspiel aus P- und D-Anteil deutlich: Mit einem bestimmten D-Anteil kann der P-Anteil vergrößert werden und beides zusammen lässt die Regelung schnell werden. Das Beispiel soll lediglich die Wirkung des P- und D-Anteils demonstrieren. Weitere wichtige Aspekte des Autofahrens sollen hier nicht weiter vertieft werden, z. B. vorausschauendes oder energieeffizientes Fahren.

Der I-Anteil ist der einzige Anteil, der auch bei einer Regeldifferenz $e = 0$ eine Stellgröße ausgeben kann! Er addiert kontinuierlich aus der Vergangenheit sämtliche Regeldifferenzen, speichert sie und gibt sie entsprechend als Stellgröße aus. Ein Integral ist eine kontinuierliche Addition und der I-Anteil gibt das Ergebnis fortlaufend als Stellgröße aus. Wenn die Regeldifferenz $e = 0$ ist, dann gibt der P-Anteil mit $y_P = K_P \cdot e$ *keine* Stellgröße aus. Auch der D-Anteil gibt *keine* Stellgröße aus, wenn die Regeldifferenz *konstant* $e = 0$ bleibt. Am Beispiel Auto und einer Geschwindigkeitsregelung (Tempomat) wird dies wieder deutlich: Wenn bei einem Auto z. B. 70 km/h als Sollwert dem Tempomaten vorgegeben wird und aktuell fährt auch das Auto 70 km/h (=IST-Wert bzw. Regelgröße), dann ist die Regeldifferenz $e = 0$. Weder ein P- noch ein D-Anteil gibt dabei eine Stellgröße aus, d. h. sie geben kein „Gas" (und dadurch würde das Auto langsamer fahren). Nur ein I-Anteil hingegen wird eine Stellgröße ausgeben und somit „Gasgeben", weil er aus der Vergangenheit eine gewisse Regeldifferenz „aufaddiert" hat und dies für $e = 0$ auch beibehält. Daher ist bei dieser Art von Regelung ein I-Anteil wichtig, um den Sollwert zu erreichen.

Fazit: Ein gut eingestellter PID-Regler ermöglicht die schnellste Regelung durch das Zusammenspiel von P- und D-Anteil, vergleichbar mit Gasgeben und Bremsen beim Autofahren. Der I-Anteil ist der einzige, der auch bei Regeldifferenz e=0 eine Stellgröße ausgibt, indem er vergangene Regeldifferenzen addiert. Dies ist wichtig, um den Sollwert zu erreichen, wie beim Tempomat, der bei konstanter Geschwindigkeit weiter Gas gibt .

Weitere mathematische Betrachtung des Reglers: Ohne auf die genaue Herleitung einzugehen, lässt sich ein PID-Regler in der **„klassischen Form"** mit der Übertragungsfunktion

$$G_{PID} = \underbrace{\frac{K_I}{s} K_P}_{\text{P-}} + \underbrace{\frac{K_I}{s} K_I \cdot \frac{1}{s}}_{\text{I-}} + \underbrace{\frac{K_I}{s} K_D \cdot s}_{\text{D-Anteil}} \tag{3.13}$$

darstellen. Hierbei sind die bereits bekannten drei Faktoren K_P, K_I und K_D aus Gl. (3.12) wiederzuerkennen. Die Übertragungsfunktion ist eine Abbildung im sogenannten Bild- bzw. Frequenzbereich mithilfe der Laplace-Transformation. Die Laplace-Transformation wandelt Zeitverläufe in eine Form um, die das Verhalten von Systemen in algebraischen Gleichungen beschreibt. Damit ist es mathematisch „einfacher" zu rechnen, weil z. B. nur noch Bruchrechnen notwendig ist – im Gegensatz zu Lösungen von Differentialgleichungen im Zeitbereich. In der Übertragungsfunktion ist das $\frac{1}{s}$ die Berechnung des Integrals und das $\cdot s$ ist die Ableitung im Bildbereich, siehe [41] für eine genaue Beschreibung. Hier soll die Wiedererkennung von K_P, K_I und K_D in der Übertragungsfunktion genügen.

Diese Übertragungsfunktion kann nun in verschiedene Formen umgerechnet werden. Diese Umrechnung ist für unterschiedliche Arten der Reglerauslegung sinnvoll, wie in Abschn. 3.2 noch gezeigt wird. Dazu wird zunächst nur ein

PI-Regler mit seiner Übertragungsfunktion

$$G_{PI} = K_P + K_I \cdot \frac{1}{s}$$
$$= K_P \cdot \left(1 + \underbrace{\frac{K_I}{K_P}}_{=\frac{1}{T_N}} \cdot \frac{1}{s}\right)$$

betrachtet und vom P-Anteil das K_P ausgeklammert. Damit ist nun das K_P die *gesamte* Reglerverstärkung. Für den Bruch $\frac{K_I}{K_P} = \frac{1}{T_N}$ wird eine neue Abkürzung bzw. Namen eingeführt: Die Nachstellzeit

$$\boxed{T_N = \frac{K_P}{K_I}} \tag{3.14}$$

ist ein „abgewandelter" Reglerparameter. Damit „sieht" der PI-Regler mit

$$G_{PI} = K_P \cdot \left(1 + \frac{1}{T_N} \cdot \frac{1}{s}\right)$$
$$\Leftrightarrow \quad \boxed{G_{PI} = K_P \cdot \frac{T_N \cdot s + 1}{T_N \cdot s}} \tag{3.15}$$

nur etwas anders aus. Diese Darstellungsform wird hier **„Zeitkonstanten-Form"** oder auch „additive Darstellung mit T_N" genannt. Mit der Darstellung in der Zeitkonstanten-Form lässt sich bereits ein Reglerparameter einstellen, indem die Nachstellzeit T_N so groß wie die größte Zeitkonstante T_1 der Regelstrecke eingestellt wird. Diese Einstellung wird als Kompensation der größten Zeitkonstanten bezeichnet. Die größte Zeitkonstante T_1 einer Regelstrecke ist die dominierende Zeitkonstante. Sie ist ein Maß für die Trägheit der

Regelstrecke. Natürlich kann ein Regler die größte Zeitkonstante T_1 einer Regelstrecke nicht „eliminieren“, aber er kann sie ordentlich antreiben (umgangssprachlich „der Regelstrecke die Sporen geben“ bzw. „ihr ordentlich einheizen“). Damit wird hier auch deutlich, wieso eine Modellbildung der Regelstrecke mit der Identifizierung ihrer charakteristischen Parameter wichtig ist: Die charakteristischen Parameter dienen der Auslegung eines passenden Reglers.

Das gleiche Vorgehen wird nun auf einen PID-Regler mit der Übertragungsfunktion

$$G_{PID} = K_P + K_I \cdot \frac{1}{s} + K_D \cdot s$$

$$G_{PID} = K_P \cdot \left(1 + \underbrace{\frac{K_I}{K_P}}_{=\frac{1}{T_N}} \cdot \frac{1}{s} + \underbrace{\frac{K_D}{K_P}}_{=T_V} \cdot s\right)$$

$$G_{PID} = K_P \cdot \left(1 + \frac{1}{T_N} \cdot \frac{1}{s} + T_V \cdot s\right)$$

$$G_{PID} = K_P \cdot \frac{T_N \cdot s + 1 + T_N \cdot T_V \cdot s^2}{T_N \cdot s}$$

$$\Leftrightarrow \boxed{G_{PID} = K_P \cdot \frac{T_N \cdot T_V \cdot s^2 + T_N \cdot s + 1}{T_N \cdot s}} \quad (3.16)$$

angewandt. Damit wird der Regler in der **„Zeitkonstanten-Form“** dargestellt bzw. als „additive Darstellung mit T_N und T_V“. Die Nachstellzeit

$$\boxed{T_N = \frac{K_P}{K_I}} \quad (3.17)$$

wurde oben bereits eingeführt. Zudem wird die Vorhaltzeit

$$\boxed{T_V = \frac{K_D}{K_P}} \tag{3.18}$$

aus dem D-Anteil und P-Anteil berechnet. Diese Darstellung in Zeitkonstanten-Form mit T_N und T_V eignet sich dazu, ein schwingungsfähiges System zu regeln, indem die Schwingungen kompensiert werden. Dazu wird die Nachstellzeit T_N und Vorhaltzeit T_V entsprechend der Eigenkreisfrequenz ω_0 und des Dämpfungsgrades D eingestellt, wie noch in Abschn. 3.2 vorgestellt wird.

Nun wird noch eine weitere Umformung des PID-Reglers gezeigt. In Gl. (3.16) steht im Zähler ein Polynom 2. Grades mit $T_N \cdot T_V \cdot s^2 + T_N \cdot s + 1$. Solch ein Polynom lässt sich in eine Nullstellenform mit $(T_{Nm} \cdot s + 1) \cdot (T_{Vm} \cdot s + 1)$ umwandeln. Das führt zur nächsten Darstellung

$$\boxed{G_{PID} = K_{Pm} \cdot \frac{(T_{Nm} \cdot s + 1) \cdot (T_{Vm} \cdot s + 1)}{T_{Nm} \cdot s}} \tag{3.19}$$

eines PID-Reglers, die sogenannte **„multiplikative Form“** (oder auch als „Faktor-Form“ benannt werden). Mit der Darstellung in der multiplikativen Form können die zwei größten Zeitkonstanten T_1 und T_2 einer nicht-schwingungsfähigen Regelstrecke kompensiert werden, wie noch in Abschn. 3.2 beschrieben. wird.

Hintergrundinformation, Herleitung der Nullstellenform:
Die Übertragungsfunktion des PID-Reglers in der Zeitkonstanten-Form

$$
\begin{aligned}
G_{PID} &= K_P \cdot \frac{T_N \cdot T_V \cdot s^2 + T_N \cdot s + 1}{T_N \cdot s} \\
&= K_{Pm} \cdot \frac{(T_{Nm} \cdot s + 1) \cdot (T_{Vm} \cdot s + 1)}{T_{Nm} \cdot s} \\
&= K_{Pm} \cdot \frac{T_{Nm} \cdot T_{Vm} \cdot s^2 + (T_{Nm} + T_{Vm}) \cdot s + 1}{T_{Nm} \cdot s}
\end{aligned}
$$

wird mit der multiplikativen Form gleichgesetzt und letztere ausmultipliziert. Nun kann mit einem Koeffizientenvergleich die Nachstellzeit

$$\boxed{T_N = T_{Nm} + T_{Vm}} \tag{3.20}$$

und die Vorhaltzeit

$$\boxed{T_V = \frac{T_{Nm} \cdot T_{Vm}}{T_N} = \frac{T_{Nm} \cdot T_{Vm}}{T_{Nm} + T_{Vm}}} \tag{3.21}$$

sowie die Reglerverstärkung

$$\boxed{K_P = \frac{T_N}{T_{Nm}} \cdot K_{Pm} = \frac{T_{Nm} + T_{Vm}}{T_{Nm}} \cdot K_{Pm}} \tag{3.22}$$

berechnet werden. Die Parameter werden hier als „Reglerverstärkung in der multiplikativen Form K_{Pm}", „Nachstellzeit in der multiplikativen Form T_{Nm}" und „Vorhaltzeit in der multiplikativen Form T_{Vm}" benannt.

Die PID-Regler-Darstellung in der Nullstellenform wird auch multiplikative Form genannt, weil die verschiedenen

Terme in der Übertragungsfunktion

$$G_{PID} = \underbrace{\frac{K_{Pm}}{T_{Nm} \cdot s}}_{\text{I}} \cdot \underbrace{\frac{K_{Pm}}{T_{Nm} \cdot s}(T_{Nm} \cdot s + 1)}_{\text{PD}} \cdot \underbrace{\frac{K_{Pm}}{T_{Nm} \cdot s}(T_{Vm} \cdot s + 1)}_{\text{PD}}$$

multipliziert werden. Die drei Terme können als Integrator (I) und zwei Proportional-Differenzierende (PD) Glieder aufgefasst werden, was hier nicht weiter vertieft werden soll, siehe dazu [41].

Zusammenfassung: Ein PID-Regler wird in der **klassischen Form** mit der Übertragungsfunktion $G_{PID}(s) = K_P + K_I/s + K_D \cdot s$ dargestellt, siehe Tab. 3.9. Diese Übertragungsfunktion kann in verschiedene Formen umgerechnet werden, nämlich in die **Zeitkonstanten-Form** und in die **multiplikative Form.** Die Zeitkonstanten-Form eignet sich zur Kompensation schwingungsfähiger Systeme, während die multiplikative Form zur Kompensation der zwei größten Zeitkonstanten nicht-schwingungsfähiger Systeme verwendet wird. Bei einem PI-Regler unterscheiden sich die Zeitkonstanten-Form und die multiplikative Form nicht.

Falls dieser Teil des Buches mit der Umformung der drei verschiedenen Regler-Darstellungen zu mathematisch war, dann hilft möglicherweise folgende Kernaussage: Der PID-Regler kann in unterschiedlichen Formen dargestellt werden. Dabei ist „klassische Form" gut geeignet, um die drei Regleranteile PID inhaltlich gut zu verstehen, wie das Beispiel der Positionsregelung einer Masse m auf einem Tisch zeigte. Die anderen beiden Darstellungsformen eignen sich für bestimmte Auslegungen eines Reglers, die in Abschnit 3.2 vorgestellt werden. Sie können mithilfe der „Umrechnung" aus Tab. 3.9 in die klassische Form überführt werden. Somit ist letztlich Tab. 3.9 eine wichtige Zusammenfassung der Darstellungen eines Reglers.

Tab. 3.9 Wichtige Übersicht mit Umrechnung der Reglerparameter, um einen Regler auszulegen

Darstellung	klassische Form			Zeitkonstanten-Form			multiplikative Form		
Synonyme	Standardform, additive Darstellung mit K_P, K_I und K_D			additive Darstellung mit T_N und T_V			Faktor-Form		
Parameter	K_P P-Anteil	K_I I-Anteil	K_D D-Anteil	K_P P-Anteil, auch (gesamte) Reglerverstärkung	T_N Nachstell zeit	T_V Vorhaltzeit	K_{Pm} Reglerverstä rkung in der multipli-kativen Form	T_{Nm} Nachstell zeit in der multipli kativen Form	T_{Vm} Vorhaltzeit in der multiplikativen Form
Umrechnung	K_P	$K_I = \frac{K_P}{T_N}$	$K_D = K_P \cdot T_V$	$K_P = K_P$	$T_N = \frac{K_P}{K_I}$	$T_V = \frac{K_D}{K_P}$	$K_P = \frac{T_N}{T_{Nm}} \cdot K_{Pm} = \frac{T_{Nm}+T_{Vm}}{T_{Nm}} \cdot K_{Pm}$	$T_N = T_{Nm} + T_{Vm}$	$T_V = \frac{T_{Nm} \cdot T_{Vm}}{T_N} = \frac{T_{Nm} \cdot T_{Vm}}{T_{Nm}+T_{Vm}}$
Übertragungs-funktion	$G_{PID} = K_P + \frac{K_I}{s} + K_D \cdot s$			$G_{PID} = K_P \cdot \frac{T_N \cdot T_V \cdot s^2 + T_N \cdot s + 1}{T_N \cdot s}$			$G_{PID} = K_{Pm} \cdot \frac{(T_{Nm} \cdot s+1) \cdot (T_{Vm} \cdot s+1)}{T_{Nm} \cdot s}$		
Berechnung der Stellgröße (im Zeitbereich)	$y = K_P \cdot e + K_I \cdot \int e \cdot dt + K_D \cdot \frac{de}{dt}$			$y = K_P \cdot e + \frac{K_P}{T_N} \cdot \int e \cdot dt + K_P \cdot T_V \cdot \frac{de}{dt}$			mithilfe der Umrechnung		
Eignung	Eignet sich gut für das Verständnis der Regleranteile, damit ist eine „intuitive-heuristische Reglerauslegung" möglich			Kompensation schwingungsfähiger Systeme			Kompensation der zwei größten Zeitkonstanten nicht-schwingungsfähiger Systeme		

3.2 Reglereinstellungen: Pragmatisch und Anwendung ingenieurwissenschaftlicher Methoden

In diesem Abschnitt werden verschiedene Strategien und Methoden zur Einstellung von Reglern vorgestellt. Was ist die Einstellung eines Reglers? Es ist das Finden von passenden Zahlenwerten für die drei Regleranteile. Es geht also um das Finden von drei Zahlen! Eigentlich ist das eine „ketzerische Aussage", zumindest auf den ersten Blick: Das kann doch nicht so schwer sein, drei gute Zahlen für die Reglerparameter zu finden! Auf den zweiten Blick wird dann aber doch die Herausforderung deutlich: Es gibt unendlich viele Zahlenwerte, d. h. bereits für *einen* Reglerparameter gibt es unendlich viele Einstellmöglichkeiten. Nun gibt es aber drei Reglerparameter und dazu ist noch eine gute *Kombination,* also das Zusammenspiel der drei Reglerparameter. Die Herausforderung besteht also darin, eine gute Kombination aus drei Zahlenwerten zu finden, wobei es ∞^3 Möglichkeiten gibt (unendlich hoch drei).

Um passende Zahlenwerte für die Einstellung eines PID-Reglers zu finden, wird nachfolgend eine **pragmatisch-heuristische Einstellung** (Teil 1) gezeigt, wie ein Regler vor Ort an einer Maschine eingestellt werden kann. Für viele „Standard-Maschinen" kann der Regler durch „ausprobieren" eingestellt werden, sodass das Ergebnis akzeptabel ist. Es gibt auch Vorschläge für Reglerparameter, die aus Tabellen ermittelt werden. Das sind **„heuristische" Verfahren**, die also auf Erfahrungswerte basieren. Oftmals funktionieren diese Einstellungen in der Praxis, auch wenn das Ergebnis nur „befriedigend" ist. Die „perfekte" Einstellung wird damit selten erzielt. Des Weiteren gibt es noch die „richtige" Reglereinstellung, also eine mathematisch fundierte, bewiesene Einstellung auf Basis **ingenieurwissenschaftlicher Methoden.** Diese Methoden basieren auf der mathematischen Modellbildung der Realität. Die Realität wird also mithilfe mathematischer Gleichungen beschrieben. Mit diesen Gleichungen kann eine optimale Reglereinstellung gefunden werden. Selbstverständlich muss dabei das „Optimum" definiert werden. Was heißt eine „optimale Einstellung"? Diese Frage ist schwer zu beantworten und leider nicht allgemeingültig, da es das „universelle Optimum" nicht gibt. Beispiel: Der Regler soll das Maximum an Dynamik aus der Maschine herausholen und gleichzeitig sehr schonend die Maschine anregen. Diese beiden Forderungen sind widersprüchlich, sie sind konkurrierend und nicht miteinander vereinbar. Eine optimale Einstellung kann also nur in Bezug auf ein bestimmtes Kriterium zugeschnitten sein. Als letztes werden die **pragmatischen Einstellungen** (Teil 2) erneut aufgegriffen und mit den vorgestellten Methoden kombiniert.

Die Einstellung eines PID-Reglers erfordert die Bestimmung von drei Parametern, was aufgrund der unendlichen Anzahl möglicher Kombinationen eine Herausforderung darstellt. Verschiedene Methoden zur Einstellung werden vorgestellt, darunter pragmatische Ansätze, heuristische Verfahren und mathematisch fundierte Methoden basierend auf Modellbildung, siehe Tab. 3.10. Eine optimale Einstellung ist nur in Bezug auf ein bestimmtes Kriterium möglich.

3.2.1 Pragmatisch-heuristische Einstellung, Teil 1

Ein Regler lässt sich durch „Ausprobieren" direkt an einer Anlage bzw. Maschine einstellen, sofern es keine komplexen Anlagen oder Regelungen sind. Die so erzielten Ergebnisse können dabei durchaus akzeptabel oder sogar gut sein.

Tab. 3.10 Übersicht an Einstellmethoden aus diesem Abschn. 3.2

Methode	Beschreibung	Ergebnis
Pragmatisch (Teil 1)	Vor-Ort-Einstellung durch „Ausprobieren"	Akzeptable Einstellungen für Standardmaschinen
Heuristisch	Verwendung von Tabellen und Erfahrungswerten	Oftmals befriedigende Einstellungen, selten perfekt
Mathematisch	Optimale Einstellung basierend auf einem mathematischen Modell	Beste Reglereinstellungen, definiert durch das ausgewählte Optimierungskriterium
Pragmatisch (Teil 2)	Kombination aus „Ausprobieren" mit mathematischen Methoden zur Bestimmung der Reglerparameter	Praktische und optimierte Einstellungen

Das Wort „Ausprobieren" beschreibt zwar das Vorgehen, allerdings klingt es möglicherweise etwas unstrukturiert oder unprofessionell. Der Begriff „heuristisch" beschreibt das Verfahren präziser und impliziert den Einsatz von Erfahrungswerten. Im Ingenieurwesen werden übrigens viele bzw. alle neuen Entwicklungen „ausprobiert". Allerdings werden hierfür Begriffe wie Versuche, Testen oder Erprobung verwendet, um das *strukturierte* Vorgehen zu verdeutlichen.

Für „einfache" Anlagen besteht mit folgendem Vorgehen oftmals eine Chance, passende oder gute Reglerparameter zu finden. Zuerst sind alle Regleranteile zu deaktivieren bzw. auf Null zu setzen ($K_P = K_I = K_D = 0$). Danach wird in dieser Reihenfolge vorgegangen:

1. Sukzessive Erhöhung des P-Anteils
   Der P-Anteil K_P wird nach und nach erhöht, bis die Anlage zu schwingen beginnt. Gegebenenfalls kann dann der P-Anteil wieder reduziert werden, sodass die Anlage unterhalb der Schwingungsgrenze arbeitet. Eine bleibende Regeldifferenz ist vermutlich zu beobachten.
2. Erhöhung des I-Anteils
   Als nächstes wird der I-Anteil K_I sukzessive erhöht, um die bleibende Regeldifferenz zu eliminieren, um also den Sollwert zu erreichen. Gegebenenfalls können Schwingungen auftreten.
3. Erhöhung des D-Anteils (optional)
   Um die Schwingungen zu reduzieren, kann die Erhöhung des D-Anteils K_D Abhilfe schaffen. Möglicherweise kann mit dem D-Anteil auch der P-Anteil angehoben werden. Damit wird die Regelung schneller.

Das pragmatisch-heuristische Vorgehen beginnt mit einem kleinen P-Anteil K_P. Doch was bedeutet „klein“? Sind Werte wie $K_P = 1$, $K_P = 10$ oder $K_P = 0{,}001$ kleine oder große Zahlen? Die Beantwortung dieser Frage ist entscheidend, da falsche Größenordnungen bei der Reglereinstellung zu katastrophalen Ergebnissen führen können, z. B. Zerstörung der Maschine durch Überlast. Im 2. Teil des pragmatisch-heuristischen Vorgehens wird gezeigt, wie die Reglerparameter gezielt erkannt werden können, also nicht nur im Sinne des „Ausprobierens“ und schrittweiser Erhöhung, siehe Abschn. 3.2.4.

Dazu ein kurzes Gedankenexperiment: Angenommen, ein völlig unerfahrener Mensch sitzt zum ersten Mal auf einem Super-Sport-Motorrad. Ein erfahrender „Biker“ gibt dazu im Vorfeld eine Anleitung: Bitte ganz wenig am Gasgriff drehen. Was heißt „wenig“? Ist es eine halbe Umdrehung, zwei Umdrehungen oder nur 15°? Alle drei Antworten wären hier viel zu viel! Der Gasgriff sollte nur ganz langsam und nur wenige Grad geöffnet werden! Bei einer zu starken Drehung könnte der unerfahrene Fahrer die Kontrolle über das Motorrad verlieren ähnlich wie eine unpassende Wahl von K_P die Stabilität einer Anlage beeinträchtigen könnte. Das Beispiel verdeutlicht auch, dass ein unerfahrener Fahrer nicht mit einem Super-Sport-Motorrad beginnen sollte – genauso wie eine Inbetriebnahme mit großen Maschinen.

Die Vorabeinschätzung von Reglerparametern ist der Kern des 2. Teils der pragmatisch-heuristischen Einstellungen und ist in Abschn. 3.2.4 beschrieben. Beim Motorradfahren kann es auch konkrete Zahlenangaben geben, Beispiel: Nur wenige Grad (z. B. max 10° für die erste Testfahrt) am Gasgriff und ganz langsam drehen. Im Stand und im Leerlauf lassen sich hierbei auch Vorabversuche durchführen, wie sich die Drehzahl mit dem Gasgriff ändert. Solche Einschätzungen werden in Bezug auf eine Regelung in Abschn. 3.2.4 beschrieben.

Die pragmatisch-heuristische Reglereinstellung aus dem hier vorgestellten 1. Teil beginnt mit der sukzessiven Erhöhung des P-Anteils, bis Schwingungen auftreten (I- und D-Anteil sind zu Null gesetzt, also ausgeschaltet). Anschließend wird der I-Anteil erhöht, um die Regeldifferenz zu beseitigen, und optional der D-Anteil, um Schwingungen zu reduzieren, siehe Tab. 3.11.

Im Prinzip gibt es also mit diesem Vorgehen die Chance, komplett ohne regelungstechnisches Wissen und Erfahrung, einen Regler auszulegen. Zudem gibt es auch tabellarische Einstellregeln und sie sind ebenso ohne regelungstechnisches Vorwissen anwendbar, siehe Abschn. 3.2.2. Des Weiteren gibt es Computer-Programme mit selbstlernenden Verfahren, die ohne ein menschliches Zutun einen Regler einstellen. Damit stellen sich einige kritische, ketzerische aber auch wichtige Fragen:

Tab. 3.11 Pragmatisch-heuristisches Vorgehen, Teil 1 ohne Vorabeinschätzung der Reglerparameter

Schritt	Beschreibung	Mögliche Auswirkungen
1	Schrittweise Erhöhung des P-Anteils (K_P)	Erhöht die Reglerempfindlichkeit und Dynamik; Schwingungen können auftreten
2	Erhöhung des I-Anteils (K_I), um die Regeldifferenz zu beseitigen	Eliminiert die Regeldifferenz, kann Schwingungen verursachen
3	Erhöhung des D-Anteils (K_D), um Schwingungen zu reduzieren	Verbessert die Reaktionsgeschwindigkeit und kann die Erhöhung des P-Anteils ermöglichen

1. Warum braucht es überhaupt die Regelungstechnik als eigenständige Disziplin?
2. Wieso ist die Modellbildung und Analyse von Systemen wichtig, wie in Abschn. 3.1.1 beschrieben?
3. Warum müssen komplexe Methoden erlernt werden, wenn es auch „einfach" geht?
4. Warum und wozu braucht es Ingenieure?

Das sind fundamentale Fragen und es ist von Zeit zu Zeit wichtig, sie beantworten zu können – ansonsten entfällt jegliche Grundlage für das eigene Handeln. In der Technik gibt es übrigens viele Beispiele, bei denen solide Lösungen bzw. Produkte durch disruptive Innovation abgelöst wurden, z. B. Wegfall mancher Ton- oder Datenträgern (Schallplatten, CDs, DVDs) oder mancher hydraulischer Servolenkungen – plötzlich gibt es bessere Lösungen. Die Beantwortung derart fundamentaler Fragen inkl. Ausrichtung der Handlung kann ggf. davor schützen, um die eigene Grundlage zu sichern, z. B. wozu es Ingenieure mit einer bestimmten Fachausrichtung (noch) braucht.

Diese Fragen muss jeder beantworten können, der sich mit Regelungstechnik beschäftigt, z. B. ein Buch darüber liest. Des Weiteren werden diese Fragen im Laufe des Kapitels noch im Detail (implizit) beantwortet. Auch Autoren von Regelungstechnik-Büchern müssen diese Fragen beantworten können:

1. Regelungstechnik als eigenständige Disziplin ist wichtig, um eine gesamte, komplexe Maschine verstehen zu können. Mit der Regelungstechnik wird die Technik erst so richtig gut verstanden. Eine gute Konstruktion einer automatisierungstechnischen Anlage zeichnet sich dadurch aus, wenn sie im Betrieb auch gut regelbar ist und sie deshalb genau das macht, was sie *soll.* Die vielen verschiedenen Einstellmethoden mit Tabellen liefern in der Regel nur bedingt gute Ergebnisse. Um die Ergebnisse zu verbessern, bedarf es Know-How aus der Regelungstechnik. Um selbstlernende Verfahren anzuwenden, ist Regelungstechnik-Wissen unabdingbar, z. B. bei der Vorgabe eines bestimmten Optimierungskriteriums. Zudem gibt es sicherheitstechnische Aspekte, die berücksichtigt werden müssen und sie werden bislang nicht über selbstlernende Verfahren abgedeckt.
2. Die Modellbildung ist wichtig, um Systeme zu verstehen und Optimierungsbedarf zu erkennen. Beispiel: Welche „Stellschrauben" können benutzt werden, um das Schwingen einer Anlage zu reduzieren? Die Antworten sind sehr vielfältig, hier nur einzelne Beispiele: Eine große Abtastzeit von Sensoren kann zu Schwingungen führen, mit einer Beschleunigungsrückführung lässt sich der Dämpfungsgrad eines Regelkreises erhöhen, sie-

he [41]. Hier in diesem Buch wurde Modellbildung vorgestellt, um Systeme zu beschreiben und zu analysieren, siehe Abschn. 3.1.1. Dieses Wissen wird später noch angewendet, um den Regler zu *optimieren*, siehe Abschn. 3.2.4. Ein nur mittelmäßig eingestellter Regler durch eine tabellarische Auslegung kann somit optimiert werden und dazu ist Wissen aus der Regelungstechnik inkl. Modellbildung wichtig.
3. Die Suche nach „einfachen" Lösungen ist generell gut und wichtig. Aber die Realität ist oftmals komplex. Deswegen sind auch die Methoden, um mit realen Systemen umzugehen, komplex. Ebenso gibt es eine Vielzahl an unterschiedlichen Anlagen mit unterschiedlichen Anforderungen, die allesamt eine spezielle Lösung bzw. Einstellung benötigen. Es gibt also keine „einfache", pauschale Methode, um für alle Anlagen der Welt eine sehr gute Reglereinstellung bereitzustellen.
4. Ingenieure sind wichtig, um physikalische, technische und sicherheitsrelevanten Zusammenhänge zu verstehen. Sie sind wichtig, um Ergebnisse zu interpretieren und Plausibilitätsprüfungen durchzuführen sowie Fehler zu erkennen. Modellbildung und Systemverständnis sind bei komplexen Prozessen wichtig, die nicht vollständig bekannt, messbar oder sogar zeitveränderlich sind. Robuste und stabile Regelungen sind auch bei nichtlinearen Systemen zu entwerfen.

Ohne Erfahrung in der Regelungstechnik ist das oben genannte Vorgehen zum Entwurf eines Reglers nur für kleine und einfache Anlagen anwendbar, z. B. für kleine Spielzeuganlagen.

Bei großen Maschinen ist dieses Vorgehen mit äußerster Vorsicht anzuwenden und es erfordert einiges an Erfahrung in der Regelungstechnik und im Maschinenbau. Generell ist die **Sicherheit ein wichtiges Thema** und darf bei der Inbetriebnahme nicht außer Acht gelassen werden! Erfahrene Inbetriebnehmer haben daher immer den Not-Aus-Schalter in Greifnähe. Unerfahrene Menschen unterschätzen teilweise die Gefahr. Um die Brisanz des Themas weiter zu verdeutlichen: Bei der Erst-Inbetriebnahme einer neuen Maschine sind alle Menschen unerfahren! Von Maschinen können große Gefahren ausgehen und es sollte vor sämtlichen Maschinen – ob groß oder klein – ein gebührender Respekt gezollt werden. Vor Maschinen ist also ein Abstand zu halten, Abstand zu hängenden Lasten sollte eingehalten werden, Haare können sich bei drehenden Teilen einwickeln, …In Kombination mit der Regelungstechnik gibt es auch sehr viel Gefährdungspotenzial, u. a. falsch eingestellte Reglerparameter und die Maschine bewegt sich unbeherrschbar. Beispiele sind: Vorzeichenfehler und die Maschine bewegt sich in die falsche Richtung und niemand rechnet damit (Vorzeichenfehler werden schließlich nicht bewusst gewählt), die Maschine dreht viel zu schnell oder die Maschine schwingt sehr stark oder überschreitet gar die Stabilitätsgrenze. Somit gilt auch hier für den Umgang mit Maschinen und Anlagen das umgangssprachliche Zitat: „Vorsicht ist die Mutter der Porzellankiste!"

Dieses pragmatisch-heuristische Vorgehen ist für einfache Anlagen geeignet, erfordert jedoch Erfahrung und Vorsicht, insbesondere bei komplexen Systemen und Sicherheitsaspekten. Regelungstechnik bleibt wichtig für das Verständnis komplexer Maschinen und die Entwicklung robuster sowie optimaler Regelungen.

3.2.2 Tabellarische Einstellverfahren

Im Rahmen dieses kompakten Buches über Regelungstechnik werden nachfolgend nur eine Auswahl an tabellarischen Einstellverfahren dargestellt. Zahlreiche weitere Einstellverfahren sind in der Literatur zu finden, siehe z. B. [41, 45]. Vor vielen Jahren wurde bereits das Finden „einfacher" Einstellverfahren für Regler vorgeschlagen. Im Jahre 1942 wurden zwei Methoden für Reglereinstellungen mithilfe von Tabellen publiziert und sie sind nach ihren Urhebern Ziegler-Nichols benannt, siehe siehe [74].

Eine Methode ist das **Stabilitätsgrenzverfahren nach Ziegler-Nichols**, indem eine unbekannte Regelstrecke mit einem P-Regler in einem Regelkreis betrieben wird. Diese Methode wird auch als Closed-Loop-Tuning oder Schwingungsmethode nach Ziegler-Nichols genannt. Das Vorgehen ist:

1. Die Regelstrecke ist im geschlossenen Regelkreis mit einem P-Regler zu regeln und der P-Anteil K_P ist soweit zu erhöhen, bis die Regelgröße Dauerschwingungen erzeugt. Der Regelkreis ist also bis an die Stabilitätsgrenze zu betreiben! Damit ist diese Methode mit äußerster Vorsicht umzusetzen. Der dabei eingestellte P-Anteil ist als $K_{P,krit}$ zu notieren und ebenso ist die Periodendauer T_{krit} der Dauerschwingungen zu messen.
2. Ein P-, PI- oder PID-Regler ist nach Tab. 3.12 einzustellen.

Diese Methode liefert ein oftmals akzeptables, wenn auch optimierungsfähiges, Ergebnis. Es kann als „erster Wurf" für kleine, unkritische und vor allem ungefährliche Anlagen durchaus in Betracht kommen. Vorsicht ist unbedingt beim Betrieb in der Nähe der Stabilitätsgrenze geboten! Interessant ist die Interpretation der Tab. 3.12. Ein reiner P-Regler soll im Betrieb weit unterhalb der Stabilitätsgrenze betrieben werden, also nur 50 % von der kritischen Reglerverstärkung mit $K_P = 0{,}5 \cdot K_{P,krit}$. Ein zusätzlicher I-Anteil führt tendenziell zu Instabilitäten, daher ist der P-Anteil mit einem PI-Regler weiter abzusenken, sie-

Tab. 3.12 Einstellwerte des Stabilitätsgrenzverfahrens nach Ziegler-Nichols, siehe [74] und u. a. [41, 54]

Regler	K_P	K_I	K_D	T_N	T_V
P	$0{,}5 \cdot K_{P,krit}$	–	–	–	–
PI	$0{,}45 \cdot K_{P,krit}$	$0{,}54 \cdot \frac{K_{P,krit}}{T_{krit}}$	–	$0{,}85 \cdot T_{krit}$	–
PID	$0{,}6 \cdot K_{P,krit}$	$1{,}2 \cdot \frac{K_{P,krit}}{T_{krit}}$	$0{,}075 \cdot K_{P,krit} \cdot T_{krit}$	$0{,}5 \cdot T_{krit}$	$0{,}125 \cdot T_{krit}$

he $K_P = 0{,}45 \cdot K_{P,krit}$. Mit einem zusätzlichen D-Anteil wird der Regelkreis gedämpft bzw. tendenziell stabilisiert, sodass ein etwas höherer P-Anteil eingestellt werden darf, siehe $K_P = 0{,}6 \cdot K_{P,krit}$.

Eine weitere Methode ist das **Sprungantwortverfahren nach Ziegler-Nichols** bzw. auch als Open-Loop-Tuning. Das Vorgehen ist wie folgt:

1. Eine unbekannte Strecke wird *zunächst nicht* in einem Regelkreis betrieben, sondern zuerst dessen Sprungantwort analysiert, siehe grau dargestellte Antwort x in Abb. 3.41. Mit der Sprungantwort wird ein Modellverhalten x_{Mod} näherungsweise bestimmt, und zwar mithilfe einer Totzeit T_t und einer Zeitkonstanten T_S, die durch ein angenommenes P-T_1-Verhalten entsteht. Auch der Verstärkungsfaktor K_S ist zu bestimmen.
2. Mit den drei charakteristischen Parametern T_t, T_S und K_S wird mithilfe von Tab. 3.13 ein Regler bestimmt.

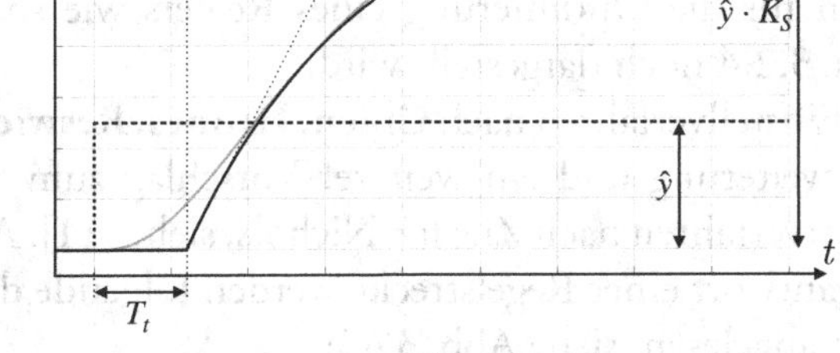

Abb. 3.41 Sprungantwort einer Regelstrecke x, die durch ein Modell x_{Mod} näherungsweise beschrieben wird [41]

Tab. 3.13 Einstellwerte des Sprungantwortverfahrens nach Ziegler-Nichols, siehe [74] und u. a. [41, 54]

Regler	K_P	K_I	K_D	T_N	T_V
P	$\frac{T_S}{K_S \cdot T_t}$	–	–	–	–
PI	$\frac{0{,}9 \cdot T_S}{K_S \cdot T_t}$	$\frac{0{,}27 \cdot T_S}{K_S \cdot T_t^2}$	–	$3{,}33 \cdot T_t$	–
PID	$\frac{1{,}2 \cdot T_S}{K_S \cdot T_t}$	$\frac{0{,}6 \cdot T_S}{K_S \cdot T_t^2}$	$\frac{0{,}6 \cdot T_S}{K_S}$	$2 \cdot T_t$	$0{,}5 \cdot T_t$

Auch diese Methode eignet sich oftmals für einen „ersten Wurf“. Das Ergebnis ist in der Regel verbesserungswürdig, z. B. weil die Regelung zu stark schwingt oder zu langsam ist.

Eine weitere sehr interessante Einstellmethode mit Tabellen ist die **T-Summen-Regel nach Kuhn**, siehe [36] und u. a. [41]. Dazu werden aus der Sprungantwort einer Regelstrecke zwei charakteristische Parameter, die Summenzeitkonstante T_Σ und der Verstärkungsfaktor K_S herausgelesen, siehe Abb. 3.42. Mit diesen beiden charakteristischen Parametern wird ein Regler nach Tab. 3.14 und 3.15 eingestellt. In Abschn. 3.1.1 wurde das Bestimmen der Summenzeitkonstante aus diesem Verfahren bereits vorgestellt. Die Ermittlung der Summenzeitkonstante – ein wichtiger charakteristischer Parameter einer Regelstrecke – ist sehr bedeutsam für die Optimierung eines Reglers wie später in Abschn. 3.2.4 noch dargestellt wird.

Die Einstellverfahren nach **Chien, Hrones, Reswick** sind eine Erweiterung und ein weiterer Vorschlag zum Sprungantwortverfahren nach Ziegler-Nichols, siehe [11]. Aus der Sprungantwort einer Regelstrecke werden folgende drei Parameter abgelesen, siehe Abb. 3.43:

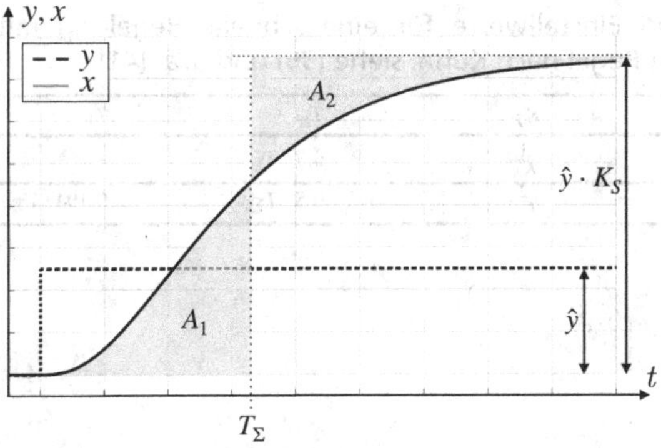

Abb. 3.42 Sprungantwort einer Regelstrecke x, um die Summen-Zeitkonstante T_Σ zu bestimmen [41]

Tab. 3.14 Einstellwerte für eine „normal"-schnelle Regelung mit der T-Summen-Regel nach Kuhn, siehe [36] und u. a. [41]

Regler	K_P	T_N	T_V
PI	$\frac{0{,}5}{K_S}$	$0{,}5 \cdot T_\Sigma$	–
PID	$\frac{1}{K_S}$	$0{,}667 \cdot T_\Sigma$	$0{,}167 \cdot T_\Sigma$

1. Der Verstärkungsfaktor K_S, der aus der Anregung mit der Sprunghöhe $\hat{y}$ einen maximalen Endwert $x_\infty = \hat{y} \cdot K_S$ bewirkt.
2. Die Ausgleichszeit T_g mit der Wendetangente, die den Startwert und maximalen Endwert kreuzt.
3. Die Verzugszeit T_u zwischen Startzeitpunkt und Wendetangente.

Mit diesen drei Parametern wird mithilfe von Tab. 3.16 bzw. Tab. 3.17 Werte für einen Regler eingestellt (erst genannte Tabelle ist für das Erreichen der Führungsgröße und die zweite Tabelle ist für den Ausgleich von Störungen optimiert).

Tab. 3.15 Einstellwerte für eine schnelle Regelung mit der T-Summen-Regel nach Kuhn, siehe [36] und u. a. [41]

Regler	K_P	T_N	T_V
PI	$\frac{1}{K_S}$	$0{,}7 \cdot T_\Sigma$	–
PID	$\frac{2}{K_S}$	$0{,}8 \cdot T_\Sigma$	$0{,}194 \cdot T_\Sigma$

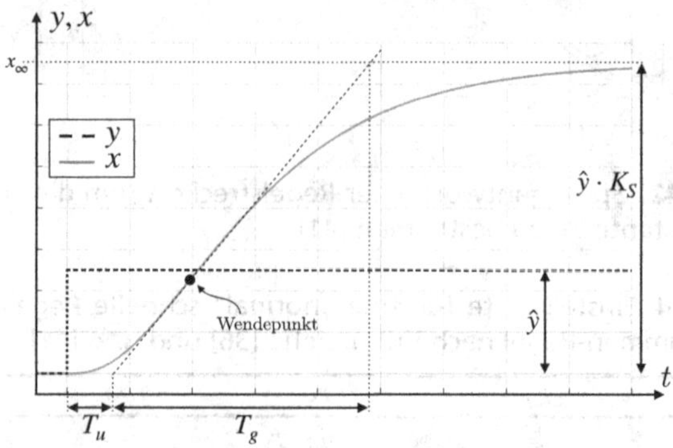

Abb. 3.43 Sprungantwort einer Regelstrecke, mit der die Ausgleichs- T_g und Verzugszeit T_u mithilfe der Wendetangente bestimmt werden [41]

Es gibt auch Einstellverfahren nach **Chien, Hrones, Reswick für integrierende Regelstrecken** (I-T_n, sie reagieren bei einer konstanten Eingangsgröße mit einer stetig ansteigenden Ausgangsgröße). Hierbei wird die Sprungantwort einer Regelstrecke aufgezeichnet und folgenden Parameter abgelesen, siehe Abb. 3.44:

1. Aus dem linearen Anstieg wird der Verstärkungsfaktor $K_S = \frac{\Delta x}{\Delta t} \cdot \frac{1}{\hat{y}}$ bestimmt.
2. Eine Verzugszeit T_u wird vom Startzeitpunkt bis zur Tangente ermittelt.

Tab. 3.16 Einstellwerte nach Chien-Hrones-Reswick für optimiertes Führungsverhalten [11, 41]

	Aperiodischer Verlauf			20 % Überschwingen		
Regler	K_P	T_N	T_V	K_P	T_N	T_V
P	$\frac{0{,}3 \cdot T_g}{K_S \cdot T_u}$	–	–	$\frac{0{,}7 \cdot T_g}{K_S \cdot T_u}$	–	–
PI	$\frac{0{,}35 \cdot T_g}{K_S \cdot T_u}$	$1{,}2 \cdot T_g$	–	$\frac{0{,}6 \cdot T_g}{K_S \cdot T_u}$	$1 \cdot T_g$	–
PID	$\frac{0{,}6 \cdot T_g}{K_S \cdot T_u}$	$1 \cdot T_g$	$0{,}5 \cdot T_u$	$\frac{0{,}95 \cdot T_g}{K_S \cdot T_u}$	$1{,}35 \cdot T_g$	$0{,}47 \cdot T_u$

Tab. 3.17 Einstellwerte nach Chien-Hrones-Reswick für optimiertes Verhalten unter Störeinflüssen [11, 41]

	Aperiodischer Verlauf			20 % Überschwingen		
Regler	K_P	T_N	T_V	K_P	T_N	T_V
P	$\frac{0,3 \cdot T_g}{K_S \cdot T_u}$	–	–	$\frac{0,7 \cdot T_g}{K_S \cdot T_u}$	–	–
PI	$\frac{0,6 \cdot T_g}{K_S \cdot T_u}$	$4 \cdot T_u$	–	$\frac{0,7 \cdot T_g}{K_S \cdot T_u}$	$2,3 \cdot T_u$	–
PID	$\frac{0,95 \cdot T_g}{K_S \cdot T_u}$	$2,4 \cdot T_u$	$0,42 \cdot T_u$	$\frac{1,2 \cdot T_g}{K_S \cdot T_u}$	$2 \cdot T_u$	$0,42 \cdot T_u$

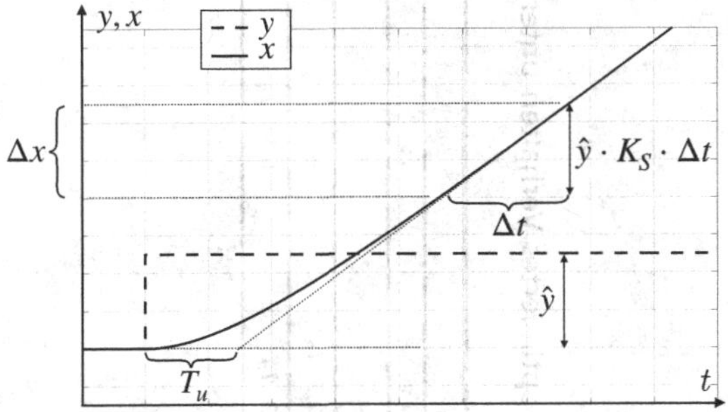

Abb. 3.44 Sprungantwort einer integrierenden Regelstrecke, um Parameter Verstärkungsfaktor K_S und Verzugszeit T_u abzulesen

Tab. 3.18 Einstellwerte für integrierende Regelstrecken nach Chien-Hrones-Reswick für optimiertes Führungsverhalten [11]

	Aperiodischer Verlauf			20 % Überschwingen		
Regler	K_P	T_N	T_V	K_P	T_N	T_V
P	$\frac{0,3}{K_S \cdot T_u}$	–	–	$\frac{0,7}{K_S \cdot T_u}$	–	–
PI	$\frac{0,35}{K_S \cdot T_u}$	$1,2 \cdot T_u$	–	$\frac{0,7}{K_S \cdot T_u}$	$1 \cdot T_u$	–
PID	$\frac{0,6}{K_S \cdot T_u}$	$1 \cdot T_u$	$0,5 \cdot T_u$	$\frac{0,95}{K_S \cdot T_u}$	$1,4 \cdot T_u$	$0,47 \cdot T_u$

Mit diesen Parametern wird der Regler nach Tab. 3.18 bzw. Tab. 3.19 eingestellt, siehe [11, 73]. Dabei können Regler so gewählt werden, dass ein aperiodischer Verlauf (0 % Überschwingen) oder ein gewisses Überschwingen mit 20 % toleriert wird. Die genannten Werte dienen als Anhaltswerte.

Tab. 3.19 Einstellwerte für integrierende Regelstrecken nach Chien-Hrones-Reswick für optimiertes Verhalten unter Störeinflüssen [11]

	Aperiodischer Verlauf			20 % Überschwingen		
Regler	K_P	T_N	T_V	K_P	T_N	T_V
P	$\frac{0,3}{K_S \cdot T_u}$	–	–	$\frac{0,7}{K_S \cdot T_u}$	–	–
PI	$\frac{0,6}{K_S \cdot T_u}$	$4 \cdot T_u$	–	$\frac{0,9}{K_S \cdot T_u}$	$2,3 \cdot T_u$	–
PID	$\frac{0,95}{K_S \cdot T_u}$	$2,4 \cdot T_u$	$0,42 \cdot T_u$	$\frac{1,2}{K_S \cdot T_u}$	$2 \cdot T_u$	$0,42 \cdot T_u$

Ergebnisse der Einstellverfahren an einem realen Beispiel

Die verschiedenen Einstellverfahren bieten eine Vielzahl an Lösungen an. Damit stellt sich die Frage, wie nun letztlich *gute* Reglerparameter gefunden werden können. Die Antwort ist: Es kommt auf einen Versuch an. Nachfolgend sind an einer realen, einfachen Anlage auszugsweise verschiedene Reglereinstellungen vorgestellt. Bei der Anlage handelt es sich um einen Elektromotor, der eine Masse antreibt. Der Motor ist in eine Drehzahlregelung eingebunden. Der Sollwert springt jeweils von Null auf 1600 U/min. Um die Ergebnisse vergleichen zu können und auch ihre Anzahl gering zu halten, wurde jeweils lediglich ein PI-Regler verwendet.

Der PI-Regler nach Ziegler-Nichols mit dem Sprungantwortverfahren ist in Abb. 3.45 dargestellt. Im Vergleich dazu ist ebenso das Ergebnis nach Chien-Hrones-Reswick für eine Regelung mit aperiodischem Verlauf (ohne Überschwingen) dargestellt. Es ist zu erkennen, dass die Ergebnisse „nicht schlecht sind", aber durchaus optimierungsfähig. Die

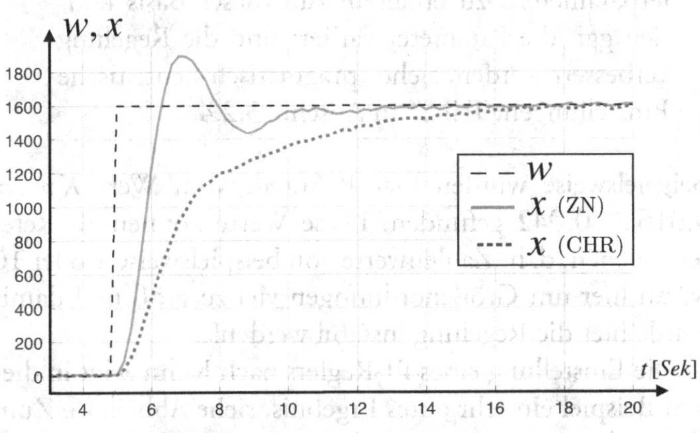

Abb. 3.45 Ergebnisse von Reglereinstellungen nach Ziegler-Nichols (x in grau, ZN) und nach Chien-Hrones-Reswick (x in graupunktiert, CHR)

Einstellung nach Ziegler-Nichols führt hier zu tendenziell großem Überschwingen, die Einstellung nach Chien-Hrones-Reswick ist eher zu langsam. Interessant sind aber die gefundenen Einstellwerte mit diesen Verfahren:

- Mit dem Sprungantwortverfahren nach Ziegler-Nichols wurde ein P-Regler $K_P = 0{,}0422$ und eine Nachstellzeit $T_N = 2{,}664$ gefunden.
- Mit Chien-Hrones-Reswick wurde der P-Regler $K_P = 0{,}0164$ und die Nachstellzeit $T_N = 2{,}4$ eingestellt.

Wie zu erwarten ist, führt ein größerer P-Anteil K_P zu einer schnelleren Regelung, aber es können Schwingungen auftreten. Eine zu kleine Nachstellzeit T_N kann übrigens auch zu Schwingungen führen. In diesem Fall ist sie aber „nicht schuld" an den Schwingungen.

> Die tabellarischen Einstellverfahren können sehr nützlich sein, um eine Größenordnung von Reglerparametern zu erhalten! Auf dieser Basis können ggf. die Parameter variiert und die Regelung verbessert werden, siehe „pragmatisch-heuristische Einstellungen, Teil 2" in Abschn. 3.2.4

Beispielsweise wurden hier P-Anteile vom Wert $K_P = 0{,}016 \ldots 0{,}042$ gefunden. Diese Werte können als Referenz dienen, d. h. Zahlenwerte von beispielsweise 1 oder 10 wären hier um Größenordnungen viel zu groß und damit würde hier die Regelung instabil werden!

Die Einstellung eines PI-Reglers nach Kuhn zeigt in diesem Beispiel ein sehr gutes Ergebnis, siehe Abb. 3.46. Zum Vergleich wurde hier zusätzlich ein PI-Regler heuristisch eingestellt, mit der Vorgabe keine Überschwinger und kein Schwingen zu erzeugen. Zum Vergleich ist die Einstellung

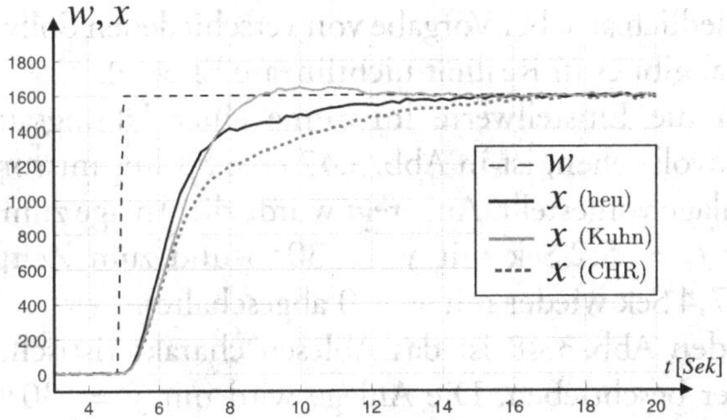

Abb. 3.46 Ergebnisse von Reglereinstellungen durch eine heuristische Einstellung (x in schwarz) und nach Kuhn (x in grau, Kuhn) sowie im Vergleich nochmals nach Chien-Hrones-Reswick (x in graupunktiert, CHR)

nach Chien-Hrones-Reswick nochmals dargestellt, um zu demonstrieren, dass ein PI-Regler besser eingestellt werden kann, wie z. B. bessere Dynamik ohne Überschwinger. Die Einstellwerte der PI-Regler sind:

- Die heuristische Einstellung ist mit dem P-Regler $K_P = 0{,}018$ und der Nachstellzeit $T_N = 2$ durchgeführt.
- Nach Kuhn wurde das Ergebnis mit dem P-Regler $K_P = 0{,}00938$ und der Nachstellzeit $T_N = 1{,}25$ erzielt.
- Mit Chien-Hrones-Reswick sind die gleichen Werte wie oben verwendet ($K_P = 0{,}0164$ und $T_N = 2{,}4$).

Welches Ergebnis ist hier das beste? Diese Frage lässt sich nicht eindeutig beantworten. Die heuristische Einstellung schwingt nicht über, dafür ist die Einstellung nach Kuhn schneller. Wichtig ist auch noch, dass sich diese Aussagen nicht verallgemeinern lassen. Sie gelten nur in Bezug auf diese Anlage (Drehzahlregelung eines bestimmten Motors, der eine Masse antreibt). Ebenso fallen die Ergebnisse unterschiedlich aus, bei Vorgabe von verschiedenen Sollwerten w (u. a. gibt es in Realität nichtlineare Effekte).

Um die Einstellwerte im Sinne einer Übungsaufgabe nachzuvollziehen, ist in Abb. 3.47 eine Sprungantwort dieser Anlage vorgestellt. Angeregt wurde die Anlage zum Zeitpunkt $t = 5{,}2$ Sek mit $\hat{y} = 30\,\%$ und zum Zeitpunkt $t = 17{,}4$ Sek wieder mit $\hat{y} = 0$ abgeschaltet.

In den Abb. 3.48 ist das Ablesen charakteristischer Parameter beschrieben. Die Anlage wird mit $\hat{y} = 30\,\%$ angeregt und erreicht damit ca. 1600 U/min, d. h. $\hat{y} \cdot K_S = 1.600$ und daraus lässt sich der Verstärkungsfaktor $K_S = 1.600/30 = 53{,}33$ (U/min/%) berechnen. Eine Zeitkonstante kann mit der Tangente großzügig mit $T_{1+} = 2$ Sek abgeschätzt werden ($7{,}2 - 5{,}2 = 2$), wohlwissend dass die „wahre" Zeitkonstante T_1 vermutlich kleiner ist. Mit der T-Summen-Regel nach Kuhn sind die zwei fast „dreieckigen" Flächen in hellgrau schätzungsweise gleich groß und damit wird die Summen-Zeitkonstante $T_\Sigma = 2 \ldots 2{,}5$ Sek

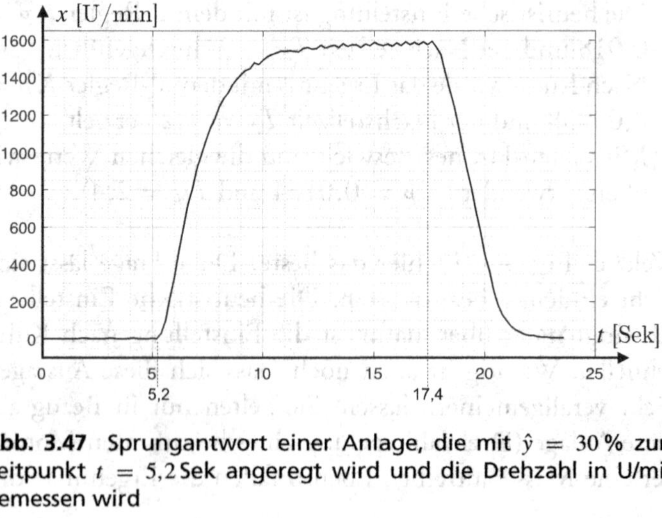

Abb. 3.47 Sprungantwort einer Anlage, die mit $\hat{y} = 30\,\%$ zum Zeitpunkt $t = 5{,}2$ Sek angeregt wird und die Drehzahl in U/min gemessen wird

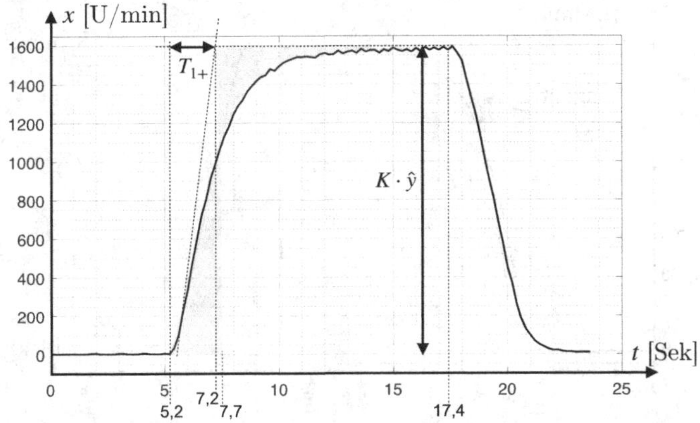

Abb. 3.48 Sprungantwort aus Abb. 3.47 und Ablesen von Parametern, nach [41]

abgeschätzt. Für die hier gezeigte Einstellung wurde $T_\Sigma = 2{,}5$ Sek verwendet.

Für das Ablesen der Werte nach Ziegler-Nichols ist in Abb. 3.49 eine Approximation durch ein P-T_1 in grau eingezeichnet. Daraus ergibt sich auch die Totzeit $T_t = 0{,}8$ Sek. Mit der Tangente wird die Zeitkonstante $T_S = 2$ Sek bestimmt. Eine ausführliche Lösung mit weiteren Rechnungen ist in [41] beschrieben.

3.2.3 Ausgewählte Methoden aus dem Ingenieurwesen

Bis hierhin wurden Verfahren für eine Reglereinstellung vorgestellt, die streng genommen auch ohne Erfahrung in der Regelungstechnik und dem Ingenieurwesen angewandt werden können. In Abschn. 3.2.1 wurden fundamentale Fragen gestellt, wozu überhaupt Regelungstechnik, das Ingenieurwesen und auch die mathematische Modellbildung benötigt werden. Im Folgenden werden diese Fragen beantwortet:

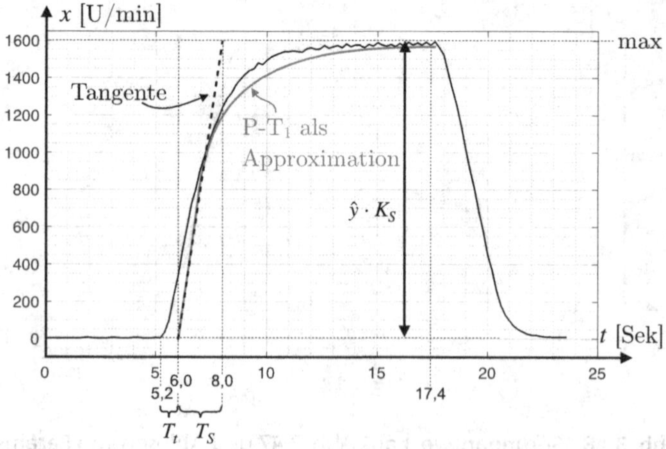

Abb. 3.49 Sprungantwort aus Abb. 3.47 und Ablesen von Parametern mit P-T_1-Approximation nach Ziegler-Nichols, siehe [41]

Um einen Regler und auch eine gesamte Maschine oder Anlage optimal auszulegen, ist (noch) menschliches Verständnis und Kreativität notwendig. Mit den bisher vorgestellten Einstellverfahren werden Regler entworfen, die oftmals nur unzureichend oder allenfalls „akzeptabel" arbeiten. Schwingungen oder fehlende Dynamik sind dabei oftmals zu beobachten. Um die Einstellung des Reglers zu optimieren, werden nun ausgewählte mathematische Methoden gezeigt. Auf die genaue Herleitung wird hier allerdings verzichtet und auf weiterführende Literatur verwiesen. Letztlich wird hier ein „Formel-Werkzeugkasten" präsentiert, mit dem es möglich ist, Regler für viele Standard-Anwendungen zu optimieren.

Sicherlich lohnt es sich, die Herleitungen genau zu studieren, was in guten Ingenieurstudiengängen durchdrungen bzw. in vielen Büchern beschrieben wird [21, 41, 45, 54]. Ohne diese Herleitung kann es passieren, dass die hier gezeigten Formeln nur schwer nachvollziehbar sind. Dafür ist am Ende des Abschnitts eine Zusammenfassung mit einer Übersicht als „Quintessenz" geboten und zudem soll hier auch ein vertiefendes Ingenieurstudium nicht ersetzt werden.

Als kleine Vorbereitung und Wiederholung ist in Abb. 3.50 ein geschlossener Regelkreis mit kurzen Erklärungen dargestellt. Die Führungsgröße bzw. der Sollwert w ist die Eingangsgröße des gesamten Regelkreises und sie wird mit der Messgröße r verglichen, es wird die (Regel-) Differenz berechnet. Die Regeldifferenz e wird dem Regler zugeführt und er berechnet die Stellgröße y, die die Regelstrecke *kontinuierlich* beeinflusst, um deren Ausgangsgröße bzw. Regelgröße x letztlich an den Sollwert anzugleichen. Die Regelgröße soll gleich der Führungsgröße sein, d. h. $x = w$ und das ist das Ziel der Regelungstechnik. Der Regelkreis vollbringt genau das, was er soll.

Die verschiedenen Teil-Systeme sind als Blöcke dargestellt und können als Übertragungsfunktion mathematisch beschrieben werden, siehe Abb. 3.51. Der Regler ist hier allgemein mit der Übertragungsfunktion G_R benannt. Beispielsweise kann ein PI-Regler eingesetzt werden, somit ist $G_R = G_{PI}$. Wird ein PID-Regler eingesetzt, dann ist die Übertragungsfunktion $G_R = G_{PID}$, siehe Abschn. 3.1.2. Die Regelstrecke ist mit der Übertragungsfunktion G_S all-

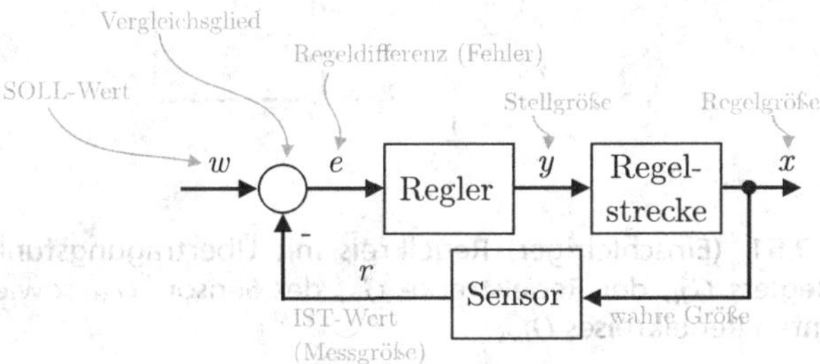

Abb. 3.50 (Einschleifiger) Regelkreis mit Erklärungen

gemein gekennzeichnet, z. B. für eine P-T3 Regelstrecke $G_S = G_{PT3}$, wie in Abschn. 3.1.1 vorgestellt. Der Sensor bzw. die Messeinrichtung hat die Übertragungsfunktion G_M. Ein Sensor kann beispielsweise mit einem P-T_n-Glied modelliert werden. Es gehört aber auch zur Regelungstechnik dazu, einen passenden Sensor auszuwählen bzw. auszulegen. Für eine gute Regelung ist ein sehr guter, passender Sensor zu verwenden, sodass näherungsweise die Übertragungsfunktion $G_M = 1$ ist (der Sensor misst sehr genau und ohne Zeitverzögerung und kann als „ideal" angenommen werden).

Der gesamte Regelkreis kann wiederum als ein System mit der Eingangsgröße w und der Ausgangsgröße x aufgefasst und als Block dargestellt werden, siehe grau-punktiert dargestellter Block in Abb. 3.51. Ohne auf die Herleitung einzugehen, wird der gesamte Regelkreis mit der Übertragungsfunktion

$$G_{ges} = \frac{G_R \cdot G_S}{1 + G_R \cdot G_S \cdot G_M} \tag{3.23}$$

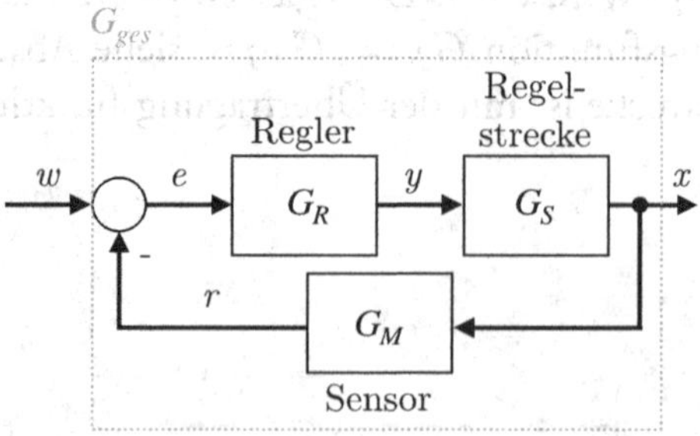

Abb. 3.51 (Einschleifiger) Regelkreis mit Übertragungsfunktion des Reglers G_R, der Regelstrecke G_S, des Sensors G_M sowie des gesamten Regelkreises G_{ges}

beschrieben, siehe Herleitung in [41]. Mit einem idealen bzw. sehr guten, passenden Sensor $G_M = 1$ vereinfacht sich die Übertragungsfunktion

$$\boxed{G_{ges} = \frac{X}{W} = \frac{G_R \cdot G_S}{1 + G_R \cdot G_S}} \tag{3.24}$$

des gesamten Regelkreises.

Hintergrundinformation mit Interpretationen von G_{ges}: Am Anfang von Kap. 3 wurde in einer „Hintergrundinformation" erwähnt, dass die Übertragungsfunktion die Laplace-Transformierte der Ausgangsgröße dividiert durch die Laplace-Transformierte der Eingangsgröße ist. In Gl. (3.24) sind die Laplace-Transformierten mit angegeben und zwar haben sie große Buchstaben: X ist die Laplace-Transformierte von x (im Zeitbereich) als Ausgangsgröße, und W ist die Laplace-Transformierte von w (im Zeitbereich) als Eingangsgröße. Damit kann eine Frage geklärt werden: Was ist die ideale Übertragungsfunktion eines Regelkreises G_{ges}? Das Ziel der Regelungstechnik ist, dass die Regelgröße x genauso groß wie die Führungsgröße w wird, also „macht" der Regelkreis genau das, was er soll. Somit lautet die „ideale" Übertragungsfunktion des Regelkreises: $G_{ges} \overset{\text{„ideal"}}{=} 1$ und damit ist $X = W$. Mit Blick auf Gl. (3.24) wird aber deutlich, dass eine Regelung nie das Ziel erreichen kann, weil im Nenner „die $1+$ stört". Wäre „die $1+$" nicht vorhanden, dann kürzt sich der Bruch zu Eins und es wäre eine „ideale" Regelung. Auch aus praktischer Sicht ist die Vorstellung utopisch, einen idealen Regelkreis zu realisieren: Eine Anlage würde exakt zu jedem Zeitpunkt genau der Führungsgröße folgen und das ist unmöglich! Beispiel: Ein Aufzug steht im Erdgeschoss, die Türen schließen und eine Person drückt die Taste „3. Etage". Ein idealer Regelkreis würde in diesem Augenblick den Aufzug in die 3. Etage katapultieren mit unendlich großer Beschleunigung und Verzögerung sowie unendlich großer Geschwindigkeit. Das ist technisch unmöglich zu realisieren.

Es gibt mathematisch noch eine andere Möglichkeit, wie $G_{ges} = 1$ werden könnte, nämlich indem die Übertragungsfunktionen mit $G_R \cdot G_S$ unendlich groß werden. Aber auch das ist nicht umsetzbar, es bräuchte unendlich viel Zeit und auch unendlich genaue technische Geräte, beides ist unmöglich zu realisieren. In der Praxis kann also die Führungsgröße niemals exakt erreicht werden, daher wird immer eine gewisse Toleranz zugelassen.

Lernerfahrung aus diesem Zusammenhang: Um in die Nähe der „idealen 1" zu gelangen, muss entweder G_R oder G_S sehr groß werden. Da sie miteinander multipliziert werden, ist es ausreichend, dass eine der beiden Übertragungsfunktionen „groß wird". Dies wird durch ein integrierendes Verhalten erreicht, es wird immer größer, je mehr Zeit verstreicht, siehe genaue Herleitungen in [41]. Es ist also aus der gesamten Übertragungsfunktion G_{ges} erkennbar, dass ein Integrator notwendig ist, um die Führungsgröße zu erreichen, z. B. mit einem I-Regler.

Somit: Die ideale Übertragungsfunktion eines Regelkreises G_{ges} ist 1, was bedeutet, dass die Regelgröße x der Führungsgröße w permanent entspricht. Da dies in der Praxis unmöglich ist, wird eine Toleranz zugelassen und ein Integrator (z. B. I-Regler) verwendet, um die Führungsgröße möglichst genau zu erreichen.

Kompensation der größten Zeitkonstanten und Anwendung des Betragsoptimums

Ohne auf die genaue Herleitung einzugehen, wurden ein paar „Zutaten" in diesem Buch vorgestellt, die nun zusammengesetzt werden. Diese „Zutaten" sind die Übertragungsfunktionen von

- Reglern inkl. deren verschiedenen Darstellungsformen und
- Regelstrecken, je nach Typ der Anlage oder Regelung.

Aus Gl. (3.24) ist ersichtlich, dass die Übertragungsfunktion des Reglers G_R mit der Übertragungsfunktion der Regelstrecke G_S multipliziert wird, also $G_R \cdot G_S$. Auch mit Blick auf Abb. 3.51 wird deutlich, dass der Regler und die Regelstrecke „eine Einheit bilden", sie also gemeinsam agieren.

Ein PI-Regler hat die Übertragungsfunktion

$$G_R = G_{PI} = K_P \cdot \frac{T_N \cdot s + 1}{T_N \cdot s} \tag{3.25}$$

in seiner „Zeitkonstanten-Form“ , siehe Gl. (3.15). Des Weiteren wurden verschiedene Typen von Regelstrecken vorgestellt, u. a. nicht-schwingungsfähige Regelstrecken höherer Ordnung. Beispielsweise wird mit der Übertragungsfunktion

$$G_S = G_{PT2} = \frac{K_S}{T_1 \cdot s + 1} \cdot \frac{1}{T_2 \cdot s + 1} \tag{3.26}$$

eine P-T_2-Regelstrecke beschrieben, siehe Gl. (3.4). Wenn nun die Regler-Nachstellzeit

$$\boxed{T_N = T_1} \tag{3.27}$$

eingestellt wird, dann wird mit

$$G_R \cdot G_S = K_P \cdot \frac{\cancel{T_N \cdot s + 1}}{T_N \cdot s} \cdot \frac{K_S}{\cancel{T_1 \cdot s + 1}} \cdot \frac{1}{T_2 \cdot s + 1} \tag{3.28}$$

die größte Zeitkonstante T_1 kompensiert. Das ist also eine Methode, um einen Reglerparameter mit $T_N = T_1$ auszulegen. Damit ist auch ersichtlich, wieso eine mathematische Modellbildung mit der Parameter-Identifikation wichtig ist: Mit der Erkenntnis, wie groß T_1 ist, kann der Regler ausgelegt werden. Später in Abschn. 3.2.4 wird noch eine weitere Möglichkeit gezeigt, wie T_1 mithilfe der Regelung bestimmt werden kann.

Diese Methode der Kompensation der größten Zeitkonstanten kann bei nicht-schwingungsfähigen Regelstrecken mit einer großen Zeitkonstanten T_1 angewandt werden.

Als nächstes muss noch die Reglerverstärkung bzw. der P-Anteil K_P ausgelegt werden. Das kann mithilfe des Betragsoptimums

$$\frac{K_P}{T_N} = \frac{1}{2 \cdot K_S \cdot T_2}$$
$$\Leftrightarrow \quad \boxed{K_P = \frac{T_N}{2 \cdot K_S \cdot T_2}} \tag{3.29}$$

ausgerechnet werden, Herleitung siehe [41]. Für den P-Anteil wird also der Verstärkungsfaktor K_S und die zweitgrößte Zeitkonstante T_2 der Regelstrecke benötigt. Das Ergebnis des so eingestellten Reglers ist ein leichtes Überschwingen, dafür ist die Regelung aber schnell. Um es genauer auszudrücken: Der Regelkreis hat einen Dämpfungsgrad $D_R \approx 0{,}7$ und er ist somit ein schwingendes System, siehe Abb. 3.52 und auch im Vergleich zu Abb. 3.25.

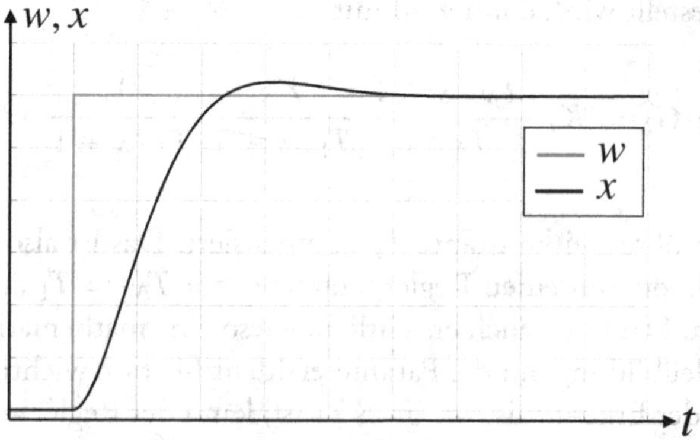

Abb. 3.52 Reglereinstellung nach dem Betragsoptimum und Kompensation der größten Zeitkonstanten einer P-T_2-Regelstrecke, der Sollwert w wird durch die Regelgröße x erreicht, die Regelung ist schnell, schwingt aber über

Vorgabe eines Dämpfungsgrades für den Regelkreis

Sofern das Überschwingen eines Regelkreises unerwünscht ist, so ist eine Möglichkeit, den Regler-P-Anteil zu reduzieren. Dadurch wird allerdings auch die Schnelligkeit der Regelung reduziert. Ohne auf die Herleitung einzugehen kann die Reglerverstärkung mit

$$\boxed{K_P = \frac{T_N}{4 \cdot D_R^2 \cdot K_S \cdot T_2}} \tag{3.30}$$

eingestellt werden, wobei der Dämpfungsgrad D_R des gesamten Regelkreises ist und vorgegeben werden kann. Diese Gl. (3.30) ist im Prinzip die Erweiterung des Betragsoptimums, um auch einen Dämpfungsgrad D_R der Regelung vorzugeben. Sinnvoll sind Werte für $D_R = 0{,}7 \ldots 1$, um hinreichend schnell bei kleinstmöglichen Schwingungen zu sein. Für $D_R = \frac{1}{\sqrt{2}} \approx 0{,}7$ ist Gl. (3.30) identisch mit Gl. (3.29)

In Abb. 3.25 sind verschiedene Dämpfungsgrade von Systemen dargestellt. Beispielsweise kann $D_R = 1$ gewählt werden, sodass der Regelkreis gerade nicht schwingt. Ein derart eingestellter P-Anteil K_P ist somit kleiner als im Vergleich zur Einstellung nach dem Betragsoptimum. Der Regelkreis wird langsamer.

In der Praxis kommen allerdings noch zahlreiche weitere Effekte hinzu, sodass eine Reglereinstellung „einfach nach Formeln“ nicht immer zum gewünschten Ergebnis führt. Schwingungen können auch auftreten, indem die Stellgröße y in ihre Begrenzung „läuft“. Des Weiteren können nichtlineare Effekte auftreten, wie z. B. das Ruckgleiten (Stick-slip-Effekt). Um das alles zu berücksichtigen und dennoch einen sehr guten Regler auszulegen, ist weitere, vertiefende Kenntnis der Regelungstechnik notwendig, siehe zahlreiche Methoden in [41].

Kompensation der zwei größten Zeitkonstanten

Das bisherige Vorgehen kann nun auf einen PID-Regler ausgeweitet werden. Dazu wird der PID-Regler mit seiner Darstellung in der multiplikativen Form

$$G_R = G_{PID} = K_{Pm} \cdot \frac{(T_{Nm} \cdot s + 1) \cdot (T_{Vm} \cdot s + 1)}{T_{Nm} \cdot s} \tag{3.31}$$

verwendet, siehe Gl. (3.19). Damit lassen sich *zwei* Zeitkonstanten kompensieren. Das kann für nicht-schwingungsfähige Regelstrecken

$$G_S = G_{PT3} = \frac{K_S}{T_1 \cdot s + 1} \cdot \frac{1}{T_2 \cdot s + 1} \cdot \frac{1}{T_3 \cdot s + 1} \tag{3.32}$$

von mindestens 3. Ordnung – oder höher – angewandt werden, siehe Gl. (3.2). Wird nun die Nachstellzeit in der multiplikativen Form $T_{Nm} = T_1$ so groß wie die *größte* Zeitkonstante T_1 und die Vorhaltzeit $T_{Vm} = T_2$ so groß wie die *zweitgrößte* Zeitkonstante T_2 gewählt, dann werden sie

$$G_R \cdot G_S = K_{Pm} \cdot \frac{\cancel{(T_{Nm} \cdot s + 1)} \cdot \cancel{(T_{Vm} \cdot s + 1)}}{T_{Nm} \cdot s} \cdot \frac{K_S}{\cancel{T_1 \cdot s + 1}} \cdot \frac{1}{\cancel{T_2 \cdot s + 1}} \cdot \frac{1}{T_3 \cdot s + 1} \tag{3.33}$$

kompensiert. Der P-Anteil wird analog zu Gl. (3.30) mit

$$\boxed{K_{Pm} = \frac{T_{Nm}}{4 \cdot D_R^2 \cdot K_S \cdot T_3}} \tag{3.34}$$

eingestellt, z. B. mit $D_R = 0{,}7$ (Regelung ist schnell, schwingt etwas über) oder $D_R = 1$ (Regelung schwingt – theoretisch – nicht).

Kommentar zu Theorie und Praxis: Die hier vorgestellten mathematischen Formeln sind vereinfachte Abbildungen der Realität. Die Realität ist sehr viel komplexer als die *hier* gezeigten Formeln. Durch diese vereinfachte Betrachtung müssen Ungenauigkeiten in Kauf genommen werden. Dennoch helfen diese (vereinfachten) Formeln, um die Realität besser zu verstehen und hier einen Regler gut einzustellen. In der Ingenieurpraxis werden viele weitere, reale Effekte mit Formeln beschrieben und mithilfe von Simulationsprogrammen ausgewertet. Dennoch lässt sich die Realität nie exakt berechnen, z. B. aufgrund von Fertigungstoleranzen und entsprechend reagiert eine Anlage „etwas anders", als die Simulation berechnet hat. Diese Erkenntnis, dass die Realität nie exakt berechnet werden kann, ist wichtig bei der Interpretation von Ergebnissen: In der Realität können Abweichungen zum berechneten Ergebnis auftreten – und zwar oftmals zum Schlechteren. Beispiel 1: Wenn für eine Reglereinstellung *berechnet* wurde, dass die Regelgröße x den Sollwert w *nicht* erreicht, dann wird in Realität der Sollwert erst recht nicht erreicht (vorausgesetzt, die mathematischen Modelle sind hinreichend genau). Der Umkehrschluss gilt: In der Rechnung *muss* der Sollwert erreicht werden, um mit einer realen Anlage überhaupt in die Nähe des Sollwertes zu kommen (mit den Ergebnissen aus der Berechnung). Beispiel 2: Weiter oben wurde erwähnt, dass „die Regelung – theoretisch – nicht schwingt". Bei der obigen Betrachtung wurden viele realen Einflussfaktoren nicht berücksichtigt, z. B. keine Stellgrößenbegrenzungen, reales Sensorverhalten usw. Die Berechnung hat aber lediglich aufgezeigt, welche *Mindestvoraussetzungen* erfüllt sein müssen, damit keine Schwingungen auftreten. In der Praxis können mit diesen Reglereinstellungen aber sehr wohl Schwingungen auftreten, weil die hier vorgestellten Berechnungen vereinfacht sind. Aber: Die Berechnungen zeigen auch Lösungsmöglichkeiten für die Praxis auf, hier beispielsweise die weitere Reduzierung des Regler-P-Anteils K_P.

Kompensation komplexer Pole, Umgang mit schwingungsfähigen Regelstrecken
Schwingungsfähige Regelstrecken wurden oben bereits mit der Übertragungsfunktion

$$G_S = G_2 = \frac{K_S}{\frac{1}{\omega_0^2} \cdot s^2 + \frac{2 \cdot D}{\omega_0} \cdot s + 1} \tag{3.35}$$

vorgestellt, siehe Gl. (3.10). Ein PID-Regler hat die Übertragungsfunktion

$$G_R = G_{PID} = K_P \cdot \frac{T_N \cdot T_V \cdot s^2 + T_N \cdot s + 1}{T_N \cdot s} \tag{3.36}$$

in der Zeitkonstanten-Form, siehe Gl. (3.16). In einem Regelkreis werden diese beiden Übertragungsfunktionen

$$G_R \cdot G_S = K_P \cdot \frac{T_N \cdot T_V \cdot s^2 + T_N \cdot s + 1}{T_N \cdot s} \cdot \frac{K_S}{\frac{1}{\omega_0^2} \cdot s^2 + \frac{2 \cdot D}{\omega_0} \cdot s + 1} \tag{3.37}$$

multipliziert und bei geschickter Wahl der Reglerparameter können die Parameter der Regelstrecke kompensiert bzw. hier in den Brüchen gekürzt werden. Die Schwingungen werden damit in einer Regelung (theoretisch) eliminiert bzw. praktisch deutlich reduziert. Die geschickte Wahl der Reglerparameter ist für die Nachstellzeit

$$\boxed{T_N = \frac{2 \cdot D}{\omega_0}} \tag{3.38}$$

und die Vorhaltzeit wird mit

$$T_N \cdot T_V = \frac{1}{\omega_0^2}$$

$$\Rightarrow \boxed{T_V = \frac{1}{T_N \cdot \omega_0^2} = \frac{1}{2 \cdot D \cdot \omega_0}} \tag{3.39}$$

berechnet. Nun muss noch die Reglerverstärkung beispielsweise mit

$$\boxed{K_P = \frac{T_N}{4 \cdot D_R^2 \cdot K_S \cdot T_1}} \tag{3.40}$$

ausgerechnet werden, siehe Gl. (3.34). Dabei kann der Dämpfungsgrad der Regelung beispielsweise mit $D_R = 1$ vorgegeben werden. Zudem wird noch eine Zeitkonstante T_1 der Regelstrecke benötigt. Eine reale Anlage wird mit Gl. (3.35) nur teilweise beschrieben. In Realität sind weitere P-T_1-Glieder vorhanden. Allerdings gibt es leider keine pragmatische Lösung, um sie hier aus einer Sprungantwort abzulesen. Aber sie kann mit etwas Erfahrung z. B. mit

$$T_1 = \frac{0{,}1}{\omega_0} \tag{3.41}$$

abgeschätzt werden. Der Kehrwert $\frac{1}{\omega_0}$ der Eigenkreisfrequenz ist wie eine Zeitkonstante $T = \frac{1}{\omega_0}$ und hiervon können beispielsweise 10 %, also 0,1 als weitere Zeitkonstante T_1 abgeschätzt werden, wenn sie nämlich nicht stark ausgeprägt ist. In Abb. 3.53 sind verschiedene schwingungsfähige Systeme vorgestellt: Als Referenz dient ein System 2. Ordnung (P-T_2) ohne weitere Verzögerungen. In der Praxis existieren allerdings noch weitere Verzögerungen, z. B. das Anfahrverhalten eines Motors und das schwingungsfähige

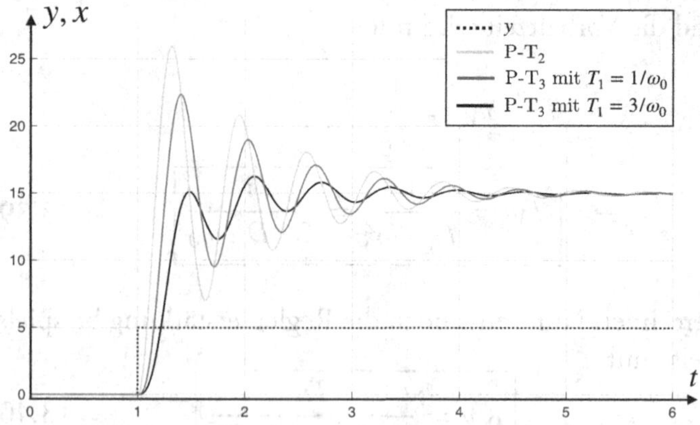

Abb. 3.53 Vergleich eines schwingungsfähigen Systems 2. Ordnung (P-T_2) mit Systemen 3. Ordnung, die zusätzlich eine Zeitkonstante $T_1 = \frac{1}{\omega_0}$ bzw. $T_1 = \frac{3}{\omega_0}$ haben (Dämpfungsgrad D und Eigenkreisfrequenz ω_0 sind bei allen drei Systemen gleich)

System ist zusätzlich die Last an einem Seil bei einem Krahn. In der Abb. 3.53 sind schwingungsfähige Systeme mit weiteren Zeitkonstanten $T_1 = \frac{1}{\omega_0}$ bzw. $T_1 = \frac{3}{\omega_0}$ dargestellt. Ohne die Referenz wäre es sehr schwer, pragmatisch diese Zeitverzögerung zu erkennen, sie ist hier näherungsweise abzuschätzen. Bei einer deutlich ausgeprägten Zeitkonstanten mit $T_1 = \frac{3}{\omega_0}$ ist es gut zu erkennen, wie sie das Verhalten beeinflusst. Falls die Sprungantwort eines schwingungsfähigen Systems „ähnlich" wie die Referenz aussieht, dann kann eine weitere Zeitkonstante von der Größenordnung

$$T_1 = \frac{0{,}1}{\omega_0} \dots \frac{1}{\omega_0} \dots \left(\frac{2}{\omega_0}\right) \tag{3.42}$$

pragmatisch eingeschätzt werden, also in Bezug zu $\frac{1}{\omega_0}$. Diese Einschätzung dient der Auslegung des Regler-P-Anteils und die Auslegung wird später noch gezeigt. Bis hierhin genügt eine Einschätzung des Wertebereichs. Weiter oben wurde bereits erwähnt, dass bei der Inbetriebnahme einer neuen Anlage der Regler-P-Anteil eher zunächst niedriger angesetzt werden sollte. Das heißt, sicherheitshalber sollte T_1 tendenziell größer eingeschätzt werden, um ein niedrigeres K_P zu erhalten. Das Ablesen der anderen Parameter wie Eigenkreisfrequenz und Dämpfungsgrad wurde in Abschn. 3.1.1 bereits behandelt.

Anwendung des symmetrischen Optimums Für integrierende Regelstrecken wurde das symmetrische Optimum entwickelt, siehe [33]. Integrierende Regelstrecken antworten auf eine Sprungfunktion mit immer weiter fortlaufender Ausgangsgröße. Dieses Verhalten ist typisch bei Positionsregelungen: Wenn bei einem Elektromotor eine konstante Spannung als Eingangsgröße gegeben ist und die Position ist von Interesse, dann liegt ein integrierendes Verhalten zugrunde. Rein theoretisch ist ein P-Regler für die Regelung einer integrierenden Strecke ausreichend. In der Praxis existieren allerdings weitere Einflussfaktoren, sodass ein PI-Regler sinnvoll ist, z. B. um Ruckgleiten auszugleichen (stick-slip-Effekt).

Beim verallgemeinerten symmetrischen Optimum wird der Regler-P-Anteil mit

$$\boxed{K_P = \frac{1}{a \cdot K_S \cdot T_S}} \tag{3.43}$$

und die Nachstellzeit

$$\boxed{T_N = a^2 \cdot T_S} \tag{3.44}$$

ausgelegt, Herleitung siehe [41]. Mit dem Koeffizienten a kann der Dämpfungsgrad des Regelkreises

$$\boxed{D_R = \frac{a-1}{2}} \tag{3.45}$$

eingestellt bzw. vorgegeben werden. Die Standard-Einstellung des symmetrischen Optimums ist $a = 2$ und der Regelkreis schwingt mit einem Dämpfungsgrad $D_R = 0{,}5$. Der Koeffizient a darf nicht zu klein vorgegeben werden, da sonst der Regelkreis instabil wird. Für $a = 1$ ist die Stabilitätsgrenze erreicht und der Regelkreis führt Dauerschwingungen aus. Die Zeitkonstante T_S ist die größte, dominierende Zeitkonstante der Regelstrecke $T_S = T_1$ oder eine Summen-Zeitkonstante $T_S = T_\Sigma$.

Zusammenfassung: Eine Quintessenz

Es wurde ein „kleiner Formel-Werkzeugkasten“ beschrieben, um Regler methodisch auszulegen. Sicherlich ist eine Herleitung der Formeln für das Verständnis wichtig, aber es ist hier ein kompakter Einsteig geboten, siehe dazu weiterführende Literatur [41, 45].

Die Kompensation der größten Zeitkonstante T_1 einer nicht-schwingungsfähigen P-T_2-Regelstrecke (oder höherer Ordnung) erfolgt durch Einstellung der Regler-Nachstellzeit T_N auf den Wert der größten Zeitkonstante T_1 der Regelstrecke. Der P-Anteil K_P wird nach dem Betragsoptimum eingestellt, was zu einem leichten Überschwingen und einem Dämpfungsgrad von etwa $D_R \approx 0{,}7$ führt. Alternativ kann der Dämpfungsgrad D_R vorgegeben werden, was die Reglerverstärkung K_P beeinflusst und die Dynamik der Regelung reduziert, siehe Tab. 3.20 „Komp. T_1“.

Die zwei größten Zeitkonstanten T_1 *und* T_2 einer nicht-schwingungsfähigen Regelstrecke höherer Ordnung können mit einem PID-Regler in seiner multiplikativen Form kompensiert werden. Dabei kompensiert die Nachstellzeit

Tab. 3.20 Wichtige Übersicht mit Reglereinstellungen und Umrechnung der Reglerparameter, siehe auch Tab. 3.9

	klassische Form			Zeitkonstanten-Form			multiplikative Form		
Synonyme	Standardform, additive Darstellung mit K_P, K_I und K_D			additive Darstellung mit T_N und T_V			Faktor-Form		
Umrechnung	K_P	$K_I = \frac{K_P}{T_N}$	$K_D = K_P \cdot T_V$	$K_P = K_P$	$T_N = \frac{K_P}{K_I}$	$T_V = \frac{K_D}{K_P}$	$K_P = \frac{T_N}{T_{Nm}} \cdot K_{Pm} = \frac{T_{Nm}+T_{Vm}}{T_{Nm}} \cdot K_{Pm}$	$T_N = T_{Nm} + T_{Vm}$	$T_V = \frac{T_{Nm} \cdot T_{Vm}}{T_N} = \frac{T_{Nm} \cdot T_{Vm}}{T_{Nm}+T_{Vm}}$
Komp. T_1				$T_N = T_1$ (PI-Regler) $T_V = 0$ (PI-Regler)			$T_{Nm} = T_1$ $T_{Vm} = 0$ (PI-Regler, hierbei is $T_{Nm} = T_N$)		
Komp. T_1, T_2							$T_{Nm} = T_1$ $T_{Vm} = T_2$ (PID-Regler)		
P-Regler				$K_P = \frac{T_N}{4 \cdot D_R^2 \cdot K_S \cdot T_2}$ $D_R = \frac{1}{\sqrt{2}} \approx 0{,}7$ (Betragsoptimum) $D_R \geq 1$ (schwingt nicht)			$K_{Pm} = \frac{T_{Nm}}{4 \cdot D_R^2 \cdot K_S \cdot T_3}$		
Schwing. komp.				$T_N = \frac{2 \cdot D}{\omega_0}$ $T_V = \frac{1}{T_N \cdot \omega_0^2} = \frac{1}{2 \cdot D \cdot \omega_0}$					
P-Regler				$K_P = \frac{T_N}{4 \cdot D_R^2 \cdot K_S \cdot T_1}$ mit $T_1 = \frac{0{,}1 \ldots 2}{\omega_0}$					
I-Strecke				$T_N = a^2 \cdot T_S$ mit $D_R = \frac{a-1}{2}$					
P-Regler				$K_P = \frac{1}{a \cdot K_S \cdot T_S}$					

$T_{Nm} = T_1$ die größte Zeitkonstante T_1 und die Vorhaltzeit $T_{Vm} = T_2$ die zweitgrößte Zeitkonstante T_2, siehe Tab. 3.20 „Komp. T_1, T_2". Zur Implementierung des Reglers dient die Zeile „Umrechnung", um z. B. die Nachstellzeit in der additiven Darstellung T_N zu berechnen.

PID-Regler können Schwingungen in schwingungsfähigen Regelstrecken durch geschickte Wahl der Reglerparameter reduzieren. Die Nachstellzeit T_N und Vorhaltzeit T_V in der additiven Form sowie die Reglerverstärkung K_P werden anhand der Eigenkreisfrequenz ω_0 und des Dämpfungsgrades D bestimmt, siehe Tab. 3.20 die Zeile Schwingungskompensation (kurz: „Schwing. komp.").

Für integrierende Regelstrecken wird das symmetrische Optimum angewendet, wobei der P-Anteil und die Nachstellzeit über den Koeffizienten a und die dominierende Zeitkonstante T_S eingestellt werden, siehe Tab. 3.20 „I-Strecke".

3.2.4 Pragmatisch-heuristische Einstellungen, Teil 2 mit angewandten Ingenieur-Methoden und Praxiserfahrungen

Bis hierher wurden

- pragmatisch-heuristische Einstellungen, Teil 1,
- tabellarische Einstellverfahren und
- (ausgewählte) Methoden aus dem Ingenieurwesen vorgestellt.

Bei den ersten beiden genannten Punkten ist streng genommen kein fundiertes Wissen über Regelungstechnik erforderlich. Hingegen erfordert die Anwendung und das Verstehen der Methoden aus dem Ingenieurwesen doch eine gewisse

Hingabe und Einarbeitung in die Thematik. Es wurde auch implizit deutlich, dass eine mathematische Modellbildung notwendig ist, um die Methoden anzuwenden: Es muss bekannt sein, wie die Regelstrecke funktioniert und wie sie sich dynamisch verhält. Mit den charakteristischen Parametern der Regelstrecke können Regler entworfen werden.

Nun wird diese Erkenntnis angewandt und erweitert, um pragmatisch-heuristische Einstellungen zu verbessern. Das Ziel ist, vor Ort an einer Anlage mit etwas methodischen Grundlagen gute Werte für einen Regler zu finden. Es wird eine Anleitung gezeigt, um den Regler vor Ort zu optimieren.

Bestimmung der Größenordnung von K_P als „Stellgrößenbetrachtung":

Zunächst wird der P-Anteil K_P untersucht, um eine passende Größenordnung für K_P zu ermitteln. Diese Vorabeinschätzung von Reglerparametern ist sehr wichtig, um eine Maschine zu Beginn nicht zu überfordern oder sie unterhalb der Stabilitätsgrenze zu betreiben. In der Technik ist es oftmals hilfreich, gute, passende Werte überschlägig zu finden, was hier am Beispiel des P-Reglers vorgestellt wird.

Der P-Regler gibt durch eine simple Formel die Stellgröße

$$y = K_P \cdot e \tag{3.46}$$

aus, siehe Tab. 3.7. Als nächstes ist die Frage zu beantworten: Welche maximale Stellgröße y_{max} soll oder darf auf die Anlage durch den P-Regler ausgegeben werden? Oder allgemein: Welche maximale Stellgröße y_{max} ist denn überhaupt möglich? Ein kleiner Elektromotor kann z. B. mit maximal 5 V betrieben werden, oder ein Hydraulikventil kann Stellgrößen von ±10 V verarbeiten. Dieser Betrag ist dann die maximale Stellgröße y_{max}. Die Formel für den P-Regler wird nun nach

$$K_P = \frac{y}{e} = \frac{y_{max}}{e_{max}} \tag{3.47}$$

aufgelöst. Mit der maximal möglichen Regeldifferenz e_{max} kann zumindest die Größenordnung eines sinnvollen K_P-Wertes ermittelt werden. Dieses Vorgehen wird hier als **„Stellgrößenbetrachtung"** bezeichnet und wurde in [41] vorgestellt.

Beispiel 1: Ein Elektromotor soll in eine Drehzahlregelung eingebunden werden. Der Motor kann maximal 6000 U/min schnell drehen. Die Stellgröße sei hier normiert und kann Zahlenwerte zwischen 0 und 100 % annehmen. Ein sinnvoller Wert ist $K_P = \frac{y_{max}}{e_{max}} = \frac{100}{6.000} \approx 0{,}01667$. Mit diesem Wert für K_P kann also die maximale Stellgröße bei maximaler Regeldifferenz ausgelöst werden! Das Beispiel zeigt auch, dass durchaus „klein erscheinende" Zahlenwerte für K_P eine große Wirkung erzielen können. Beispiel 2: Ein Hydraulikzylinder soll in eine Positionsregelung eingebunden werden, betrieben wird er mit einem Stetigventil (Stellgröße ± 10 V). Der maximale Hub des Zylinders beträgt 0,8 m. Ein möglicher Wert ist $K_P = 10/0{,}8 = 12{,}5$, wenn die Position in Metern gemessen wird. WICHTIG: Bei einer Messung und Sollwert in Millimetern ergibt sich $K_P = 10/800 = 0{,}0125$, um eine passende Stellgröße auszugeben.

Der so ermittelte Zahlenwert für K_P sollte nochmals reduziert werden, um sehr vorsichtig an die Maschine oder Anlage einzuwirken. Bei der Erst-Inbetriebnahme kann beispielsweise der so gefundene K_P-Wert noch mit 0,1 multipliziert werden, um nur 10 % der maximalen Stellgröße zuzulassen (oder sogar noch weniger). Damit kann die Maschine vorsichtig getestet werden. Die Werte für K_P sind dann nach und nach zu erhöhen. Die hier vorgeschlagene überschlägige Rechnung ist sehr sinnvoll, um überhaupt eine passende, plausible Größenordnung des P-Anteils K_P zu ermitteln. Der Zahlenwert dient auch als Referenz- bzw. „Ankerwert" für die Anwendung und Bewertung weiterer Methoden.

Dieses Vorgehen mit der „Stellgrößenbetrachtung" setzt allerdings voraus, dass die Maschine bzw. Anlage gut-passend geplant, projektiert und konstruiert ist. Das ist bei der Entwicklung von Maschinen und Anlagen ein sehr wichtiger Punkt: Bereits während der Projektierungsphase muss an die Regelungstechnik gedacht werden – wenn es gut werden soll! Das heißt, während der Projektierungsphase muss beachtet werden, was die Maschine letztlich erreichen *soll*. Dementsprechend sind dazu *passende* Antriebssysteme auszulegen – nicht zu klein und auch nicht zu groß! Ein zu groß ausgelegtes Antriebssystem ist schlechter regelbar, wenn es z. B. nur im sehr kleinen Stellsignal-Bereich betrieben wird. Erfahrungswert aus der Praxis: Bei einer guten Regelung sollte die Stellgröße y bis zu 80 % ausgelastet sein.

Zusammenfassung: Eine Größenordnung des Regler-P-Anteils $K_P = \frac{y_{max}}{e_{max}}$ kann also durch die maximale (gewünschte) Stellgröße y_{max} und die maximale Regeldifferenz e_{max} bestimmt werden, siehe Tab. 3.21. Damit kann ein „Ankerwert" bzw. Referenzwert für einen P-Anteil K_P ermittelt werden, unter der Voraussetzung, dass die Maschine gut und passend konzipiert ist. Auch die tabellarischen Einstellverfahren helfen, um Größenordnungen eines Regler-P-Anteils zu finden, siehe Abschn. 3.2.2. Allerdings betrachten diese Einstellverfahren *nicht* die Stellgröße y, wobei sie in der angewandten Regelungstechnik eine sehr wichtige Größe ist, die es zu beachten gilt.

Tab. 3.21 Pragmatisch-heuristisches Vorgehens, Teil 2 mit Vorabeinschätzung des Regler-P-Anteils K_P durch die Stellgrößenbetrachtung, Ergänzung der Tab. 3.11

Schritt	Beschreibung
1.1	Ermittlung der maximalen Stellgröße y_{max} der Regelstrecke
1.2	Ermittlung der maximalen Regeldifferenz oder Einschätzung einer Regeldifferenz, die bereits die maximale Stellgröße ausgeben soll e_{max}
1.3	Berechnung des P-Reglers mit $K_P = y_{max}/e_{max}$
1.4	Reduzierung des P-Reglers, um für einen ersten Test Sicherheitsreserven zu haben, z. B. 10 % des oben gefundenen K_P, also $K_{P1} = 0{,}1 \cdot K_P$
1.5	Schrittweise und vorsichtige Erhöhung des K_P-Wertes mit ständiger Überwachung der Systemantwort (Sicherheit, Schutz der Anlage vor Überlastung)

Bestimmung eines Regler-I-Anteils für einen PI-Regler:
Nun wird als nächstes der Regler zu einem PI-Regler erweitert. Für bestimmte Regelstrecken kann allein durch Ausprobieren und ohne Vorwissen ein I-Anteil sukzessive von Null beginnend erhöht werden, um akzeptable Ergebnisse zu erhalten, siehe Abschn. 3.2.1. Es stellt sich aber auch hier die Frage: Gibt es Anhaltswerte für einen guten I-Anteil? Die Antwort lautet: Ja und es wird im Folgenden gezeigt.

Dazu helfen die mathematischen Modelle einer Regelstrecke, siehe Abschn. 3.1.1. Es wurde dargestellt, wie die größte Zeitkonstante T_1 aus einer Sprungantwort abgeschätzt werden kann. Ebenso wurde auch eine „großzügige“ Abschätzung mit T_{1+} beschrieben, siehe z. B. Abb. 3.13. Bei der methodischen Auslegung von Reglern aus dem Ingenieurwesen wurde beschrieben, dass die Nachstellzeit $T_N = T_1$ des Reglers genauso groß einzustellen ist wie die größte Zeitkonstante T_1. Es lässt sich mathematisch und in der Praxis zeigen, dass sicherheitshalber eine größere Nachstellzeit $T_N \geq T_1$ einzustellen ist, damit die Regelung nicht schwingt oder gar stabil ist, siehe Herleitung in [41]. Aber auch im Rahmen dieses kompakten Buches sollte diese Aussage nachvollziehbar sein: Der langsame I-Anteil führt tendenziell zu Schwingungen und zu Instabilitäten, wenn er zu groß eingestellt ist. Mit der Umrechnung

$$K_I = \frac{K_P}{T_N} \tag{3.48}$$

$$\Leftrightarrow T_N = \frac{K_P}{K_I} \tag{3.49}$$

wird ersichtlich, dass größere Werte für eine Nachstellzeit T_N zu einem kleineren I-Anteil K_I führen und umgekehrt. Mit einem kleineren I-Anteil K_I ist die Regelung „auf der sicheren Seite“, es gibt keine oder wenig Schwingungen und sie wird unterhalb der Stabilitätsgrenze betrieben. Somit kann die Einstellung wie folgt präzisiert werden:

1. Einstellung des P-Reglers K_P, sodass die Regelung gerade so *nicht* schwingt oder nur leicht überschwingt. Beispielsweise kann der P-Anteil so eingestellt werden, dass ein Dämpfungsgrad $D_R = 0{,}7$ auftritt. Gegenüber den bereits vorgestellten, ersten Anhaltswerten für K_P muss ggf. der Wert vorübergehend wieder verringert werden.
2. Ergänzung eines I-Anteils, beginnend mit einer tendenziell zu großen Nachstellzeit $T_N = T_{1+}$. Dabei wird der P-Anteil K_P aus dem 1. Schritt *vorerst nicht* mehr verändert, er ist „vorübergehend eingefroren". Mit dem so eingestellten K_P kann die Nachstellzeit bei Bedarf in $K_I = \frac{K_P}{T_N}$ umgerechnet werden. Nun wird sukzessive die Nachstellzeit T_N reduziert (oder K_I erhöht), und zwar soweit, *bis* die Regelung gerade so *nicht* schwingt (bzw. vom Verlauf her so aussieht, wie das Ergebnis aus Schritt 1.). Mit diesem Vorgehen lässt sich übrigens im Idealfall die größte Zeitkonstante T_1 ermitteln. Die Regelung ist also bis hierhin genau an der Schwingungsgrenze eingestellt und die Nachstellzeit T_N wird nun nicht weiter verändert. Wenn nun eine passende Nachstellzeit T_N gefunden ist, dann kann bei Bedarf der P-Anteil wieder erhöht werden, um die Dynamik zu verbessern, allerdings wird dann voraussichtlich die Regelung tendenziell etwas schwingen. **Vorsicht:** Wenn bei einem Regler K_I eingegeben wird, dann muss bei Veränderung von K_P zusätzlich auch K_I entsprechend Gl. (3.48) geändert werden! Die Nachstellzeit T_N ist schließlich mit diesem 2. Schritt fest eingestellt. **Tipp:** Prozentuale Änderungen helfen dabei, Beispiel: Wenn der P-Anteil K_P um 10 % also um den Faktor 1,1 erhöht wird, dann ist auch K_I um 10 % bzw. um den Faktor 1,1 zu erhöhen. Damit bleibt die Nachstellzeit T_N gleich.

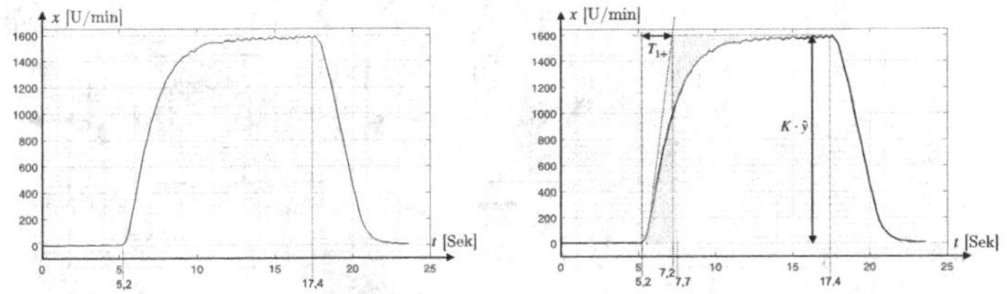

(a) Sprungantwort, siehe gleiche Abbildung 3.47

(b) Ablesen charakteristischer Parameter, siehe gleiche Abbildung 3.48

Abb. 3.54 Sprungantwort einer Anlage, die mit $\hat{y} = 30\,\%$ zum Zeitpunkt $t = 5{,}2$ Sek angeregt wird und die Drehzahl in U/min gemessen wird; Ablesen charakteristischer Parameter

3. Ausblick: Ein Regler-D-Anteil kann nun noch zusätzlich implementiert werden.

Beispiel Drehzahlregelung: Die beschriebene Einstellung eines Reglers wird nun anhand eines Beispiels demonstriert. Hierzu wird die Drehzahlregelung einer realen Anlage ausgelegt. Mit dieser Anlage wurden bereits in Abschn. 3.2.2 die tabellarischen Einstellverfahren angewandt und dargestellt. Als Wiederholung und als Einstieg ist in Abb. 3.54 die Sprungantwort mit einer Anregung $\hat{y} = 30\,\%$ gezeigt. Der Motor wurde dabei also *zunächst nicht* im Regelkreis, sondern „einfach nur“ mit einer Spannung betrieben und die Drehzahl gemessen (die Spannung ist hier in Prozent normiert, hier also 30 % der maximal möglichen Motorspannung). Hieraus wurden bereits charakteristische Parameter abgelesen, wie der Verstärkungsfaktor $K_P = 53{,}33$ und die großzügig abgeschätzte Zeitkonstante $T_{1+} = 2$ Sek sowie die Summen-Zeitkonstante $T_\Sigma = 2 \ldots 2{,}5$ Sek nach Kuhn. Das Ablesen und Erkennen charakteristischer Parameter ist ein Teilgebiet der Modellbildung. Die Wichtigkeit einer Modellbildung wird hier nochmals deutlich, um nämlich damit im nächsten Schritt einen Regler zu optimieren.

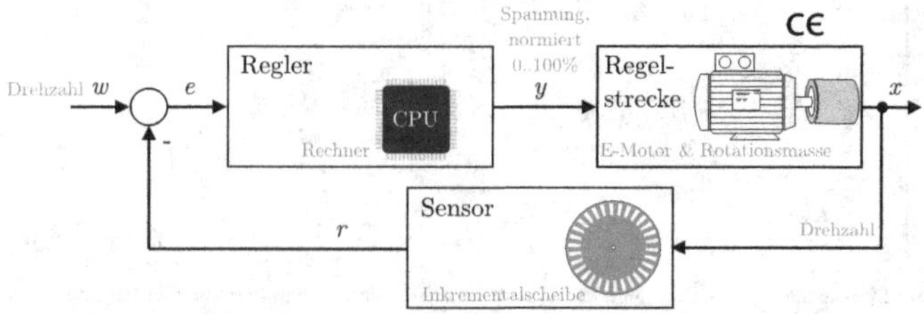

Abb. 3.55 Drehzahlregelung eines Elektromotors (E-Motor), der eine Rotationsmasse antreibt; die Drehzahl wird durch eine Inkrementalscheibe erfasst; der Sollwert w wird als Drehzahl vorgegeben und davon wird die gemessene Drehzahl r subtrahiert, um die Regeldifferenz e zu erhalten; der Regler berechnet eine normierte Spannung $y = 0 \ldots 100\,\%$ die den Motor betreibt

Als nächster Schritt wird der Motor in einer Drehzahlregelung betrieben und zwar zunächst mit einem reinen P-Regler, siehe Abb. 3.55. Dazu sind unterschiedliche Werte für K_P eingestellt, siehe Abb. 3.56. Wertebereiche für K_P als Größenordnung wurde bereits oben beschrieben, z. B. mit der Stellgrößenbetrachtung $K_P \approx 0{,}01.667$ oder die gefundenen Werte nach Kuhn mit $K_P = 0{,}00938$. Mit diesem Wertebereich lässt sich nun die Anlage testen, um die Reaktion zu studieren (umgangssprachlich: Mit den unterschiedlichen Werten lässt sich mit der Anlage „spielen“, um damit wertvolle Erfahrungen zu sammeln). Bei $K_P = 0{,}01$ zeigt die Anlage so gut wie keine Schwingungen mehr. Die hochfrequenten Schwingungen sind einerseits typisch für reale Anlagen, weil eine Drehzahl nie exakt konstant gehalten werden kann. Andererseits liefert hier das Messsystem diskrete Werte, d. h. es ist keine kontinuierliche Messung.

Mit den unterschiedlichen Werten für K_P aus Abb. 3.56 lassen sich auch die bereits gewonnenen Erkenntnisse aus der Regelungstechnik zeigen, bezogen auf diesen Typ von Regelstrecke:

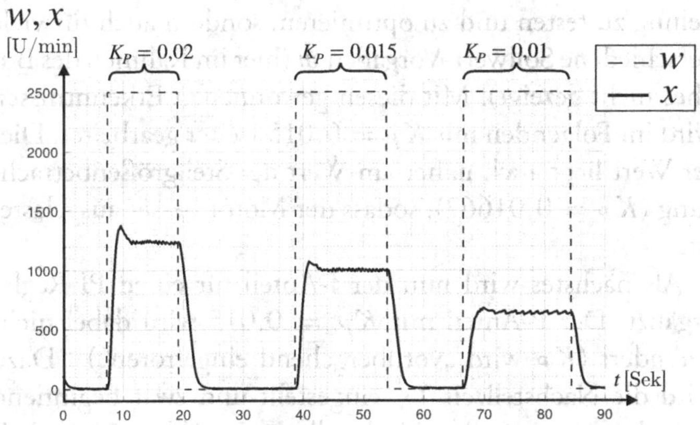

Abb. 3.56 Drehzahlregelung mit einem reinen P-Regler und unterschiedlichen K_P; der Sollwert w springt von Null auf 2500 U/min und wieder zurück

- Ein höherer P-Anteil führt dazu, dass die Drehzahl als Regelgröße x näher an den Sollwert w kommt, d. h. Regeldifferenz e wird kleiner.
- Ein größerer P-Anteil führt zum Schwingen bzw. Überschwingen. Mit $K_P = 0{,}02$ ist ein Überschwingen auf ca. 1400 U/min zu beobachten, danach nimmt die Drehzahl wieder ab und pendelt sich bei ca. 1250 U/min ein.
- Bei genauerer Betrachtung fällt auf, dass die Dynamik mit höherem P-Anteil steigt: Der Anstieg der Drehzahl ist größer mit größerem P-Anteil K_P (die Tangente der Drehzahl ist steiler beim Sprung des Sollwertes w von Null auf 2500 U/min).

Beim „Spielen" mit der Anlage (=experimentelle Tests durchführen) wird auch deutlich, dass tendenziell sogar ein $K_P = 0{,}015$ besser geeignet ist, als ein $K_P = 0{,}01$. Mit $K_P = 0{,}015$ können hier für verschiedene Drehzahl-Sollwerte w bessere Reaktion erhalten werden. Tipp aus der Praxis: Es ist ratsam, nicht nur für einen bestimmten Sollwert die Regelung zu testen und zu optimieren, sondern auch für viele verschiedene Sollwert-Vorgaben w (hier im Rahmen des Buches nicht gezeigt). Mit diesen gewonnenen Erkenntnissen wird im Folgenden mit $K_P = 0{,}015$ weiter gearbeitet. Dieser Wert liegt auch näher am Wert der Stellgrößenbetrachtung ($K_P = 0{,}01667$), sodass der Motor besser ausgelastet ist.

Als nächstes wird nun der I-Anteil für einen PI-Regler ergänzt. Der P-Anteil mit $K_P = 0{,}015$ wird dabei nicht verändert (K_P wird „vorübergehend eingefroren") . Dazu wird die Nachstellzeit T_N eingestellt und zwar beginnend von eher einer großen Nachstellzeit. In Abb. 3.57 ist beispielhaft dargestellt, wenn die Nachstellzeit mit $T_N = 10$ *für diese Anlage* sehr groß ist. Das Ergebnis ist eine träge Regelung. Mit der Umrechnung $K_I = \frac{K_P}{T_N} = \frac{0{,}015}{10} = 0{,}0015$ kann der I-Anteil ausgerechnet werden. Durch den kleinen I-Anteil braucht es lange Zeit, um eine Stellgröße aufzubauen und damit auch das Ziel $w = 2.500$ U/min zu erreichen.

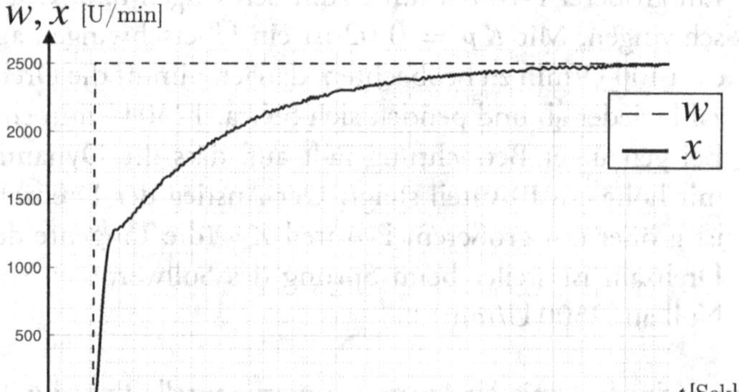

Abb. 3.57 PI-Regler mit viel zu groß eingestellter Nachstellzeit $T_N = 10$ und einem P-Anteil $K_P = 0{,}015$

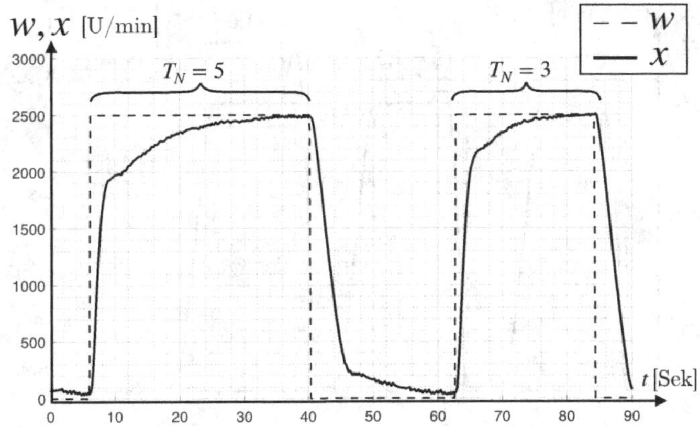

Abb. 3.58 PI-Regler mit Nachstellzeit $T_N = 5$ bzw. $T_N = 3$ und einem P-Anteil $K_P = 0{,}015$

Nun lässt sich – bei „eingefrorenem“ $K_P = 0{,}015$ – die Nachstellzeit T_N weiter reduzieren, siehe Abb. 3.58. In diesem Beispiel ist die Nachstellzeit $T_N = 5$ bzw. $T_N = 3$ eingestellt, wohlwissend, dass eine Nachstellzeit $T_N < 2$ zweckmäßig ist. Durch die Modellbildung und die Erkenntnis aus dem Ingenieurwesen ist bekannt, dass $T_N < 2$ zielführend ist, wie noch beschrieben wird. Dennoch lässt sich bei zu großen Nachstellzeiten T_N festhalten, dass die Regelung langsam ist. Die vorgestellten Ergebnisse sind übrigens im gleichen Zeitausschnitt $t = 0 \ldots 90$ Sek gezeigt, um die Abbildungen miteinander vergleichen zu können.

Nach den Voruntersuchungen wird nun eine Nachstellzeit $T_N = 2$ bzw. $T_N = 1{,}5$ bzw. $T_N = 1{,}0$ gezeigt, siehe Abb. 3.59. Mit der realen Anlage lässt sich natürlich noch „spielen“, und viele weitere Nachstellzeiten T_N testen. Es lässt sich aber schnell herausfinden, dass eine Nachstellzeit $T_N = 1{,}5$ eine gute Wahl ist, u. a. auch für mehrere, unterschiedliche Sollwerte w (also nicht nur die 2500 U/min). Mit der Nachstellzeit $T_N = 1{,}5$ kommen leichte Über-

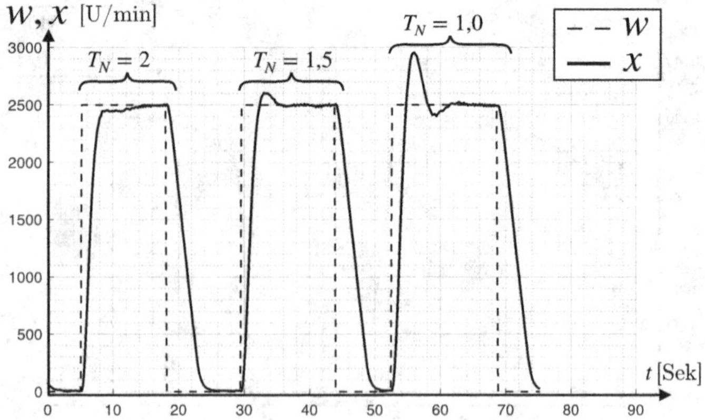

Abb. 3.59 PI-Regler mit Nachstellzeit $T_N = 2$ bzw. $T_N = 1{,}5$ bzw. $T_N = 1{,}0$ und einem P-Anteil $K_P = 0{,}015$

schwinger vor und das ist Vergleichbar mit den Überschwinger der reinen P-Regelung mit $K_P = 0{,}015$, vgl. Abb. 3.56. Damit ist ein guter I-Anteil $K_I = \frac{K_P}{T_N} = \frac{0{,}015}{1{,}5} = 0{,}01$ bestimmt. Eine noch kleinere Nachstellzeit führt zu stärkeren Schwingungen, hier am Beispiel $T_N = 1{,}0$ vorgestellt. Durch dieses hier beschriebene Vorgehen lässt sich übrigens die größte Zeitkonstante mit $T_1 = T_N = 1{,}5$ mit einer Regelung ermitteln.

Als Ergänzung wird hier noch dargestellt, was passiert, wenn die Nachstellzeit noch kleiner eingestellt wird, siehe Abb. 3.60. Bereits eine Nachstellzeit von $T_N = 0{,}5$ ist nicht sinnvoll, es verschlechtert das Ergebnis, weil der Regelkreis zu stark schwingt und es braucht Zeit bis er eingeschwungen ist. Mit der Umrechnung $K_I = \frac{K_P}{T_N} = \frac{0{,}015}{0{,}5} = 0{,}03$ wird deutlich, dass der I-Anteil zu groß ist und es zu den gezeigten Schwingungen führt. Ein noch kleineres $T_N = 0{,}1$ führt zu Dauerschwingungen und der Regelkreis ist an der Stabilitätsgrenze, siehe auch Tab. 3.22.

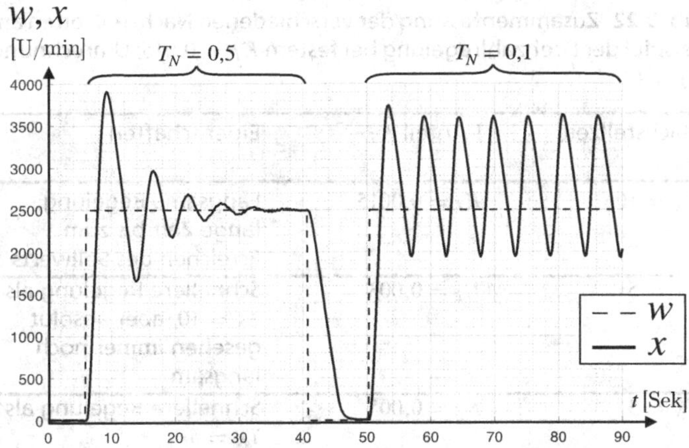

Abb. 3.60 PI-Regler mit Nachstellzeit $T_N = 0{,}5$ bzw. $T_N = 0{,}1$ und einem P-Anteil $K_P = 0{,}015$

Als letztes kann noch ein D-Anteil ergänzt werden, um „alles“ aus der Regelung herauszuholen, was hohe Dynamik bei minimalen Schwingungen anbelangt. Da es sich um eine nicht-schwingungsfähige Strecke höherer Ordnung handelt, ist ein PID-Regler in der multiplikativen Form zu verwenden, siehe Abschn. 3.1.2 und insbesondere Tab. 3.9. Dabei kompensiert die Nachstellzeit T_{Nm} die größte und die Vorhaltzeit T_{Vm} die zweitgrößte Zeitkonstante. Die größte Zeitkonstanten wurde oben mit $T_1 = 1{,}5$ festgestellt, weil damit die mit am besten erzielten Ergebnisse eines PI-Reglers erzielt wurden. Bei der Kompensation in der multiplikativen Regler-Darstellung muss nun $T_{Nm} = T_1$ gesetzt werden. Bei Betrachtung der Sprungantwort in Abb. 3.47 wird deutlich, dass die zweitgrößte Zeitkonstante um einiges kleiner sein muss, weil der Anstieg zu Beginn keine ausgeprägte „Kurve“ hat und eher einem P-T_1-Verhalten gleicht, siehe dazu auch die Modellbildung in Abschn. 3.1.1 und darin Abb. 3.16. Daher wird pragmatisch die zweitgrößte Zeitkonstante hier mit $T_2 = 0{,}1 \cdot T_1 = 0{,}15$ abgeschätzt und sie wird durch

Tab. 3.22 Zusammenfassung der verschiedenen Nachstellzeiten am Beispiel der Drehzahlregelung bei festem $K_P = 0{,}015$; Umrechnung $K_I = \frac{K_P}{T_N}$

Nachstellzeit T_N	I-Anteil K_I	Eigenschaften
$T_N = 10$	$K_I = 0{,}0015$	Langsame Regelung, lange Zeit bis zum Erreichen des Sollwerts
$T_N = 5$	$K_I = 0{,}003$	Schnellere Regelung als $T_N = 10$, aber absolut gesehen immer noch langsam
$T_N = 3$	$K_I = 0{,}005$	Schnellere Regelung als $T_N = 5$
$T_N = 2$	$K_I = 0{,}0075$	Gute Balance zwischen Geschwindigkeit und Stabilität
$T_N = 1{,}5$	$K_I = 0{,}01$	Leichte Überschwinger, gute Dynamik, ausgewählte Einstellung
$T_N = 1$	$K_I = 0{,}015$	Größere Überschwinger als $T_N = 1{,}5$
$T_N = 0{,}5$	$K_I = 0{,}03$	Übermäßige Schwingungen, instabil
$T_N = 0{,}1$	$K_I = 0{,}15$	Dauerhafte Schwingungen, an der Stabilitätsgrenze

die Vorhaltzeit $T_{Vm} = T_2 = 0{,}15$ kompensiert. Mit diesem Vorgehen können von der Größenordnung passende Reglerparameter gefunden werden. Allerdings liegen sie hier nun in der multiplikativen Form vor und müssen noch mit

$$T_N = T_{Nm} + T_{Vm} = 1{,}5 + 0{,}15 = 1{,}75 \tag{3.50}$$

$$T_V = \frac{T_{Nm} \cdot T_{Vm}}{T_N} = \frac{1{,}5 \cdot 0{,}15}{1{,}75} \approx 0{,}13 \tag{3.51}$$

umgerechnet werden, siehe dazu auch Tab. 3.23, die die Umrechnungen nochmals zeigt. Mit der realen Anlage können auf Basis dieser gefundenen Werte ggf. die Reglerparameter „feinjustiert" werden, also wieder etwas „gespielt" werden. In Abb. 3.61 ist ein Ergebnis vorgestellt, bei dem die gefundenen Werte noch etwas modifiziert wurden. Dieses Ergebnis ist mit dem hier erläuterten pragmatisch-heuristischen Vorgehen erreicht worden und damit wurde ein sehr gut eingestellter Regler realisiert: Hohe Schnelligkeit, also hohe Dynamik bei kaum feststellbaren Schwingungen (auch über verschiedene Sollwerte, hier nicht gezeigt).

Dieses sehr gute Ergebnis mit einem PID-Regler ist in Abb. 3.62 als Ausschnitt und zum Vergleich die Ergebnissen aus den tabellarischen Einstell-Verfahren gezeigt. Allerdings ist der Vergleich nicht ganz passend, weil ein PI-Regler mit PID-Regler verglichen wird.

Abschließend sind noch Ergebnisse dargestellt mit modifizierten Reglerparametern, siehe Abb. 3.63 und 3.64. Es

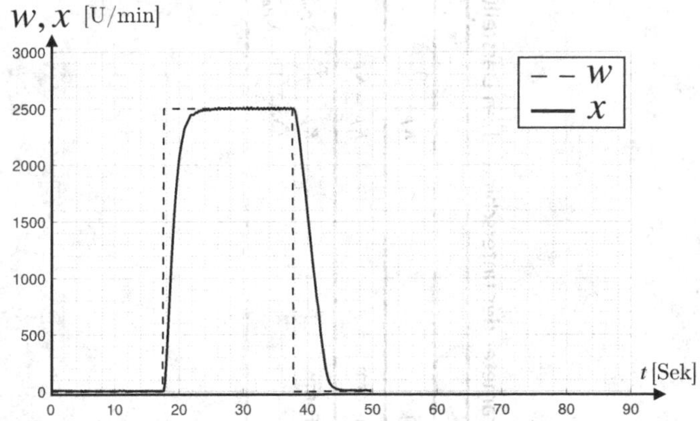

Abb. 3.61 Sehr gutes Ergebnis durch einen PID-Regler mit der Reglerverstärkung $K_P = 0{,}015$, einer Nachstellzeit $T_N = 1{,}74$ und einer Vorhaltzeit $T_V = 0{,}14$

Tab. 3.23 Parameter der unterschiedlichen Darstellungen des PID-Reglers, Zusammenfassung der Tab. 3.9

Darstellung	Die drei Reglerparameter mit Umrechnungen		
Klassische Form	K_P	$K_I = \frac{K_P}{T_N}$	$K_D = K_P \cdot T_V$
Zeitkonstanten-Form	$K_P = K_P$	$T_N = \frac{K_P}{K_I}$	$T_V = \frac{K_D}{K_P}$
Multiplikative Form	$K_P = \frac{T_N}{T_{Nm}} \cdot K_{Pm} = \frac{T_{Nm}+T_{Vm}}{T_{Nm}} \cdot K_{Pm}$	$T_N = T_{Nm} + T_{Vm}$	$T_V = \frac{T_{Nm} \cdot T_{Vm}}{T_N} = \frac{T_{Nm} \cdot T_{Vm}}{T_{Nm}+T_{Vm}}$

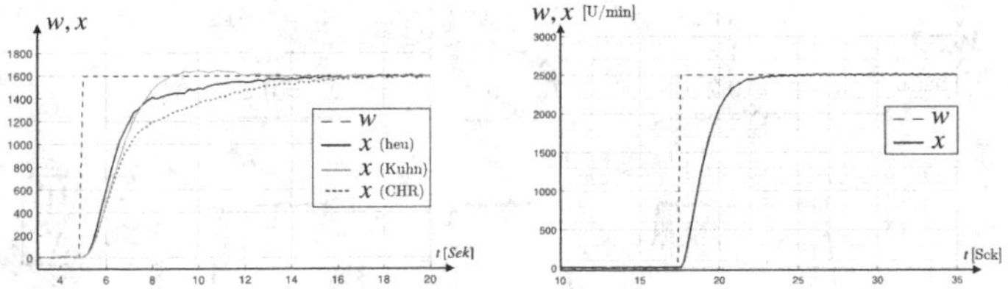

(a) Ergebnisse von PI-Reglereinstellungen durch die heuristischen Einstellungen aus Abbildung 3.46

(b) Zeitlicher Ausschnitt aus Abbildung 3.61, Regelung mit einem PID-Regler

Abb. 3.62 Vergleich der heuristischen Einstellungen mit dem pragmatisch-heuristischen Einstellung, Teil 2

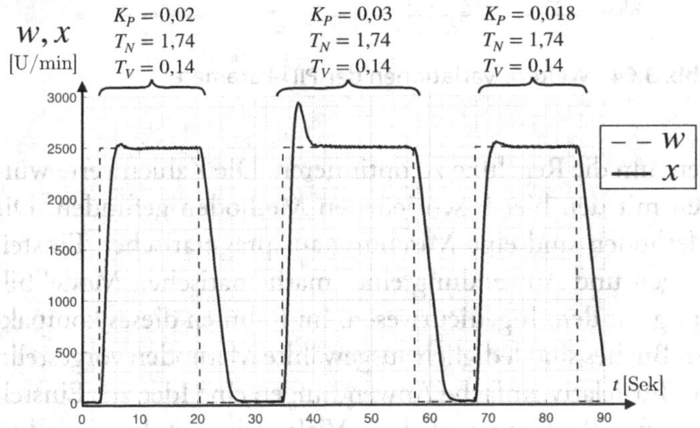

Abb. 3.63 Variation der PID-Parameter

wird aber deutlich, dass es dies nicht zu einer weiteren Verbesserung führt.

Zusammenfassung: Die Drehzahlregelung einer realen Anlage wurde zunächst mit einem P-Regler optimiert, wobei $K_P = 0{,}015$ als guter Kompromiss zwischen Reaktionsgeschwindigkeit und Schwingungsverhalten gefunden wird. Anschließend wurde der I-Anteil eines PI-Reglers eingestellt, wobei $T_N = 1{,}5$ zu einem guten Ergebnis führt. Abschließend ist ein PID-Regler in multiplikativer Form ausgelegt worden, wobei $T_{Nm} = 1{,}5$ und $T_{Vm} = 0{,}15$ gewählt wur-

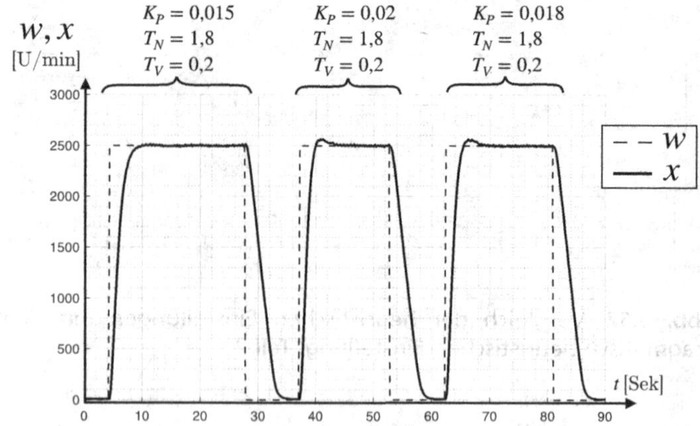

Abb. 3.64 Weitere Variationen der PID-Parameter

den, um die Regelung zu optimieren. Die Zahlenwerte wurden mit den hier beschriebenen Methoden gefunden. Die Methoden sind eine Mischung aus pragmatischen Einstellungen und Anwendung einer mathematischen Modellbildung aus dem Ingenieurwesen. Im Rahmen dieses kompakten Buches sind lediglich ausgewählte Methoden vorgestellt, um für relativ einfache Anwendungen eine Idee zur Einstellung von Reglern zu erhalten. Viele weitere industriepraktische Anwendungen und pragmatische Optimierungen von regelungs- und automatisierungstechnischen Anlagen sind in [41] beschrieben.

Kommentar zum „Spielen" mit einer Anlage: Das Wort „Spielen" mag wissenschaftlich ungewöhnlich klingen, ist aber in der technischen Praxis umgangssprachlich durchaus üblich, um das iterative Ausprobieren von Reglerparameter zu beschreiben. Praktische Versuche sind im Ingenieurwesen generell sehr wichtig, um Unwissenheit in Gewissheit für eine gute Lösung zu überführen. Über dieses Faktum kann auch eine eloquente Wortwahl wie „experimentelle Tests" nicht hinwegtäuschen. „Spielen" beschreibt einen Erkenntnisgewinn durch iteratives, detailorientiertes Lernen bis zu den letzten Feinheiten recht gut. In der Musikwissenschaft gehört das Spielen eines Instruments auch zum guten Ton.

3.3 Erkenntnisse und Weisheiten aus der Regelungstechnik, Übertragung auf nicht-technische Anwendungen

Im vorherigen Abschnitt wurde die Einstellung und Optimierung eines Reglers erläutert. Ziel dieser Maßnahmen ist es, eine Anlage in Betrieb zu nehmen, die ihren vorgesehenen Zweck, nämlich das Erreichen des Sollwertes, erfüllt. Es existieren jedoch weitere Teilbereiche eines Regelkreises mit Optimierungspotenzial. Daher ist es sinnvoll, den Blick auf den *gesamten* einschleifigen Regelkreis zu richten, siehe Abb. 3.65.

Der Sollwert w kann angepasst werden, d. h. dem Regelkreis wird ein modifizierter Sollwert vorgegeben. Wie so oft, gibt es auch hier viele verschiedene Methoden, sie werden

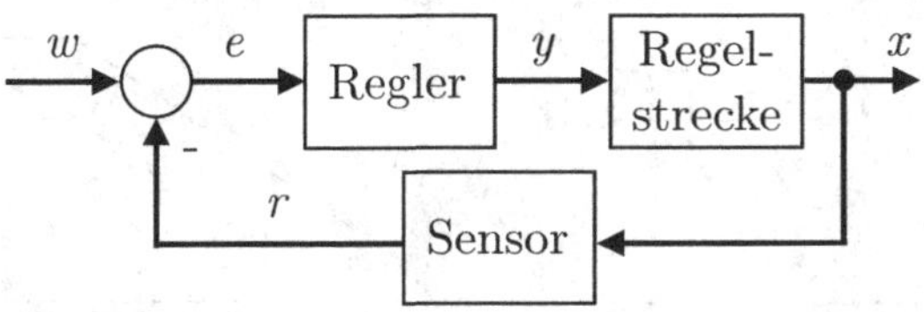

Abb. 3.65 Einschleifiger Regelkreis

allgemein als **Sollwertanpassung** bezeichnet. Beispielsweise kann dem Regelkreis ein Sanftanlauf vorgegeben werden, siehe Abb. 3.66a. Dazu wird ihm keine Sprungfunktion vorgegeben, sondern ein Polynom höherer Ordnung. Eine reale Anlage kann sowieso nicht sprungartig ihre Position oder ihre Geschwindigkeit ändern. Daher kann es durchaus sinnvoll sein, eine sanfte Beschleunigung und Verzögerung vorzugeben. Bei einem Aufzug wird durch das Drücken einer Stockwerk-Taste ein neuer Sollwert sprungartig vorgegeben. Der Motor allerdings wird sehr sanft angeregt, sodass die Menschen im Aufzug nicht ruckartig befördert werden. Dies kann durch eine derartigen Sanftanlauf realisiert werden. Weitere Möglichkeiten ist die Vorgabe einer Rampe, siehe Abb. 3.66b. Sie kann z. B. für Werkzeugmaschinen dienen, um das Verfahren mit einer bestimmten Geschwindigkeit vorzugeben. In grau ist in dieser Abbildung auch noch eine Rampe $w_{Filt\,2}$ mit einem höheren Endwert dargestellt. Das kann auch eine prinzipielle Möglichkeit sein, um ein Ziel zu erreichen: Wenn eine Regelung einen vorgegebenen Sollwert (w, gestrichelt) nicht erreicht, dann u. U. die Vorgabe eines größeren Sollwertes helfen. Eine ähnliche Methodik ist die künstliche Vergrößerung der Regeldifferenz e: Dem Regler wird eine größere Regeldifferenz „vorgespielt", sodass er eine größere Stellgröße produziert. Dieses Verfahren wird auch als **Regeldifferenz-Aufschaltung** bezeich-

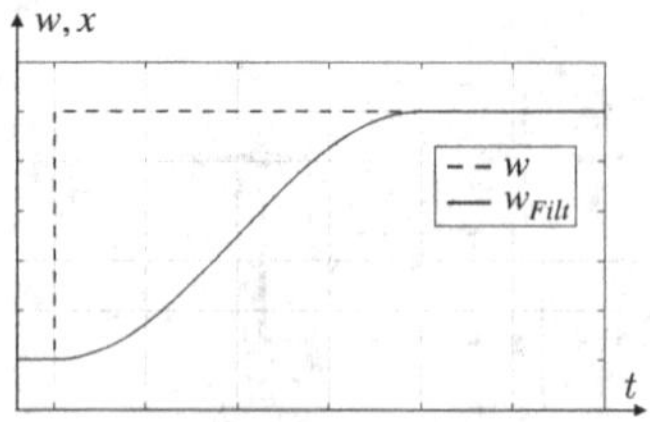

(a) Vorgabe eines „sanften" Sollwertes

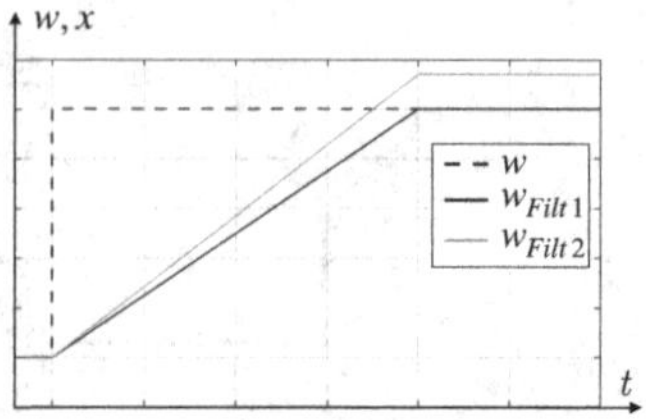

(b) Vorgabe von Rampen

Abb. 3.66 Varianten für eine Sollwertanpassung

net, siehe [41, 44]. Nun sind einzelne Methoden, wie die Sollwertanpassung oder Regeldifferenz-Aufschaltung, keine „Wundermittel“ und die Lösung auf alle Probleme. Sie bieten nur eine weitere Möglichkeit, um ggf. auf eine relativ einfache Weise die Regelung zu verbessern. Die Verbesserung wird meistens nur „punktuell“ erzielt. Beispiel: Durch die Vorgabe eines größeren Sollwertes kann mit einem P-Regler der tatsächliche Sollwert erreicht werden. Wenn sich allerdings Parameter der Regelstrecke ändern, dann fehlt schlichtweg der I-Anteil, um den Sollwert zu erreichen. Änderungen von Parametern bei der Regelstrecken sind z. B. die Anzahl von Personen und damit die Masse bei einem Aufzug oder das Fahren in der Ebene im Vergleich zum Berg-Anstieg mit einem Tempomaten bei einem Auto. Eine reine Sollwertanpassung ist hierbei keine Lösung.

Essay, Erkenntnisse für nicht-technische Anwendungen: Die Regelungstechnik ist die „Königsdisziplin“ der Technik, da sie letztlich dafür sorgt, dass eine Maschine genau das realisiert, was sie soll. Die vielen technischen Teildisziplinen werden mit der Regelungstechnik zu einer funktionierenden Gesamtanlage verbunden. Dazu ist ein tiefes technisches Verständnis erforderlich, um Maschinen auszulegen, damit sie präzise, stabil, schnell und auch effizient arbeiten. Nachdem hier grundlegende, regelungstechnische Prinzipien vorgestellt wurden, werden sie nun versuchsweise auf den Alltag übertragen, um ihn strukturierter und zielgerichteter zu gestalten, z. B. Verhaltensänderungen, berufliche Weiterentwicklung oder das Erlernen neuer Fähigkeiten. Regelungstechnische Prinzipien wie klare Zielvorgaben als Sollwert und systematische Überprüfung können helfen, Vorhaben gezielt umzusetzen. Ein Leben ganz ohne Sollwerte ist wie ein Kuchenrezept ohne Mengenangaben es wird chaotisch! Umgekehrt kann zu viel Struktur die Kreativität ersticken, wie ein Rezept, das keinen Raum für eigene Ideen lässt. Das Leben ist jedoch kein reiner Formalismus: Zufälle, Gefühle, Freiheiten, gefühlsbasierte Entscheidungen, Unwägbarkeiten und Kreativität gehören zum Leben. Wie so oft ist es sinnvoll, beides zu kombinieren.

Beispiel Quantifizierung von Soll-/Istwert und Zielvorgaben: In der Regelungstechnik *muss* ein Sollwert quantitativ – also mit Zahlen – vorgegeben werden, um die Regeldifferenz $e = w - r$ zu berechnen. Damit kann der Regler die Regelstrecke beeinflussen. Qualitative Aussagen , wie „mach' mal", „erhöhe die Qualität" oder „fahr' mal schneller" sind regelungstechnisch unbrauchbar. Sie müssen durch Zahlen quantifiziert werden. Beispiel Regelungstechnik: Beim Drücken der Taste „3. Obergeschoss" im Aufzug ist klar definiert, dass der Aufzugskorb dieses Stockwerk mit einer Toleranz von z. B. $\pm 0{,}3$ cm erreichen soll. Auch Geschwindigkeiten sind in der Automatisierungstechnik genau geregelt, z. B. $v_{Soll} = 1{,}5$ m/s, siehe Tab. 3.24.

Diese Lernerfahrung aus der Regelungstechnik wird nun „versuchsartig" auf den Alltag übertragen, um ein Ziel zu erreichen. Das Ziel muss auch dabei quantifiziert werden. In den oben genannten Aussagen fehlt die Quantifizierung, z. B. was genau „gemacht" werden soll oder was „Qualität" bedeutet und wie sie gemessen wird. Beim Zimmer-Aufräumen kann eine Ziel-Vorgabe lauten: „Bis heute Abend sind alle Einzelteile auf dem Boden in die Regale und Schränke eingeräumt." Ein weiteres klassisches Beispiel ist die Wunsch-Vorstellung nach eigenem Reichtum. Eine regelungstechnische falsche Zielvorgabe ist beispielsweise „ich will mal reich sein". Hier muss zunächst definiert werden, was „Reichtum" bedeutet, z. B. reich an Wissen, Freundschaften, materielle Güter oder monetärer Reichtum, siehe auch [42]. Zudem muss es quantifiziert werden, ab wann etwas als „reich" gilt.

Beispiel Zielkonflikte und Prioritäten: Es gibt auch konkurrierende Ziele, die sich gegenseitig ausschließen. In der Regelungstechnik muss immer mit Zielkonflikten um-

Tab. 3.24 Methoden der Regelungstechnik mit ihrer Systematik und strengem Formalismus (Sollwert = Ziel; Istwert=aktueller Zustand; Regeldifferenz=Abweichung vom Ziel)

Formalismus	**Erklärung**	**Beispiel**
Sollwert w	Quantitatives Ziel mit definierter Toleranz	Position eines Roboterarms: $x = 6{,}3\,\text{mm} \pm 0{,}2\,\text{mm}$
Zeitliche Vorgaben und Schwingungsverhalten	Vorgabe, bis wann Ziel erreicht sein muss, und Definition zulässiger Schwingungen	Roboterposition in 1,2 s ohne Überschwingen erreichen
Technische Machbarkeit	Prüfung, ob das Ziel physikalisch und technisch erreichbar ist: Ermittlung der Grenzen des Machbaren	Klärung, ob und wieweit die Roboterpräzision von $\pm 0{,}2\,\text{mm}$ mit der vorhandenen Technik möglich ist
Stabilität	Sicherstellung, dass das System stabil bleibt	Kompensation einer schlechten Fahrzeugkonstruktion durch Regelung, siehe z. B. „Elchtest“
Messwert r	Erfassung des Ist-Zustands mit Sensoren, die für die Regelung ausreichend genau und schnell sind („nur so gut wie nötig“)	Das was erreicht werden soll, muss auch gemessen werden können, z. B. aktuelle Position des Roboter-Endeffektors mit Lasersensor
Regeldifferenz e	*Kontinuierliche* Berechnung der Abweichung zwischen Soll- und Istwert (=Abweichung vom Ziel, Fehler)	Fehler $e = w - r$
Reglereinstellung	Optimierung der PID-Reglerparameter für präzise, schnelle Zielerreichung	Mithilfe von Modellbildung optimale Reglereinstellung, z. B. Kompensation größter Zeitkonstante T_1, sodass ein Motor 1000 U/min hält
Stellgröße y	Steuergröße zur Beeinflussung des Systems	Klärung, wie sich das System, die Regelstrecke prinzipiell beeinflussen lässt und welche Maximalwerte einzuhalten sind, z. B. maximal 12 V für einen Elektromotor
Systematisches Vorgehen	Modellbildung und Analyse, z. B. mit Blockschaltbildern	Regelungstechnik als herausfordernde Disziplin erfordert tiefes technisches Verständnis, um optimale Maschinen zu bauen, z. B. Schwingungen eines Roboterarms vermeiden
Optimierung	Kontinuierliche Verbesserung der Regelung durch Analyse und Anpassung	Verbesserung der Fahrdynamik eines Autos durch Regelung. Minimierung des Energieverbrauchs bei einem Heizsystem. Regelung eines Krans zur Schwingungsdämpfung

gegangen werden, z. B. ein Ziel präzise *und* schnell zu erreichen. Diese Vorgaben sind gegenläufig, weil Präzision Zeit benötigt und somit nicht schnell ist. Beispiel: Wenn ein sehr großes Schiff im Hafen „eingeparkt“ werden muss, so steuert der Kapitän oder Lotse ganz behutsam und sehr langsam das große Schiff, weil hohe Präzision wichtig ist. Sollte jedoch beides in Einklang gebracht werden, so steigt der Aufwand und die Kosten. Eine Maschine, die hochpräzise und sehr schnell ist, benötigt viel Know-How in der Planung und ist teuer in der Herstellung. Auch im Alltag gibt es konkurrierende Ziele. Haben Sie in den oben genannten Alltagsbeispielen die konkurrierende Ziele erkannt? Materieller Konsum und das Ziel des Sparens stehen in natürlichem Konflikt, siehe auch [12]. Wer (viel) Geld besitzen möchte, der darf es *nicht* für materielle Konsumgüter ausgeben! Wer nun doch beides erreichen will, muss einen (erheblichen) Aufwand leisten, z. B. Erarbeiten einer besser bezahlten Berufsposition durch Weiterbildung oder Annahme zusätzlicher Nebenjobs.

Eng verbunden mit konkurrierenden Zielen ist der Umgang mit mehreren Zielsetzungen. Dabei muss nach Wichtigkeit unterschieden werden. Welches der genannten Ziele hat höchste Priorität, welches „Unterziel“ ist zweitrangig, welche weitere Zielsetzung hat dritte Priorität usw. In der Regelungstechnik gehört auch das zum Alltag: Die Regelung muss stabil, präzise, schnell und hinreichend gedämpft sein. Auch hierbei gibt es eine Rangreihenfolge: 1. Die Regelung muss stabil sein. Danach entscheidet sich, was für die Anwendung wichtiger ist, ob Präzision oder Schnelligkeit im Vordergrund steht. Beispiel Aufzug: Hier steht die Schnelligkeit im Vordergrund und eine Toleranz von z. B. $\pm 0,3$ cm ist zulässig (für technische Anlagen ist das eine relativ große Toleranz – im Vergleich zu Werkzeugmaschinen, die eine Genauigkeit von wenigen Mikrometern haben müssen). Dies lässt sich auch auf den Alltag übertragen: Welche der vielen eigenen Ziele ist am wichtigsten, welche Zielsetzungen können und müssen nachrangig verfolgt werden? Die Erfahrung zeigt – genauso wie in der Regelungstechnik, dass Ziele mit unterschiedlicher Priorität verfolgt werden müssen. Beispiel: Wenn jemand einen verantwortungsvollen Beruf mit sehr hohen Verdienstaussichten anstreben will und gleichzeitig sehr viel Freizeit haben will, dann sollten diese konkurrierenden Ziele mit unterschiedlichen Prioritäten verfolgt werden, je nachdem was für einen selbst wichtiger ist. Beides gleichermaßen zu erreichen ist erfahrungsgemäß sehr schwer realisierbar, siehe auch[49, 50]. In der Umgangssprache gibt es den Ausdruck einer „Eier legende Wollmilchsau" und sie gibt es nicht.

Beispiel systematisches Vorgehen, Stabilität, Optimierung, Realismusgrenzen: Weitere regelungstechnische Methoden sind Prüfung der technischen Machbarkeit anhand von Modellen, Einhaltung zeitlicher Vorgaben, Sicherstellung von Stabilität oder Optimierung von Prozessen. Diese Methoden lassen sich auf Bereiche wie Fitness, Beruf oder Mindset anwenden, indem Ziele klar mit Zeitangaben definiert, regelmäßig überprüft und systematisch verfolgt werden, siehe Tab. 3.25. Bei der Übertragung auf das nicht-technische Beispiel des monetären Reichtums heißt das: Wenn jemand das Ziel hat, „Geld haben zu wollen", so muss nicht nur ein bestimmter Geldbetrag definiert werden, sondern auch der Zeitrahmen, bis wann die Summe angespart werden soll. Das muss auch in Einklang mit dem Machbaren gebracht werden, also gemessen am eigenen Einkommen. Es gibt viele weitere derartige Beispiele, die aus „streng regelungstechnischer Sicht" betrachtet werden können: Aufbau einer körperlichen Fitness, Erreichung einer beruflichen Position oder Aufbau einer bestimmten geistigen Haltung („Mindset"). Diese Beispiele lassen sich mit Methoden der Regelungstechnik verfolgen: Definition des Zielzustands mit realistischen Zeitvorgaben, regelmäßige

Überwachung des Grades der Zielerreichung (=kontinuierliche Berechnung der Regeldifferenz e), weitere Erarbeitung und eigene Beeinflussung in Richtung Zielerreichung, siehe auch [42].

Regelungstechnik ist nicht nur für Maschinen sie ist ein Werkzeug, um auch Ziele im Leben präzise und systematisch zu erreichen, siehe Abb. 3.67. Im Alltag kommen weitere Aspekte hinzu, wie der Umgang mit Routine und Gefühlen, z. B. Umgang mit einem „inneren Schweinehund" und Lösung durch Anwendung regelungstechnischer Methoden, siehe auch Abb. 3.68.

Mit der Regelungstechnik können nur realistische Ziele erreicht werden. Wenn ein Auto maximal 160 km/h fahren kann, dann hilft auch kein Regler (Tempomat) um das Auto noch schneller fahren zu lassen. Auch im Alltag können nur realistische Ziele erreicht werden. Dazu gehört auch Erfahrung, um einzuschätzen, was realistisch bzw. machbar ist.

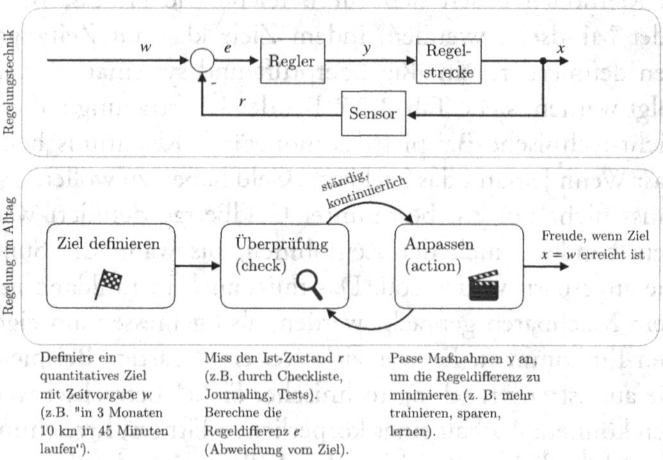

Abb. 3.67 Regelungstechnische Prinzipien im Alltag als Regelkreis angewendet; ein Ziel wird definiert, der Fortschritt überprüft und die Maßnahmen angepasst, z. B. für Fitness oder Finanzen

Tab. 3.25 Übertragung regelungstechnischer Methoden auf nichttechnische Anwendungen

Bereich	**Regelungsmethode**	**Unpräzise Zielsetzung**	**Präzisere Zielsetzung**	**Beispiele für Methodik & Umsetzung**
Persönliche Organisation	Sollwert, Messwert	Mach mal sauber	Bis 18 Uhr alle Gegenstände, die auf dem Boden liegen, in Regale sortiert	Checkliste mit erledigten Punkten
Finanzen	Zielsetzung (Sollwert), Regeldifferenz	Ich will reich sein	In 5 Jahren 50.000 EUR sparen	Monatlicher SOLL-IST-Vergleich der Ersparnisse durchführen. Zielkonflikte auflösen: Sparen vs. Ausgaben für materielle Konsumgüter
Gesundheit	Zeitliche Vorgaben, Stabilität, Zielsetzung	Ich will fit werden	„In 3 Monaten 10 km in 45 min laufen können"	Wöchentliches Training mit Laufzeitmessung, Pulsmessung zur Vermeidung von Überlastung. Zielkonflikt auflösen: Fitness und Zeit für Beruf, z. B. mit Fahrrad zur Arbeit
Beruf	im Sinne von technischer Machbarkeit, Reglereinstellung	Ich will befördert werden	In 2 Jahren Teamleiter werden"	Prüfung, ob ich Mitarbeiter führen kann, durch Persönlichkeitsanalyse, Feedback, Weiterbildung und Training on the job. Zielkonflikt auflösen, Prioritäten setzen: Karriere vs. Freizeit
Bildung	Optimierung, Systematisches Vorgehen, PI-Regler	Ich will mehr lernen	In 6 Monaten Spanisch auf B2-Niveau erreichen	Wöchentliche Tests zur Überprüfung des Lernfortschritts. P-Regler: Wöchentliches Lernpensum entsprechend aktuellem am Abstand zum B2-Niveau anpassen. I-Regler: Versäumnisse aufholen, z. B. letzte Woche krank, oder „Ausreden". Stellgrößenbegrenzung beachten: Ein wöchentliches Lernpensum kann ein bestimmten Wert nicht übersteigen – Lernen braucht Zeit
Mindset, geistige Haltung	Optimierung, systematisches Vorgehen	Ich will positiver denken	In 6 Monaten 80 % positive Gedanken erreichen	tägliches Journaling mit Bewertung. Zielkonflikt auflösen: Positive Haltung vs. kurzfristige Frustrationen

Abb. 3.68 Aus dem Leben, das Sofa ist schon besetzt, ein Schwein und ein Hund haben es blockiert!

Die Regelungstechnik ist also keine „Zauberei" – nur realistische Ziele und *keine* beliebigen Wunsch-Zustände können erreicht werden. Allerdings lässt sich mit dem Wissen aus der Regelungstechnik die Regelstrecke optimieren. Beispielsweise können Überlegungen angewandt werden, wie die Zeitkonstanten T_1, T_2 zu reduziert werden können, um die Dynamik zu erhöhen. Auch der Verstärkungsfaktor einer Regelstrecke kann durch konstruktive Maßnahmen verändert werden, damit die Anlage leistungsfähiger wird. Weitere derartige Beispiele sind Verbesserungen der Stabilität oder Präzision, die im Einklang mit der Regelung stehen. Auf den Alltag übertragen bedeutet dies, dass ein regelungstechnisches Ziel nicht von vornherein ausgeschlagen werden kann bzw. sollte, z. B. bei einer Zielstellung im Vorhinein „das schaffe ich nicht" zu behaupten. Die Grenzen des Machbaren können in der Technik durch planerische, konstruktive Maßnahmen angehoben werden. Auch im Alltag gibt es Beispiele, bei denen die Grenzen des machbaren angehoben werden, z. B. im Sport.

Beispiel technische Phänomene als philosophische Analogien: In diesem Buch wurden viele technische Prozesse beschrieben, insbesondere ihr Verhalten beim Hochlauf, siehe Abb. 3.69. Ein Motor wird durch eine Stellgröße y

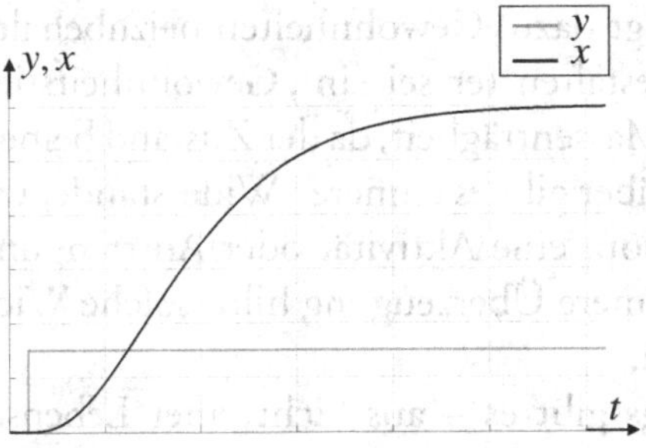

Abb. 3.69 Hochlauf eines Prozesses x, nach Anregung durch y

(z. B. plötzliches „Gasgeben" beim Autofahren, Einschalten eines Elektromotors) angeregt und baut nach und nach eine Drehzahl auf (Regelgröße x). Viele technische Größen können aufgrund von Trägheiten und Widerständen nicht sprungartig geändert werden und erreichen eine Sättigung, wodurch ein maximaler Endwert erreicht wird. Trägheiten und Widerstände sind zwei unterschiedliche Phänomene, die nicht verwechselt werden dürfen. Beispiele für Trägheiten sind Massenträgheit, Induktivität, Wärmekapazität („thermische Trägheit"). Eine Trägheit bewirkt, dass ein System seinen Zustand beibehält: Eine Masse behält aufgrund ihrer Trägheit ihre Geschwindigkeit als Zustand bei, bis eine Kraft sie ändert (Newton sches Gesetz). Dabei ist Energie in der bewegten Masse gespeichert. Widerstände, wie Reibung, Fahrtwiderstand oder elektrischer Widerstand, sind dagegen dissipative Gegenreaktionen, die einer Bewegung oder einer Richtung generell entgegenwirken. Die Energie wird dabei in Wärme umgewandelt und kann technisch nicht mehr genutzt werden.

Technische, physikalische Phänomene lassen sich als Analogie auch auf menschliches Verhalten übertragen, wie der folgende philosophische Einschub zeigt: Trägheiten und Widerstände sind doch auch aus dem Alltag bekannt? Der

Mensch neigt dazu, Gewohnheiten beizubehalten, um den Alltag zu gestalten (er sei ein „Gewohnheitstier“). Das ist analog zur Massenträgheit, da der Zustand beibehalten wird. Demgegenüber gibt es „innere“ Widerstände, wie mangelnde Motivation, eine Aktivität oder Anstrengung zu beginnen. Eine innere Überzeugung hilft, solche Widerstände zu überwinden.

Allerdings gibt es – aus Sicht einer Lebenserfahrung – einen Aufbauprozess der eigenen, inneren Einstellung bzw. des „Mindsets“, das das eigene Handeln oder Verhalten prägt. Diese geistige Einstellung kann oft nicht sprungartig geändert werden, sondern erfordert Zeit und Willenskraft, die von Mensch zu Mensch und je nach Vorhaben variieren. In Abb. 3.70 ist der sukzessive Aufbau einer inneren Überzeugung als Kurve gezeigt. Ab einer Schwelle hat das Mindset eine gewisse „geistige Fahrt“ aufgenommen, die dann tatsächlich zu gewünschten, regelmäßigen Handlungen im Alltag führt. Ein „klassisches“ Beispiel kann das Abnehmen sein, das im Kopf mit einem Wunsch anfängt: „*Eigentlich* will ich ja abnehmen“ und über die Zeit kann sich dieser Gedanke zu „ich will abnehmen“ verfestigen. Abnehmen erfordert über viele Wochen und Monate Disziplin. Dazu muss eine gewisse Gewohnheit vorhanden sein, die über eine tiefe innere Überzeugung aufrecht erhalten wird. Genau diese Überzeugung bzw. Mindset lässt sich (oftmals und erfahrungsgemäß) nicht sprungartig ändern. Es braucht Zeit und den ständigen Willen zum Vorhaben, um das Mindset aufzubauen. Solange das Mindset unterhalb einer Schwelle liegt, dominieren alt hergebrachte, lieb gewonnene Gewohnheiten. Durch ständige Anregung wird jedoch allmählich das Mindset aufgebaut, bis die Schwelle überschritten ist und die Veränderung gelingt, z. B. Abnehmen, regelmäßiges Aufräumen, regelmäßig Sport treiben.

Die hier vorgestellte Kernidee ist, dass der menschliche Geist auch eine gewisse Trägheit (Gewohnheiten) und

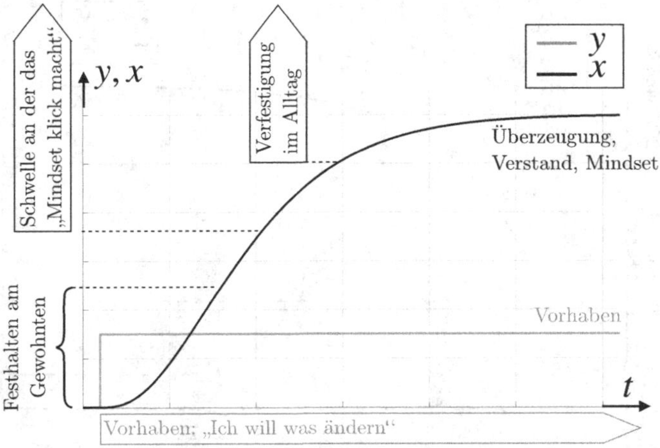

Abb. 3.70 Vereinfacht dargestellter sukzessiver Aufbau der inneren Überzeugung, die sich hier nicht sprungartig ändert

Widerstände (mangelnde Motivation, Gegenreaktion) hat. Menschen haben mitunter den Wunsch nach Veränderung, ohne aber die volle Bereitschaft einzubringen, diese sofort umzusetzen. Ebenso gibt es teilweise den Glauben, flexibel zu sein, aber in Wahrheit benötigt es Zeit für Verhaltensänderungen. Das unterscheidet menschliches Verhalten von einem Computersystem, das Entscheidungen ohne emotionale oder psychologische Hürden trifft. Der hier gezeigte Einschub soll zum Nachdenken über weitere Analogien und Anwendungen der Regelungstechnik anregen, z. B. in der Psychologie, im Management oder in der persönlichen Entwicklung, siehe auch [15, 16, 18, 32, 35, 52, 62, 63, 72] und weitere Bücher aus dem Literaturverzeichnis.

Ein weiteres Beispiel, um Parallelen zwischen der Regelungstechnik und Erfahrungswerten aus dem Alltag aufzuzeigen ist das Pareto-Prinzip. Das Pareto-Prinzip besagt, dass 80 % einer Zielerreichung in den ersten 20 % der Zeit stattfinden. Für die letzten 20 % der Zielerreichung sind 80 %

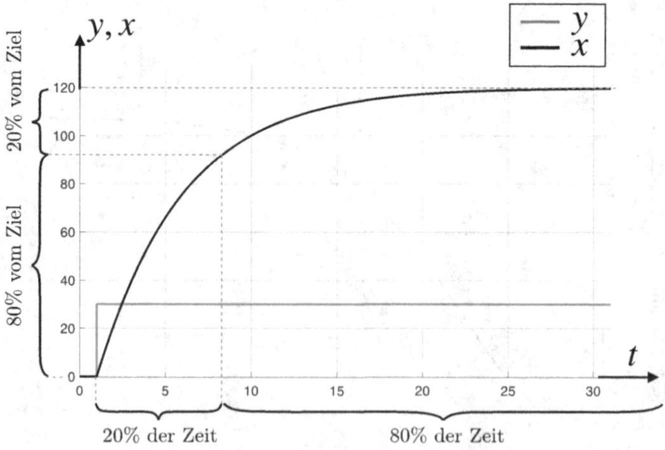

Abb. 3.71 Pareto-Prinzip, bei dem bereits 80 % des Zieles in den ersten 20 % der Zeit erreicht werden; das Erreichen der restlichen 20 % zum Ziel ist mit großem Aufwand bzw. hier mit 80 % der Zeit verbunden

der Zeit aufzuwenden. Das sind Erfahrungswerte von Prozessen, bei denen eine Sättigung stattfindet, siehe Abb. 3.71. In der Technik gibt es sehr viele Prozesse mit einer Sättigung, z. B. das Aufheizen eines Ofens, das Beschleunigen mit einem Auto oder Fahrrad oder Allgemein das Anfahren und Hochdrehen eines Motors. Auch die Weiterentwicklung eines Autos mit weiteren Innovationen wird im Laufe der Zeit immer anspruchsvoller und zeitintensiver. Nicht-technische Beispiele sind Lern- oder Trainingskurven, Marktdurchdringung und Sättigung eines Marktes.

Schlusswort: Verehrte Leserin, verehrter Leser, hoffentlich konnte ich den ein oder anderen Gedanken zur Regelungstechnik als Inspiration mit dem vorliegenden Werk übermitteln und Sie haben eine gewisse Freude bei der Lektüre verspürt. Die Methoden der Regelungstechnik sind sehr formal und mathematisch. Sie zeigen aber sehr interessante Zusammenhänge der Realität auf. Die Technik wiederum zeigt „gnadenlos“, ob etwas funktioniert oder nicht. Daher ist sie auch eine sehr herausfordernde Disziplin – wie so viele andere auch. Diese hier gezeigten Analogien sollen nicht den Alltag mathematisieren, sondern Denkanstöße geben, um eventuell manches Vorgehen etwas zu systematisieren. Regelungstechnik lenkt nicht nur Maschinen, sie kann auch als Denkweise oder Inspiration für das Leben sein: Ziele setzen, Fortschritte prüfen, Maßnahmen anpassen. Ich wünsche Ihnen viel Erfolg!

Glossar

Aktor	Antriebseinheit für eine Industrieanlage
Elektromechanik	Ein Elektromotor mit einem Getriebe
Fluidtechnik	Oberbegriff für Hydraulik und Pneumatik
Führungsgröße *w*	auch Sollwert genannt; das ist die Ziel-Vorgabe für den Regelkreis. Der Regelkreis muss die Führungsgröße erreichen
Hydraulik	Teil der Fluidtechnik mit Hilfe von Flüssigkeiten
Messwert *r*	Gemessene Größe und als (elektrisches) Signal dargestellt
$P\text{-}T_1$	System 1. Ordnung, z. B. vereinfachte Beschreibung

T. Loose, *Regelungstechnik*, Technik im Fokus,
https://doi.org/10.1007/978-3-662-72630-3

	einer Regelstrecke, die Sprungantwort hat eine Sättigung und erreicht einen Endwert. Beispiel: Vereinfachte Darstellung eines Autos beim Beschleunigen
Pneumatik	Teil der Fluidtechnik mit Hilfe von Druckluft
Regeldifferenz e	Differenz $e = w - x$ zwischen Führungsgröße w und Regelgröße x (bei idealem Sensor mit $r = x$). Es ist der Fehler bzw. die aktuelle Abweichung zur Führungsgröße bzw. Sollwert. Auch als SOLL-IST-Abweichung benannt. Das Ziel der Regelungstechnik ist, $e = 0$ zu erreichen
Regelgröße x	die „wahre" Größe, die die Regelstrecke ausgibt; es ist der IST-Wert; die Regelgröße wird durch einen Sensor gemessen
Regelstrecke	Technisches System, das geregelt werden soll. Beispiel 1: Auto, das automatisiert für eine bestimmte Geschwindigkeit geregelt werden soll. Beispiel 2: Roboter, dessen Arm eine bestimmte Position erreichen soll
Regler	„Gehirn" einer Anlage; der Regler berechnet aus der Regeldifferenz e eine Stellgrö-

	ße y; oftmals ist in der Industriepraxis der Regler ein Computer; der Regler wirkt also auf die Regelstrecke (=Maschine, Anlage) ein
Sensor	Technisches Bauteil oder Baugruppe, das Informationen oder physikalische Größen wie Temperatur oder Position aus der Umgebung in ein elektrisches Signal wandelt
Sollwert	Synonym für Führungsgröße w
Stellglied	Bauteil oder Baugruppe, das ein technisches System beeinflusst, z. B. ein Ventil (in der Hydraulik oder Pneumatik oder einer Heizung)
Stellgröße y	Eingangsgröße der Regelstrecke; Signal, das ein technisches System beeinflusst; Beispiel: Betätigung des Gaspedals und die Gaspedal-Stellung ist die Stellgröße, die den Motor anregt
Übertragungsfunktion	Mathematische Beschreibung eines Systems im Bildbereich mit Laplace-Transformation; Die Übertragungsfunktion beschreibt den Zusammenhang zwischen Ein- und Ausgangsgröße im Bildbereich. Sie ist definiert als die Laplace-Transfor-

mierte der Ausgangsgröße dividiert durch die Laplace-Transformierte der Eingangsgröße

Wirkungsgrad η — Zahl zwischen Null und Eins, die die Nutzleistung oder genutzte Energie pro Aufwand angibt, energetischer Nutzen

Literatur

1. *Schulungsunterlagen Bosch Rexroth.*
2. *Hydraulik Trainer, Band 1–6.* Rexroth didactic, 2011.
3. Backhaus, K., B. Erichson, S. Gensler, R. Weiber und T. Weiber: *Multivariate Analysemethoden.* Springer Gabler, 2025.
4. Basler, S.: *Drehgeber und Motor-Feedback-Systeme.* Springer Vieweg, 2025.
5. Bender, B. und K. Gericke (Herausgeber): *Pahl/Beitz Konstruktionslehre: Methoden und Anwendung erfolgreicher Produktentwicklung.* Springer, 2021.
6. Bender, B. und D. Göhlich (Herausgeber): *Dubbel: Taschenbuch für den Maschinenbau, Band 1–3.* Springer, 2020.
7. Bernstein, H.: *Messelektronik und Sensoren.* Springer Vieweg, 2024.
8. Böge, A. und W. Böge: *Technische Mechanik.* Springer Vieweg, 2015.
9. Bronstein, I.N., K.A. Semendjaew, G. Grosche, V. Ziegler und D. Ziegler: *Springer-Taschenbuch der Mathematik.* Springer Spektrum, 2013.

T. Loose, *Regelungstechnik*, Technik im Fokus,
https://doi.org/10.1007/978-3-662-72630-3

10. Buffett, M., D. Clark und T. Kleinau: *Das Tao des Warren Buffett.* Börsenbuchverlag, 2017.
11. Chien, K. L., J. A. Hrones und J. B. Reswick: *On the Automatic Control of Generalized Passive Systems.* Transactions of the ASME, 74(2):175–185, 1952.
12. Clason, G.S.: *Der reichste Mann von Babylon.* Goldmann Verlag, 2002.
13. Croser, P. und F. Ebel: *Pneumatik.* Springer, 2003.
14. Decker, K.-H. und K. Kabus: *Maschinenelemente.* Carl Hanser, 2023.
15. Dobelli, R.: *Die Kunst des klaren Denkens.* Piper Taschenbuch, 2021.
16. Drösser, C.: *Der Mathematikverführer.* Rowohlt Taschenbuch, 2008.
17. Ehrlenspiel, K. und H. Meerkamm: *Integrierte Produktentwicklung.* Carl Hanser, 2017.
18. Einstein, A.: *Mein Weltbild.* Ullstein, 2005.
19. Faltin, G.: *Kopf schlägt Kapital.* Hanser, 2011.
20. Findeisen, D. und S.Helduser: *"Olhydraulik.* Springer Vieweg, 2015.
21. Föllinger, O.: *Regelungstechnik.* VDE Verlag, 2016.
22. Griffiths, D.: *Einführung in die Physik des 20. Jahrhunderts: Relativitätstheorie, Quantenmechanik, Elementarteilchenphysik und Kosmologie.* Pearson Studium, 2015.
23. Grollius, H.-W.: *Grundlagen der Pneumatik.* Carl Hanser Verlag, 2020.
24. Gross, D., W. Hauger, J. Schröder und W. A. Wall: *Technische Mechanik 3, Kinetik.* Springer Vieweg, 2015.
25. Gross, D., W. Hauger, J. Schröder und W. A. Wall: *Technische Mechanik 1, Statik.* Springer Vieweg, 2016.
26. Hagl, R.: *Elektrische Antriebstechnik.* Carl Hanser, 2015.
27. Hart-Davis, A. (Herausgeber): *Ingenieure: Auf den Spuren großer Erfinder und Konstrukteure.* DK Verlag Dorling Kindersley, 2013.
28. Herrmann, F. und G. Job: *Altlasten der Physik.* Institut für Theoretische Festkörperphysik (TFP), Karlsruher Institut für Technologie (KIT), 2020.

29. Hesse, S. und G. Schnell: *Sensoren für die Prozess- und Fabrikautomation.* Springer Vieweg, 2018.
30. Hull, R.: *Alles ist erreichbar.* Rowohlt Taschenbuch, 2002.
31. Janocha, H. (Herausgeber): *Aktoren.* Springer, 1992.
32. Johnson, S.: *Die Mäusestrategie für Manager.* Ariston, 2019.
33. Kessler, C.: *Das Symmetrische Optimum.* Regelungstechnik, 6(11):395–400, 432–436, 1958.
34. Kim, P.: *Kalman-Filter für Einsteiger.* CreateSpace Independent Publishing Platform, 2016.
35. Kostolany, A.: *Die Kunst, über Geld nachzudenken.* Ullstein Taschenbuch, 2015.
36. Kuhn, U.: *Eine praxisnahe Einstellregel für PID-Regler: Die T-Summen-Regel.* atp - Automatisierungstechnische Praxis, 5:10–16, 1995.
37. Lauth, G.J. und J. Kowalczyk: *Thermodynamik: Eine Einführung.* Springer Spektrum, 2015.
38. Lerch, R.: *Elektrische Messtechnik.* Springer Vieweg, 2016.
39. Loose, T.: *Benchmark-Anwendung zur Schwingungsanalyse und -dämpfung von Regalbediengeräten am Beispiel eines Labormodells.* In: Hüllermeier, F. Hoffmann; E. (Herausgeber): *25. Workshop Computational Intelligence,* Seiten 127–144. Universitätsverlag Karlsruhe, 2015.
40. Loose, T.: *Methoden zur aktiven Schwingungsdämpfung und deren Anwendung in der Industriepraxis.* In: Mikut, F. Hoffmann; E. Hüllermeier; R. (Herausgeber): *29. Workshop Computational Intelligence,* Seiten 31–49. Universitätsverlag Karlsruhe, 2019.
41. Loose, T.: *Angewandte Regelungs- und Automatisierungstechnik.* 2. Auflage. Springer Vieweg, 2025.
42. Loose, T. und M. Freitag: *Das Glück des mittelmäßigen Erfolges.* BoD – Books on Demand, 2023.
43. Loose, T. und T. Pospiech: *Benchmark-Untersuchung zur Regelung schwach gedämpfter Systeme bei industriepraktischen Anwendungen.* In: Mikut, F. Hoffmann; E. Hüllermeier; R. (Herausgeber): *27. Workshop Computational Intelligence,* Seiten 175–194. Universitätsverlag Karlsruhe, 2017.

44. Loose, T. und T. Pospiech: *Regelungstechnische Labormodelle mit industriepraktischen Anwendungen für die Hochschullehre.* at – Automatisierungstechnik, 67(2):157–168, 2019.
45. Lutz, H. und W. Wendt: *Taschenbuch der Regelungstechnik: mit MATLAB und Simulink.* Europa-Lehrmittel, 2014.
46. Mansius, R.: *Praxishandbuch Antriebsauslegung.* Vogel Business Media, 2017.
47. Mathis, W. und A. Reibiger: *Küpfmüller Theoretische Elektrotechnik.* Springer Vieweg, 2017.
48. Mattheck, C.: *Design in der Natur - Der Baum als Lehrmeister.* Rombach, 1997.
49. Mell, H.: *Spielregeln für Beruf und Karriere: Erfolgreich durchs Berufsleben.* Springer Vieweg, Berlin, Heidelberg, 2013.
50. Mell, H.: *Erfolgreiche Karriereplanung: Praxistipps für Bewerbung, Beruf und Karriere vom erfahrenen Personalberater.* Springer Vieweg, Berlin, Heidelberg, 2014.
51. Meschede, D.: *Gerthsen Physik.* Springer Spektrum, 2015.
52. Nasher, J.: *Deal! Du gibst mir, was ich will!* Goldmann Verlag, 2015.
53. Naunheimer, H., B. Bertsche, J. Ryborz, W. Novak, P. Fietkau und Y. Gretzinger: *Fahrzeuggetriebe.* Springer Vieweg, 2019.
54. Oppelt, W.: *Kleines Handbuch technischer Regelvorgänge.* Verlag Chemie, 1972.
55. Parthier, R.: *Messtechnik.* Springer Vieweg, 2022.
56. Pischinger, S. und U. Seiffert: *Vieweg Handbuch Kraftfahrzeugtechnik.* Springer Vieweg, 2021.
57. Plassmann, W. und D. Schulz: *Handbuch Elektrotechnik.* Springer Vieweg, 2016.
58. Sauer, B. (Herausgeber): *Konstruktionselemente des Maschinenbaus 1.* Springer, 2016.
59. Sauer, B. (Herausgeber): *Konstruktionselemente des Maschinenbaus 2.* Springer, 2018.
60. Schröder, D.: *Elektrische Antriebe – Grundlagen.* Springer Vieweg, 2013.
61. Schrüfer, E., L.M. Reindl und B. Zagar: *Elektrische Messtechnik.* Hanser Verlag, 2022.

62. Soentgen, J.: *Selbstdenken!: 20 Praktiken der Philosophie.* Gulliver von Beltz & Gelberg, 2007.
63. Taleb, N. N.: *Der Schwarze Schwan.* Pantheon Verlag, 2018.
64. Taxis, T.: *Die perfekte Preisverhandlung.* Tim Taxis Trainings, 2019.
65. Tipler, P. A., G. Mosca und J. Wagner (Herausgeber): *Physik für Wissenschaftler und Ingenieure.* Springer Spektrum, 2015.
66. Watter, H.: *Hydraulik und Pneumatik.* Springer Vieweg, 2017.
67. Weber, W.: *Industrieroboter.* Carl Hanser, 2019.
68. Weidauer, J.: *Elektrische Antriebstechnik: Grundlagen, Auslegung, Anwendungen, Lösungen.* Publicis Publishing, 2008.
69. Will, D. und N. Gebhardt (Herausgeber): *Hydraulik, Grundlagen, Komponenten, Schaltungen.* Springer, 2011.
70. Winzker, M.: *Elektronik für Entscheider.* Springer Vieweg, 2023.
71. Wittel, H., C. Spura und D. Jannasch (Herausgeber): *RoloffMatek Maschinenelemente.* Springer Vieweg, 2021.
72. Yeshe, L. und L.Z. Rinpoche: *Buddhismus für Anfänger.* Scorpio, 2014.
73. Zacher, S. und M. Reuter: *Regelungstechnik für Ingenieure: Analyse, Simulation und Entwurf von Regelkreisen.* Springer Vieweg, 2017.
74. Ziegler, J. G. und N. B. Nichols: *Optimum Settings for Automatic Controllers.* Transactions of the ASME, 64(8):759–768, 1942.

Stichwortverzeichnis

T. Loose, *Regelungstechnik*, Technik im Fokus,
https://doi.org/10.1007/978-3-662-72630-3

9783662726297